哈尔滨理工大学制造科学与技术系列专著

# 大批量定制产品设计规划技术及其应用

葛江华　王亚萍　著

U0223536

科学出版社

北京

## 内 容 简 介

本书以大批量定制相关理论和集成化产品数据管理技术为基础,在产品设计规划阶段从生产方式决策、客户预测需求分析入手,详细论述了从产品族建模更新、配置设计到生产排程相关问题的理论与方法,反映了大批量定制生产模式下机械产品设计理论领域中的学术观点,用实例介绍了理论成果的应用与实施,兼具理论性与实践性。

本书在基本理论基础上,注重联系企业实际,适用于企业从事个性化机电产品设计开发的研究人员和工程技术人员,也可作为高等院校机械设计及理论、工业工程和管理科学等专业研究生的参考用书。

**图书在版编目(CIP)数据**

大批量定制产品设计规划技术及其应用/葛江华,王亚萍著.—北京:科学出版社,2016

(哈尔滨理工大学制造科学与技术系列专著)

ISBN 978-7-03-050136-3

Ⅰ.大… Ⅱ.①葛…②王… Ⅲ.产品设计-研究 Ⅳ.TB472

中国版本图书馆 CIP 数据核字(2016)第 242580 号

责任编辑:裴 育 陈 婕 纪四稳 / 责任校对:桂伟利
责任印制:徐晓晨 / 封面设计:蓝 正

**科 学 出 版 社** 出版

北京东黄城根北街 16 号
邮政编码:100717
http://www.sciencep.com

**北京厚诚则铭印刷科技有限公司** 印刷
科学出版社发行 各地新华书店经销

\*

2016 年 10 月第 一 版 开本:720×1000 B5
2024 年 1 月第四次印刷 印张:15
字数:289 000

**定价:118.00 元**
(如有印装质量问题,我社负责调换)

# 前　言

　　在客户需求多变和市场竞争日益激烈的现代企业环境下,传统的面向客户共性需求的产品开发设计方法已经不能适应客户的个性化需求,科学合理的产品设计方法是保证企业适应变化的市场需求,快速开发出高质量、低成本和个性化产品的重要环节。因此,企业要在激烈的市场竞争中取得优势,必须将客户的个性化需求融入产品的设计中,将产品的设计由"满足设计需求"转变为"满足客户的个性化需求",以最快的速度、最低的成本提供质量最优的产品来快速响应市场。

　　大批量定制的思想最早由阿尔文·托夫勒(Alvin Toffler)在 *Future Shock* 一书中提出。斯坦·戴维斯(Stan Davis)首次全面系统地阐述了大批量定制,将其定义为一种具有一定柔性、高度灵敏并且可达到集成化的过程,可以为每个客户提供满足客户个性化需求的产品和服务,以单个产品的制造方法来定制大量符合客户个性化需求的生产模式。美国生产与库存控制协会认为,大批量定制属于大批量生产的一种创新,它可以使顾客在一个很大的品种范围内选择自己需要的特定产品,而且由于采用大量生产方式,其产品成本非常低。而更多学者把大批量定制定义为一个系统,他们认为可以利用柔性过程、组织结构和信息技术来使大批量定制的成本接近大批量生产,而且可以使产品和服务的范围更加广泛,满足每个客户的个性化需求,这也是大批量定制最突出的优势。

　　大批量定制生产模式下,机械产品设计活动涉及设计目标的正确定位、设计方法的正确选择、设计人员的合理安排、软硬件资源的合理分配等众多问题,是一个复杂的系统工程,有其特殊的规律性,如果没有科学的方法进行合理的设计规划,可能会导致设计成本增加、产品质量低下、设计周期长等一系列问题。因此,有必要在产品设计之前,对产品设计进行科学的规划,用规划指导实际的设计工作,确保设计出高质量的产品。目前,国内外众多学者对设计规划相关问题进行了研究,其中最著名的是质量功能配置(quality function development, QFD)设计法。QFD设计法以顾客需求为驱动进行产品设计规划,目前有很多应用且取得了一些成果。但目前国内外关于大批量定制环境下产品设计规划方面的研究较少,尚未形成研究体系。鉴于上述情况,本书从产品设计规划工作的系统性出发,总结前人的研究成果经验,提出一种适应大批量定制的产品设计规划方法,并以某减速机设计为对象,进行实例研究,以作为产品设计规划工作时的借鉴参考。

　　本书结合作者多年的研究成果撰写完成,其中第1～9章由葛江华撰写,第10章由王亚萍撰写统稿。项目组的吴明阳、孙永国、隋秀凛、卫芬、朱晓飞、许迪参与了部分研究工作,给予了有价值的建议,在此向他们表示感谢。在本书的撰写过程中,作者汲取了国内外许多学者的思想和观点,在此对这些学者也表示诚挚的谢意。

限于作者水平,书中可能会存在疏漏与不足,恳请同行专家批评指正。

作　者
2016 年 6 月

# 目　　录

# 第1章 绪 论

## 1.1 大批量定制产品设计规划提出的背景

随着网络技术和先进制造技术的发展,全球化的产品协同设计、制造与竞争日益激烈,制造业面临的新形势是知识、技术和产品的更新周期越来越短,产品性能、知识含量不断提高,要求制造企业必须具有快速应对市场变化的能力,以较低的成本和较短的交货期满足不断增长的客户个性化需求。面对这些挑战,世界各国纷纷采取对策,研究和探索适应现代市场和社会需求的现代制造技术,提出了各种适应现代制造的新哲理和新方式。

传统的大批量生产方式曾经使制造业得到了迅猛的发展,但其以产品为中心,要求客户适应产品的生产方式和支撑技术群具有明显的工业时代的特征,已经不能适应网络时代对制造企业的要求。自 20 世纪 90 年代以来,汽车、计算机、软件、通信器材等产品都曾被成功地定制。20 世纪 90 年代初英国购买定制汽车的客户已从 25% 增加到 75%,而到 21 世纪初,美国含定制产品或服务的订单已经占到 36%,我国的很多制造企业也将大批量定制的生产模式应用于汽车、家电、建筑、家具、陶瓷等产品。目前,已经出现了诸如汽车、飞机、船舶、电子产品和服装等个性化定制系统,许多大型企业、跨国公司如戴尔集团、通用汽车公司、波音公司、海尔集团等都成功实施了产品的模块化定制。1970 年,美国未来学家阿尔文·托夫勒(Alvin Toffler)在 *Future Shock*(《未来的冲击》)一书中提出了一种全新的生产方式的设想——以类似于标准化和大规模生产的成本和时间提供客户特定需求的产品和服务。1987 年,斯坦·戴维斯(Stan Davis)在 *Future Perfect* 一书中首次提到了托夫勒的观点和概念,将这种生产方式命名为"mass customization",即大批量定制(MC)。美国学者约瑟夫·派恩二世(Joseph Pine Ⅱ)在 *Mass Customiza-tion:The New Frontier in Business Competition*(《大批量定制——企业竞争的新前沿》)中系统地阐述了大批量定制生产的概念及其实现策略,大批量定制生产将企业、客户、供应商和环境有机地集成,充分利用现代先进制造技术和管理方式,将大批量生产和定制生产两种生产方式的优势有机地结合起来,其核心思想是要求企业以类似大批量生产的时间和成本生产出满足客户个性化需求的产品。Yeh 和 Pearlson 在 1998 年进一步提出了即时顾客化定制的概念——旦顾客提出个性化的需求,制造商能立即交付正确的产品。即时顾客化定制侧重于"基于时间的竞争",不仅能够满足顾客在成本、质量、品种和服务上的要求,而且可以满足对时间的要求,实现响应零时间的目标,其思想可作为大批量定制生产方式的补充与完善。

客户的需求从客户订单开始,经过多次映射,形成最终的派生产品交付给客户。其中需要配置知识库中的配置规则和配置约束的支持,并将产品特征变量映射到配置变量值中生成产品最终的设计结果,同时根据设计任务和制造资源进行生产排程,有利于在产品形成的最前端对整个产品生命周期的每个阶段进行控制。因此,对于大批量定制环境下的制造企业,要快速交付满足用户的个性化需求的产品,企业必须做好以下四个方面:第一,必须能够及时、准确地获取客户需求;第二,在产品族的设计中,必须面向目标市场上的所有客户需求,建立随客户需求的变化、可动态更新的产品族模型;第三,必须具备实现产品快速配置的方法——构建企业的产品配置设计知识库;第四,必须按照零件通用化和个性化阶段进行生产排程。

对于现代制造企业,产品设计仍然是企业的灵魂,产品设计阶段决定了70%~80%的产品成本与产品特性,在产品的生命周期中具有重要的地位。因此,企业要在激烈的市场竞争中取得优势,必须将客户的个性化需求融入产品的设计中,将产品的设计质量由"满足设计需求"转变为"满足客户的个性化需求",以最快的速度、最低的成本提供质量最优的产品来快速响应市场。大批量定制作为现代制造企业全新的竞争模式,以客户需求驱动为主导,综合成本、质量、柔性和时间等竞争要素,有效地解决了客户需求多样化与大批量生产之间的利益冲突,其关键技术问题是根据客户的个性化需求组织设计和生产,快速提供最终满足要求的产品。大批量定制产品设计规划技术正是解决这一问题的有效手段,是大批量定制机械产品设计的使能技术,包括从产品设计到生产的全过程。

大批量定制环境下,产品设计是根据客户对定制产品的需求,在模块化产品模型的支持下,按一定的配置规则对零部件进行匹配或变型设计,快速生成满足客户需求的产品设计方案的设计方法,缩短产品的开发周期,提高企业的竞争能力。据统计,在现代的产品设计中,90%的设计为变型设计或自适应设计,约75%的设计是基于实例的产品设计。在一个新产品中,40%~50%的零部件和已有的零部件是完全一样的,30%~40%的零部件只需要在已有零部件基础上进行少量的修改,只有10%~20%的零部件是全新的设计,这意味着大多数设计工作可重用以前的产品设计知识。由此可见,产品配置设计是实现大批量定制环境下产品设计的一种行之有效的方法,是一个知识共享和重用的过程,也是一种有效联系客户个性化需求与定制产品的手段。

以产品族为基础进行产品配置是成功实现大批量定制的关键技术。产品族建模是进行产品族设计的核心,产品平台和产品族是实现大批量定制的有效形式。大批量定制的产品开发从面向单一产品的开发转向面向系列产品的开发来满足客户的个性化需求,因此,产品族建模不再是单一产品模型的建立问题,而是针对一类客户群的产品模型,能够反映对应客户群的动态需求。著名大批量定制专家Tseng教授及其研究团队对大批量定制中的设计和实施问题进行了深入的研究,认为开发产品族是支撑大批量定制的有效手段,并构建了一种产品族体系结构,描述了基于产品族体系结构开发产品族及生成产品配置方案的方法。目前,对产品族的设计和建模仍然是大批量定制研究的热点,如何能够快速获取客户需求,建立能够可动态更新的产品族模型,并制定客户需求与产品族映射的规则和配置方法是大批量定制的难点。

实施大批量定制生产的企业不仅要能够快速响应客户订单,生产出高质量、低成本的个性化产品,还要能够对生产过程中出现的异常情况做出即时的反应,这就对大批量定制企业的生产过程管理提出了更高的要求。在大批量定制生产模式下企业如何针对客户订单,运用有限资源,降低产品的生产成本,缩短产品的加工时间,保证按时交货,提高企业的信誉,赢得更多的客户,合理的生产作业计划与调度方法成为制约以上目标实现的关键因素。通常情况下的生产排程问题属于一类复杂的组合优化问题,由于生产方式的变革为生产环境引入了更多的不确定性因素,大批量定制环境下的生产排程问题更为复杂。因此,迫切需要研究实用的大批量定制环境下的生产作业计划和排程方法,从而实现复杂生产作业计划和排程问题的简单化,实现大批量定制的成本、交货期和个性化要求三个目标的整体优化。

随着网络技术、先进制造技术和计算机技术的发展,按照大批量生产的成本和交货速度为客户提供个性化产品成为现实,正如20世纪的大批量生产方式一样,大批量定制生产模式理论、方法和技术将助力于提高企业的产品市场占有率和竞争力,已成为21世纪制造企业参与商务竞争的必要手段,它提供了多主体、多平台、多技术、多系统的无缝集成和全面协同,为了快速满足客户需求,就要提高产品设计知识资源共享和重用性,以实现对客户个性化产品或服务快速、准确的响应,使客户能够利用网络和产品配置系统来自动获取满足客户的个性化需求,产品配置模型的自动获取、智能配置以及云制造资源的利用对大批量定制提出了新的挑战,将会成为新的技术热点。

本书围绕大批量定制下产品设计规划过程中的关键技术,深入分析和借鉴国内外相关领域的先进技术和方法进行研究,旨在为面向大批量定制的产品设计规划提供一些新的思路和方法,这对于丰富和完善产品设计规划理论具有重要的学术意义;同时,研究成果能够为企业提供技术方法指导,将研究的理论方法应用于解决某减速机生产企业运作过程中的瓶颈问题,可解决实际问题,具有广阔的工程应用前景。

## 1.2　大批量定制产品设计规划技术思想

大批量定制的生产模式使得现代制造企业重新评估并制订生产计划方案及制造策略,在进行产品设计规划时必须在充分合理高效利用企业已有的制造资源的基础上,综合利用先进设计理论、先进制造技术、先进信息提取技术等各种方法与手段,根据客户的个性化和多样化需求提供定制产品或服务,同时满足生产的低成本、高效率和产品的高质量,同时缩短产品的交货期。面向大批量定制的产品设计规划技术的实质是运用系统工程的思想,在考虑成本、个性化的同时将交货期也作为核心要素,基本技术思想如下:

(1) 实现低成本的技术思想。由于个性化产品的生命周期一般较短,如果采用专用的生产系统,在个性化产品的生命周期内企业难以获得较多的回报,相反,通用件的生命周期长,为此需要建立通用化的生产系统,使生产系统与具体的个性化产品分离。为了实现生产系统与具体产品的分离,体现范围经济的优势,需要通过实施生产系统的模块化设计建立柔性的生产系统。由于同一产品族下的个性化产品总能找到相同或相似的零部件,所以按预测生产通用件或等待再加工的半成品实现低成本的关键是增加通用件的数目,使其实现大批量生产。产品族设计有助于实现产品模块的通用化,产品族动态更新设计方法有助于及时调整通用件的预生产,从而减少不必要的浪费。按订单生产成品可以降低甚至消灭与库存相关的成本,实现低成本的目标。

(2) 实现快速交货的技术思想。制造商按预测生产通用件,当接到具体的客户个性化需求订单之后再在已有的通用件基础上组织生产。交货期的计算是从这一时刻截止到产品交付到顾客手中。因此,缩短交货期一方面要增加按预测生产的通用件占组成产品的总零部件数的比例,另一方面要采用先进的生产计划方法缩短按订单生产成品的时间。为了增加按预测生产的通用件占组成产品的总零部件数的比例,需要在已有的产品族系统上增加一个由顾客的个性化需求预测支持的产品族更新系统,实现通用模块的增加;为了缩短按订单生产成品的加工时间,需应用优化的生产排程机制,实现最短交货期。

(3) 实现个性化的技术思想。制造商通过根据顾客的特殊要求进行生产,而不是采取为客户提高众多的选择的方式来满足顾客的个性化需求。为了实现产品的个性化,制造商在生产成品前,需要获得顾客的个性化需求信息,然后按订单组织生产。通常顾客对产品的熟悉程度不够,难以准确、完整地阐述其具体个性化需求,因此企业需要建立产品配置系统来引导客户阐述其需求。

大批量定制机械产品设计规划是在大批量定制生产方式下,以大批量定制为目标,对大批量定制中的各个环节进行整体规划。其框架如图1-1所示,主要包括四层:第一层是产品设计规划目标,为实施大批量定制的企业提供产品设计规划方法是进行大批量定制机械产品设计规划的最终目标;第二层是产品设计规划基础,大批量定制机械产品设计规划是在大批量定制生产方式下进行的产品设计规划,进行大批量定制生产方式决策是进行大批量定制机械产品设计规划的基础;第三层是大批量定制机械产品设计规划的主要内容,包括产品族规划和产品设计制造规划等部分,其中产品族规划又包括需求预测、产品族建立和产品族更新,产品设计制造规划包括产品配置和生产排程;第四层是应用层。

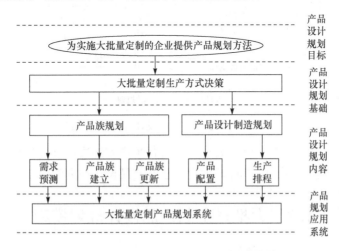

图 1-1 大批量定制机械产品设计规划框架

面向大批量定制的产品设计规划的各个部分之间相互关联,其最终目标一致,都是以低成本制造出满足客户要求的产品,因此客户需求是产品设计规划的出发点。大批量定制机械产品设计规划的基本思路如图1-2所示,首先建立客户需求预测系统,对客户需求进行预测,并根据预测需求建立合理的产品族结构,在此过程中,预测需求的全面性以及产品族结构的合理性对整个规划过程起着重大影响;当批量订单达到之后,根据订单需求在产品族的基础上进行产品配置设计,当然,配置结果可以有多个方案,必须综合企业与客户利益进行方案评价;之后对配置结果中相似零部件的生产过程进行排程,此过程中的配置搜索速度、配置结果以及生产排程的合理性是影响产品设计规划结果的重要因素;当生产完的产品配送到客户手中时,客户会根据产品的使用情况,对产品的性能、结构等做出评价,这些评价将是指导企业进行产品创新和再设计生产的重要依据。除此之外,企业内部还可以对客户预测需求进行拓展,进一步提高需求信息的全面性。将这些新的需求设计成结构模块之后融合到产品族中,能有效提高产品设计规划质量。

以上是大批量定制环境下产品设计规划的基本思路,但大批量定制并不是唯一的生产方式,企业也不可能一直采用大批量定制生产方式。因此,对处在不同生

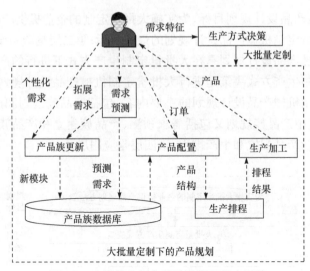

图 1-2　大批量定制产品设计规划基本思路

命周期阶段的产品,根据其市场需求特征进行生产方式决策,以确定企业是否适合采用大批量定制生产方式,是进行大批量定制产品设计规划的基础。

## 1.3　大批量定制产品设计规划模型

大批量定制生产方式是半成品的库存生产和定制生产相结合的产物,是一种集企业、客户、供应商和环境等于一体,在系统思想指导下,用整体优化的观点,充分利用企业已有的各种资源,在标准化技术、现代设计方法学、信息技术和先进制造等的支持下,根据客户的个性化需求,以大批量生产的低成本、高质量和高效率提供定制产品和服务的生产方式。其基本思想是通过产品重组和过程重组,运用现代信息技术、新材料技术、柔性制造技术等一系列高新技术,把定制产品的生产问题转化为或部分转化为规模生产问题,以大批量生产的成本和速度,为单个客户或小规模多品种市场定制任意数量的产品。由此可见,大批量定制生产方式注重的是成本和个性化需求,注重产品个性化程度与成本之间的解耦和产品个性化程度与时间之间的解耦,但对交货期即时间这一重要的目标未突出强调,针对此问题,即时顾客化定制的解释为:客户只要提出个性化的需求,制造商就能即时交付。由概念可知,即侧重于“基于时间的竞争”,不仅能够满足客户在成本、质量、品种和服务上的要求,同时可以满足对时间的要求,即实现零时间的目标。即时顾客化定制中的“零时间”是通过建立个性化需求预测管理系统预测生产成品,从而实现零顾客订货提前期。

以上分析表明大批量定制是一种以客户需求为起点和导向的需求拉动型生产

方式,其本质是制造流程的延迟,客户需求是驱动大批量定制机械产品设计的原动力。产品族作为产品配置的核心,不再是单一产品的模型,而是覆盖市场分区或客户群的一类产品的模型,必须能够反映出对应客户群的需求信息。因此,大批量定制企业要实现以大批量生产的效率和速度来满足客户的个性化定制,就必须同时考虑成本、交货期和个性化三个要素能够快速准确地获取客户的个性化需求,并对其进行分析和处理,从而转换成企业生产运作过程中可直接利用的信息。

为更加明确地体现上述技术思想,本书建立了大批量定制生产方式下的产品设计规划模型。该方法描述产品设计规划简单明了,具有逻辑性、全面性和系统性的优点,如图 1-3 所示。该方式结合即时顾客化定制的优点,一方面以类似于大批

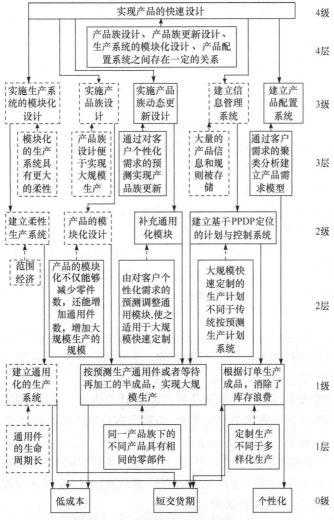

图 1-3 大批量定制产品设计规划模型

量生产的成本提供给客户定制化的产品或服务,另一方面通过对客户个性化需求的预测实现产品族更新,起到产品的设计和生产过程时间优化的目的,实现交货期的最小化,以减弱即时顾客化定制中个性化需求预测系统对预测精度的要求,同时考虑了基于制造资源的排程问题。

该产品设计规划模型由 5 级和 4 层以及连接级与层的虚箭头和连接级与级的实箭头组成。其中 0 级由该生产方式的目标——低成本、短交货期和个性化组成,第一级活动是为了实现与其相连接的目标需要采取的活动,第一级以上的活动是为了实现与其相连接的下一级活动而需要采取的活动。层代表与其相连接的活动存在的原因,即相关的原理。虚箭头和实箭头共同构成了与其相连接的目标与活动或不同活动之间的逻辑关系。图中的大批量定制生产方式树综合了即时顾客化定制的思想,虚线框表示与传统意义上的大批量定制生产方式相同的部分。

需求分析的前提是企业通过一定的方法获取客户需求信息,然后根据客户需求信息的重要度及其对企业产品设计的影响,进行"去粗求精,去伪存真"的过程。现有客户需求获取和分析方法没有形成完整的需求观点,多数文献都集中在对订单客户需求的分析处理上,忽略了前期的预测客户需求获取与聚类在产品配置中的作用,而且在订单客户需求的聚类处理中需求的相似性计算过于宏观,忽略了客户需求自身信息对于相似度计算的指导作用,无法适应网络环境下的客户定制需求。本书在已有的客户需求分析的研究基础上,从预测客户需求和订单客户需求两方面分别研究需求的获取方法、识别和表达方式、聚类过程等技术,做到一方面能够准确地获取、识别从客户角度表达的需求,另一方面又能够综合两类需求完整地构建产品的产品族,实现产品的敏捷化配置。

产品族描述信息的全面性。产品族零部件的模块化、标准化和规范化,产品族知识的可重用性以及产品族的动态性是产品族的重要特征。从产品族概念的提出至今,国内外学者对产品族的开发和改进大都围绕以上特征进行,也有部分学者对产品族的开发和改进提出了新的目标,如产品成本、产品族数据异构等。但产品族是大批量定制实施的关键,采用任何方法开发和改进的产品族模型都是为了快速、低成本地配置出客户满意的产品而服务的。上述方法大多针对的是全新产品设计,而据统计,在工程实际中,75%的新产品开发都是由现有产品进化而来的,目前的产品设计方法没有反映出这种进化式产品设计的内涵。另外,现有客户需求分析方法大都是以产品数据作为研究基础,分析了客户对产品的满意度,忽略了对客户需求的引导和预测,在这种方式下进行的产品族开发实质上是一种静态的开发状态,缺少对动态的客户需求的响应,从而使得产品开发的结果不够理想。因此,在产品族规划过程中必须要考虑动态的客户需求变化,以实现深程度的产品族开发,这也是敏捷化产品配置的关键。

在客户需求处理过程中,由于客户尚不确定自己的真正需求,不能准确地表达需求要素或者产品的设计人员错误地理解需求等,造成企业所提供的产品与客户的需求存在差异,企业向市场提供的多样化的产品不能被大多数客户接受,由此说明并非所有的产品由设计人员主观地加上客户所提出的定制特征就会得到客户的认可。因此实现大批量定制最关键的技术问题就是准确地理解和处理客户需求。由于产品族的功能由客户的功能需求来决定,产品族的系列由客户的性能需求来决定,所以客户需求信息的准确有效获取是企业进行产品族规划的前提。目前已有学者意识到需求对于产品族的重要性,并进行了相关研究。随着客户需求的变化越来越频繁,许多学者针对产品族动态更新的相关问题进行了研究,但目前的研究都是针对产品族更新过程中的一个环节进行的,要么是动态需求获取研究,要么是产品族进化研究,忽略了两个环节之间的关系,缺少对产品族更新过程的系统研究。例如,获取的动态需求中不一定全都是已有产品族不能满足的需求,需求进行识别和确认之后才能进行更新。因此,需要系统地研究产品族动态更新的全过程。

产品配置是大批量定制的使能技术,是以客户需求为驱动,在产品族规划和模块化技术的基础上,根据配置规则通过一定推理机制快速获取产品配置方案,以产品最优配置结果为输出的设计活动,其研究一直受到广泛的重视。目前,关于大批量定制下的产品配置方法主要有基于特征匹配的产品配置、基于规则的产品配置、基于实例的产品配置和基于模型的产品配置。快速配置出客户满意的低成本的产品是大批量定制环境下配置设计的最终目标,许多专家学者从各种角度开展了产品配置方法的研究,但整体的配置能力比较薄弱,较少考虑客户需求对产品配置结构的影响以及配置设计前端的产品族匹配和配置方案评价等规划问题。因此,为了敏捷地响应和适应客户多样化的消费需求,有必要开展从客户订单需求处理开始进行敏捷化的产品族构建与产品配置研究。

目前针对生产排程问题的研究,不同环境、不同生产模式、不同车间种类的排程所考虑选择的目标函数、约束条件,以及彼此之间的相互影响关系多种多样,通过数学模型对生产排程问题进行建模,并根据其不同的条件采用不同的算法通过再次设计、改进或多算法结合的方式来进行模型求解,达到生产排程优化,其方法也多种多样。在现阶段的生产排程问题中,已有很多排程不只是考虑一种生产环境及模式,而多是处于两种或多种环境及模式下的实际生产排程,因此需要从多角度、多层次、多目标、多约束等几个方面对生产排程问题进行研究,达到满足不同生产模式下的综合目标优化。制造过程与生产排程过程息息相关,目前有很多对制造过程建模、优化方面的研究,但却没有使其与生产排程问题紧密联系,充分考虑制造过程与生产排程过程之间的关系。对于制造过程的简化也可以达到生产排程优化过程的简化,方便排程安排。信息化企业车间都具有很大的柔性、异构性,面对多样化订单的企业内部资源与任务都以动态形式体现,而对于以知识和信息资源为主的企业资源已经进化为企业全部资源能力集成共享属性,从其资源动态性角度出发,合理利用车间资源设备,使生产排程达到智能排程水平。通过以上分析,如何在车间生产中体现制造任务与制造资源的动态性,并通过对制造过程简化,以达到多品种小批量生产模式下产品生产排程中的多种目标,并相应地简化企业生产排程优化过程还有待开展全面系统的、深入的研究。

## 1.4  大批量定制产品设计规划解决的关键技术问题

随着先进制造技术的发展和大批量定制生产方式的应用实施,制造企业对大批量定制下面向客户需求的、以产品族为基础的产品设计规划理论与实践产生了迫切需求。在大批量定制环境下的产品设计规划技术进行了以下几个方面问题的探讨:

(1)大批量定制的生产方式要求按照客户的个性化需求进行产品的设计和生产,有效满足众多客户的个性化和多样化需求,实现范围经济,是提升企业竞争力的重要手段。如何准确全面地获取客户需求,并对客户需求进行分析处理是产品配置设计的基础问题。

(2)产品族是实现大批量定制的重要使能技术,产品族的构建必须以满足客户的功能需求、结构需求和性能需求等为目标。由于客户需求的多变性和不确定性,企业产品族模型需要全面反映客户的需求,一旦建立后,在一定的时间内不需要去开发全新的产品族,能够随着客户需求的变化而动态更新,使企业的产品满足新的客户需求。

(3)在已有产品族的基础上,产品族的更新是产品族技术的重要组成部分,产品族描述的需求信息的全面性,直接影响后续订单的响应速度以及企业的生产规模,因此,研究产品族的动态更新的相关技术成为提高产品族所描述需求信息的全面性的重要手段。

(4)大批量定制下的产品配置设计特点是以客户的订单需求为输入,以满足客户需求的产品配置方案为输出,其配置过程中的客户需求和产品族匹配需要一定配置规则库和产品设计知识库的支撑。配置方案的求解是一个复杂的基于知识推理的过程,产品配置生成的方便性、灵活性和智能化还需要深入研究。

(5)生产方式的变革为生产环境引入了更多的不确定性因素,产品配置方案输出直接影响客户和企业的共同利益,配置方案的优化一方面达到客户的最佳综合满意度,另一方面要提高企业内部资源的有效利用率并降低成本是关键问题。

(6)针对客户多样化、个性化的订单任务,如何进行生产排程是大批量定制生产模式中的核心问题,也直接影响在产品设计规划阶段产品的成本、交货时间和产品个性化程度。在追求自身赢利最大化及加工时间最小化的前提下,如何实现快速响应客户订单、提高资源利用率、降低成本是大批量定制生产排程亟待解决的问题。

## 1.5　本 章 小 结

企业为了在激烈的市场竞争中获得优势，需要不断优化调整其生产方式以适应多样性的客户需求。大批量定制生产方式正是伴随着这一需求趋势出现的，它能以大批量生产的成本和效率为客户提供多样化、个性化的定制产品。产品设计规划是实现大批量定制的关键使能技术，本书力图完善产品设计规划理论，从整体角度为实施大批量定制的企业提供产品设计规划的技术指导。

# 第 2 章　大批量定制生产方式

## 2.1　引　　言

产品设计规划是企业运行过程的指导,产品设计规划的制定受企业资源及利益和客户满意度的双重约束,如何在企业现有资源的基础上协调企业利益和客户满意度之间的矛盾,并使其具有可行性是产品设计规划的最大问题。随着客户需求的日益个性化,大批量定制已成为企业生产方式的主流,面向大批量定制的产品设计规划是成功实施大批量定制的基础。企业对产品当前所处的状态和市场信息进行分析决策,确定采用大批量定制生产方式之后,需要进行产品族开发、订单配置以及生产等过程,上述环节之间并不是独立的,而是一个以低成本、短交货期和个性化为目标的并行过程,对其进行整体规划是解决问题的有效途径。本章在对大批量定制生产方式进行诠释的基础上,制定产品设计规划的框架和基本思路,定量分析产品生命周期各阶段中大批量定制生产方式的决策过程,以为后续章节中的大批量定制机械产品设计规划奠定基础。

## 2.2　大批量定制概述

### 2.2.1　离散制造业的特点及生产方式分析

从产品形态看,离散制造的产品相对较为复杂,包含多个零部件,一般具有相对较为固定的产品结构、原材料清单和零部件配套关系。

从产品种类看,一般的离散制造型企业都生产相关和不相关的较多品种和系列的产品,这就决定了企业物料的多样性。

从加工过程看,离散制造型企业的生产过程是由不同零部件加工子过程以并联或串联形式组成的复杂过程,其过程中包含着更多的变化和不确定因素。从这个意义上来看,离散制造型企业的过程控制更为复杂和多变。

离散制造型企业的产能不像连续型企业主要由硬件(设备产能)决定,而主要以软件(加工要素的配置合理性)决定。同样规模和硬件设施的不同离散型企业因其管理水平的差异导致的结果可能有天壤之别,从这个意义上来看,离散制造型企业通过软件(此处为广义的软件,相对于硬件设施)方面的改进来提升竞争力更具潜力。

延迟策略是一种以客户需求为导向的供应链管理战略手段,它强调将供应链上的客户化活动(包括生产环节中的定制以及流通环节的运输和库存)延迟至接到客户订单为止,即在时间和空间上延迟客户化活动,使产品和服务可以与客户的需求实现无缝连接,从而提高企业的柔性、增加客户的价值。供应链上的延迟策略分为两大类,即生产延迟和物流延迟,同时结合 Childerhouse 的观点,将生产延迟分为三大类:制造流程延迟、完全延迟和库存延迟。

制造流程延迟,其延迟点定位于制造流程中,是指对产品制造所经过的过程进行相应的延迟,它将整个制造过程分为通用化生产阶段与差异化生产阶段。在通用化生产阶段主要制造产品的基础样式或基础模块,以按库存生产(make to stock,MTS)方式进行;在差异化生产阶段主要按照顾客订单上的数量和样式进行生产,以按订单生产(make to order,MTO)方式进行,差异化阶段的作业等接到客户订单之后再进行。完全延迟,其延迟点定位于原材料采购之后、加工之前,对应着按订单生产方式,产品在接到订单之前并未开始生产,接到客户订单之后开始组织生产,没有库存。库存延迟,其延迟点定位于产成品之后、运输之前,对应着按库存生产方式,产品已完全按照预测生产出来,当接到顾客订单时,从仓库发货。

物流延迟则以配送延迟为主,即在销售领域对存货进行集中控制,接到客户订单后进行相应的配送服务,其对象主要是产成品。供应链的配送活动可分为集中型和分散型两种。

从以上分析可以看出,生产延迟主要包括从产品概念的产生到产品成型过程中的工序延迟;物流延迟主要包括产成品在销售领域内的配送延迟。由此将生产方式细分为以下四类:库存延迟的集中型生产方式、库存延迟的分散型生产方式、完全延迟的生产方式和制造流程延迟的生产方式。基于延迟策略的生产方式分类如图 2-1 所示。其中,完全延迟的生产方式对应定制生产方式,库存延迟的集中型和分散型生产方式对应大批量生产方式,制造流程延迟生产方式对应大批量定制生产方式。

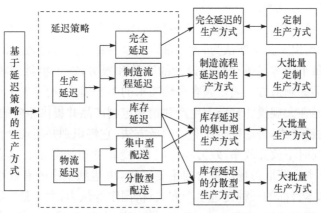

图 2-1　基于延迟策略的生产方式分类

### 2.2.2　大批量定制基本原理

大批量定制的基本思想在于通过产品结构和制造流程的重构,运用现代化的信息技术、新材料技术、柔性制造技术等一系列高新技术,把产品的定制生产问题全部或者部分转化为批量生产,以大批量生产的成本和速度,为单个客户或小批量多品种市场定制任意数量的产品,同时大批量定制企业的核心能力细分、构建、提升与柔性制造生产能力有很大的联系,在市场环境中,多样化和定制化的产品对企业的生产制造能力提出了更高的要求。传统的刚性生产线是专门为一种产品设计的,因此不能满足多样化和个性化的制造要求。大批量定制生产方式要求企业具备柔性的生产制造能力,其主要通过企业柔性制造系统(flexible manufacturing system,FMS)与网络化制造的有效整合以及采用柔性管理来构筑、提升其柔性的生产制造能力。柔性制造系统是由数控加工设备、物料运储装置和计算机控制系统等组成的自动化制造系统,是一种高效率、高精度和高柔性的加工系统,能根据加工任务或生产环境的变化迅速进行调整,以适应多品种、中小批量生产。

#### 1. 大批量定制的基本概念与内涵

大批量定制又称大量个性化生产,其基本思想是认为产品成本、产品利润、竞争能力的主要因素是开发、生产该产品所需的知识的价值,而不是材料、设备或劳动力,能够迅速把知识融入产品、转变为利润是成功实现大批量定制生产模式的关键。大批量定制生产企业是面向订单的将先进制造技术、动态联盟的组织管理思想与高素质的员工全面集成的企业,通过在同一条生产线上生产出多种产品的方法达到满足不同客户所提出的产品性能、质量要求,并且能够实现产品的低成本及缩短产品交货期的目的。

有关大批量定制的定义尽管在表述形式上不尽相同,但在含义上却具有高度的一致性。如斯坦·戴维斯认为,大批量定制是一种可以通过高度灵敏、柔性和集成的过程,为每个顾客提供个性化设计的产品和服务,在不牺牲规模经济的情况下,以单件产品的制造方法满足顾客个性需求的生产模式;约瑟夫·派恩年将大批量定制定义为:在大规模的基础上生产和销售定制产品并提供相应的服务,是制造业和服务业的新范式,是透视企业竞争的新方法,它将识别并实现个性化客户的需求作为重点,同时不放弃效率、效力和低成本,变化的市场需求和具有较低的甚至为零的变异成本为获取市场竞争力的主要因素,以达到生产的有效性和经济性的协调统一为基本目标的一种先进生产方式;祈国宁等认为,大批量定制是一种先进的企业生产与管理模式,它集企业、客户、供应商、分销商等于一体,在系统工程思想指导下,用整体优化的观点充分挖掘企业的潜力,在标准化技术、模块化技术、现代设计技术、并行工程和可重组制造系统等技术与思想的支持下,将定制产品的生产问题,通过产品结构和制造过程的重组,全部或部分地转化为批量生产,使其既具有大批量生产的高效率、低成本,又能满足客户的个性化需求。因此,可以将大批量定制的定义概括为:大批量定制是以客户的需求为导向,以大批量生产的成本和速度为目标,以先进的制造技术、信息技术和管理技术为手段,实现客户个性化定制的产品或服务的一种生产方式。

### 2. 大批量定制的原理

大批量定制的核心策略是尽可能减少产品的内部多样化,增加产品的外部多样化,该生产模式在相似性原理、重用性原理、全局性原理、平均成本原理和定制点原理基本原理等基本原理基础之上形成了开发、设计、制造以及生产管理等理论和方法,将定制产品的生产问题通过产品重组和过程重组转化为或部分转化为批量生产问题,实现以大批量生产的具有低成本、高质量和短交货期特点并向客户提供个性化的定制产品。实际上,企业实现大批量定制是一个渐进的、多模式的过程,其总的目标是低成本、高质量、快速地满足客户个性化的需求,不仅仅有技术方面的问题,还涉及组织、管理等多个方面。

大批量定制的工程学原理包括相似性原理、重用性原理和全局性原理,其目的是减少产品内部多样化、增加产品外部多样化,相互之间联系密切,使得企业能够高效率地设计和制造按照客户需求定制的产品,不会因为满足客户的个性化需求而造成过多的额外成本和时间。

### 1) 相似性原理

相似性是指大批量定制机械产品族在客户需求、产品功能、产品结构、零部件几何特性以及生产过程等方面所存在的相似性质。

大批量定制的关键是识别和利用大量不同产品和过程中的相似性,通过充分识别和挖掘存在于产品和过程中的几何相似性、结构相似性、功能相似性和过程相似性,利用标准化、模块化和系列化等方法,减少产品的内部多样化,提高零部件和生产过程的可重用性。

在不同产品和过程中,存在大量相似的信息和活动,需要对这些相似的信息和活动进行归纳和统一处理,例如,通过采用标准化、模块化和系列化等方法建立典型产品模型和典型工艺文件等。这样,在向客户提供个性化的产品和服务时,就可以方便地参考已有的相似信息和活动。

产品和过程中的相似性有各种不同的形式,例如,有零件的几何形状之间的相似性,称为几何相似性;有产品结构之间的相似性,称为结构相似性;有部件或产品功能之间的相似性,称为功能相似性;有事务处理过程之间的相似性,称为过程相似性。通过归纳,存在于零件几何形状之间、产品结构之间、部件或产品功能之间以及事务处理过程之间的相似性,形成标准的零部件模块、标准的产品结构和标准的事务处理过程,以供以后重用。这些归纳方法对减少产品的内部多样化具有非常重要的作用。

例如,某生产动力机械的企业在其产品中一共采用了 20 种形状相似的联轴器。对于客户,他们关心的是整个产品的功能和性能,而并不关心其有多少种不同形状的联轴器,所以这是多余的内部多样化,只会增加产品成本和管理的复杂性,应尽可能加以消除。经过设计人员和工艺人员的分析,将这 20 种相似形状的联轴器标准化为一种标准模块,在此基础上,利用 CAD/LAPP/NC 系统进行变型,以适应各种产品的需要。这种做法简化了产品的设计和制造,明显降低了产品成本,提高了质量(因为此时可以用同样的锻坯、同样的工装夹具、同样的工艺和同样的NC 程序进行零件加工)。

2) 重用性原理

重用性是在定制产品族全生命周期中存在的相似单元的可重新组合和可重复利用的性质。相似单元包括相似的产品单元、相似的过程单元和相似的信息单元。相似的产品单元包括相似的模块、相似的零部件以及相似的结构段。相似的过程单元包括相似的设计过程、相似的加工过程、相似的管理过程以及相似的服务过程等。相似的信息单元包括相似的设计信息单元、相似的加工信息单元和相似的管理信息单元等。

大批量定制机械产品和服务中存在大量可重新组合和可重复使用的零部件、生产过程和信息等可重用单元。通过这些单元的重用,将定制产品的生产问题转化为或部分转化为批量生产问题,从而以较低的成本、较高的质量和较快的速度生产出个性化的产品,支持大批量定制的实现,充分重用零部件的附加值。

相似性本身并不能够直接为大批量定制带来任何效益,只有将相似性转化为重用性,才能形成一定的批量,实现定制生产中的批量效益。通过标准化、模块化、系列化以及产品和过程建模等方法对相似性加以归纳,形成标准的零部件模块、标准的产品结构和标准的事务处理过程,以便充分地加以利用。这些增加相似性的方法对于减少产品的内部多样化具有非常重要的作用,为了挖掘产品以及过程中的重用性,将这些产品和过程非常规范地分解成最小的可重用单元。在这些可重用单元的基础上,可以产生大量的组合变化,形成新的产品种类和业务流程。例如,个人计算机完善的模块化使模块具有很高的重用性,使其定制产品价格下降、质量稳定、组合方便、品种多样;互联网技术实现了人类信息等资源的共享与重用。可重用单元的有效利用,是个人计算机和互联网得以普及推广的重要原因。

3) 全局性原理

全局性就是从整个产品族的全生命周期出发来考虑相似性与重用性问题。实施大批量定制是一项复杂的系统工程,不仅涉及定制产品的不同组合,也涉及开发、设计、制造和管理等过程,而且涉及时间和成本。大批量定制的关键和核心就是增加外部多样化,减少内部多样化,挖掘产品和过程中存在的相似性,并尽可能地将相似性转化为重用性,节约时间,降低成本。

大批量定制本身就是由批量与定制这一对相互矛盾的概念构成的。在实施大批量定制的过程中,存在着各种各样的矛盾,包括外部多样化与内部多样化的矛盾、产品全生命周期各个环节之间的矛盾、产品族中不同定制产品之间的矛盾、时间与成本的矛盾等,要解决好这些矛盾,就要从全局出发,而不能局限于某个环节和某一个定制产品考虑问题,也不能只追求时间的最优化或者只追求成本的最优化。

例如,设计成本的增加可能带来制造成本的减少,某一定制产品的生产计划可能会对其他定制产品的生产计划产生影响,时间的节省会使交货期缩短,但是可能造成定制成本的增加等。因此,为了成功实施大批量定制,既要面向整个产品族考虑问题,也要面向产品全生命周期考虑问题,还要将时间与成本综合起来考虑问题。这就是大批量定制的全局性原理所包含的三个方面的含义。

大批量定制的经济学原理为:企业采用大批量定制的利益来源就是定制价值与定制成本之间的差值。随着定制点在时间上的从开发、设计、制造、装配到销售环节的推移,定制价值与定制成本总体上都呈下降的趋势。通过降低定制成本,可以扩大定制范围,当定制价值的下降速度比定制成本的下降速度快时,临界定制点后移;反之,临界定制点前移。大批量定制是大批量生产与完全定制生产的有机融合,其平均成本曲线也呈现出下降的趋势。随着产品族相似度的增加,其平均成本曲线逐渐向大批量生产成本曲线方向变化。

大批量定制的平均成本曲线揭示了大批量定制生产模式在经济上的合理性。大批量定制是面向产品族的,产品族模块化增加了相似性与重用性,可以使整个产品族的市场生命周期显著延长,使企业从大批量定制中获益。

大批量定制的管理学原理是基于大批量定制的工程学原理和经济学原理而提出的。企业推动与市场拉动二者共同作用的结果形成了客户订单分离点。根据研究问题的角度不同,客户订单分离点可以分为外部定制点和内部定制点。当定制价值的下降速度比定制成本的下降速度快时,实现大批量定制的策略之一是外部定制点前移,反之则是外部定制点后移。

产品外部定制点的移动范围往往是十分有限的,实现大批量定制,更需要借助于产品内部定制点的移动。对于复杂产品,客户订单分离点通常只能推迟到设计阶段,但组成定制产品的某些零部件的定制点却可以继续后移至生产过程的下游阶段。另外,通过产品模型和过程模型可以最大限度地弱化定制对生产效率和成本的影响。内部定制点后移是大批量定制的重要策略,也是大批量定制的基本思想之一。

### 3. 大批量定制的关键技术

大批量定制的关键技术包括面向大批量定制的开发设计技术、面向大批量定制的管理技术和面向大批量定制的制造技术,这些技术覆盖了产品的整个生命周期。

1) 面向大批量定制的开发设计技术

面向大批量定制的开发设计技术是实现大批量定制的核心和源头。它包括产品的开发设计技术与过程的开发设计技术,前者的对象是产品,后者的对象则是产品的制造或装配过程。完整的面向大批量定制的开发设计过程由面向大批量定制开发及面向大批量定制设计两个过程组成,这两个过程的目的和任务虽然不同,但具有十分紧密的联系。

2) 面向大批量定制的管理技术

面向大批量定制的管理技术是实现大批量定制的关键技术。为了获得全面实施大批量定制的综合经济效益,除了在开发设计阶段应用大批量定制的原理,还应该针对大批量定制在管理方面的特点,采用相应的管理技术,包括各种客户需求获取技术、面向大批量定制的生产管理技术、面向大批量定制的企业协同技术、面向大批量定制的知识管理和企业文化等。这些技术形成了一个完整的体系,分别在不同的阶段,从不同的层次,支持企业实现大批量定制。

面向大批量定制生产管理的主要内容有:客户信息的有效管理、供应商信息的有效管理、产品信息的有效管理、产品定制信息的有效管理和 ERP/PDM 系统集成。

3) 面向大批量定制的制造技术

大批量定制除了在产品开发和管理方面采用各种先进的技术和系统,对底层的制造技术和系统也提出了较高的要求。总体来说,面向大批量定制的制造技术应具有足够的物理性和逻辑的灵活性,能够根据被加工对象的特点方便、高效、低成本地改变系统的布局、控制结构、制造过程和生产批量等。当然,为了有效地实现面向大批量定制的制造,在制造过程的上游还必须提供一定的条件。例如,产品设计和工艺设计必须做到标准化、规范化和通用化,以便在制造过程中利用标准的制造方法和标准的制造工具,优质、高效、快速地制造出客户定制的产品。

## 2.3　大批量定制生产方式决策

大批量定制生产方式决策是进行大批量定制机械产品设计规划的基础。制造商对处在不同市场生命周期阶段的不同产品所采用的生产方式是不同的,要进行大批量定制机械产品设计规划,首先需确定产品在哪个阶段采用大批量定制生产方式。

### 2.3.1　生产延迟时生产方式的价值模型

某种生产方式的价值可由该生产方式对应的成本和客户订单完成时间来体现,因此该生产方式对应的总成本和客户订单完成时间集成模型可组成生产方式的价值模型。

#### 1. 库存延迟生产方式的价值模型

库存延迟生产方式中的生产流程实施库存延迟生产,其延迟点定位于产成品之后、运输之前,对应着按库存生产方式,产品完全按照预测生产,当接到客户订单时,即直接从仓库发货。

以同一批订单下 $N$ 种产品为研究对象,建立不同生产方式的价值模型,进行定量分析与比较。模型的前提假设包括:模型主要从生产角度来研究不同延迟策略所引起的总成本和客户订单完成时间的变动,所以研究范围限制在供应商与分销商之间的流程;由于仓储设施的固定成本对研究影响不大,所以固定投资成本中仓储设施中的固定成本不予考虑;只考虑一件产成品所需的原材料成本而不计其数量;在制造商内部,制造过程只对通用件进行处理,而在装配过程中同时处理通用件、定制件进行装配成产成品;在制品库存均以运输形式存储;产成品经过生产流程的最后一道工序后,其价值表现为市场销售价格,而不再是原材料的成本价格;假定产品库存和原材料库存策略都采用定期订货方式,只考虑单阶段库存情形;为了使制造商的生产总成本与客户订单完成时间进行结合,引入客户等待订单忍耐度的概念,假定 $\mu_i/k(k>1)$ 个客户能等待制造流程延迟的交货期,$\mu_i/k'(k'>1)$ 个客户能等待完全延迟的交货期,这里的 $1/k$ 与厂家对客户承诺的交货期有着直接的关系,它衡量了顾客愿意等待的程度,交货期越长,则 $k$ 越大,说明愿意等待的客户越少,反之亦然。

令各种产品需求之和为

$$D = \sum_{i=1}^{N} D_i$$

它是均值为 $\mu$、方差为 $\sigma^2$ 的随机变量,

$$\mu = \sum_{i=1}^{N} \mu_i, \quad \sigma^2 = \sum_{i=1}^{N} \left( \sigma_i^2 + 2 \sum_{i=1}^{N} \sum_{\substack{j=1 \\ j \neq i}}^{N} \sigma_i \sigma_j \rho_{ij} \right)$$

其中,$D_i$ 为单位时间内对最终产品 $i$ 的需求量,它是一个独立的、各阶段相同的、服从正态分布的随机变量,$D_i \sim N(\mu_i, \sigma_i^2)(i=1,2,\cdots,N)$;$\mu_i$ 为单位时间内对最终产品 $i$ 的平均需求量;$\sigma_i$ 为单位时间内对最终产品 $i$ 需求的标准差;$\rho_{ij}(i \neq j)$ 为各

品种需求之间的相关系数。

相关成本如下:固定投资成本为 $H + \sum_{i=1}^{N} H_i$;一件产成品 $i$ 所需要的原材料成本为 $c_i = c_{mi} + c_{ni}$,其中,$c_{mi}$ 为产品 $i$ 中通用件需要的原材料成本,$c_{ni}$ 为产品 $i$ 中定制件需要的原材料成本;从供应商到制造商,原材料运输的在制品库存成本为 $\sum_{i=1}^{N} h\mu_i c_i t_p$;某一阶段下补库时,原材料的平均库存水平为 $\sum_{i=1}^{N} \mu_i/2 + z\sigma \sqrt{T_p}$;库存成本为 $\sum_{i=1}^{N} hc_i(\mu_i/2 + z\sigma \sqrt{T_p})$;在制造商的制造过程中,通用件处理的在制品库存成本为 $\sum_{i=1}^{N} h\mu_i c_{mi} t_{mi}$;通用件处理的制造成本为 $\sum_{i=1}^{N} c_p \mu_i$;在制造商的装配过程中,在制品库存成本为 $\sum_{i=1}^{N} h\mu_i c_i t_{ni}$;装配成本为 $\sum_{i=1}^{N} c_{qi}\mu_i$;产成品库存成本为 $\sum_{i=1}^{N} hp_i(\mu_i/2 + z\sigma \sqrt{T_q})$;从制造商到分销中心的运输过程中,产品以在途形式存储在运输工具中,其库存成本为 $\sum_{i=1}^{N} h\mu_i p_i t_{qi}$。

基于以上分析,可得库存延迟生产方式的价值模型为

$$\text{TC}_x = H + \sum_{i=1}^{N} \left[ hc_i(\mu_i/2 + z\sigma \sqrt{T_p}) + c_p\mu_i + h\mu_i p_i t_{ni} \right]$$
$$+ \sum_{i=1}^{N} (H_i + h\mu_i c_i t_p + h\mu_i c_{mi} t_{mi})$$
$$+ \sum_{i=1}^{N} \left[ hp_i(\mu_i/2 + z\sigma \sqrt{T_q}) + c_{qi}\mu_i + h\mu_i p_i t_{qi} \right] \tag{2-1}$$

式中,$H$ 为投资于通用件制造设备的固定成本;$H_i$ 为投资于产品 $i$ 的装配线的固定成本;$N$ 为某一产品族中产品的种类数目;$c_i$ 为产品 $i$ 所需要的原材料成本;$t_p$ 为运输原材料所需的时间;$h$ 为资金占用率;$T_p$ 为补充原材料的提前期,它是发出订单到接收原材料入库时所用的时间,包含供应商的订单处理时间以及运输时间;$z$ 为平均库存的安全因子;$t_{mi}$ 为产品 $i$ 所需的通用件的搬运及生产时间;$c_p$ 为通用件的平均制造成本;$t_{ni}$ 为产品 $i$ 所需的装配件的搬运及生产时间;$c_{qi}$ 为产品 $i$ 的平均装配成本;$t_{qi}$ 为运输产品 $i$ 到分销商所用的时间;$p_i$ 为产品 $i$ 的销售价格;$T_q$ 为补充产成品的提前期。

**2. 制造流程延迟生产方式的价值模型**

制造流程延迟生产方式下其生产流程是制造工序的延迟,延迟点定位于制造流程的某一工序中,对应着推拉结合的生产方式,即按库存生产和按订单生产的方

式。运作方式是将产品从原材料到最终客户的整个过程,分为两个阶段:推动阶段和拉动阶段。在推动阶段,制造商的经营活动是靠生产推动来维持的,根据长期的预测和经验,通常以备货方式组织生产,大批量生产和运输中间产品和各种标准化模块,以规模经济降低成本、提高效率;在拉动阶段,则是以客户需求为核心,按订单方式组织生产,根据客户对产品的不同要求进行差异化生产、装配、包装及运送,满足客户的个性化需求,提高快速响应能力。

由制造流程延迟的特点以及上述分析,可以得出其价值模型表达式为

$$
\begin{aligned}
\mathrm{TC}_z = H + \sum_{i=1}^{N} & \left[ H_i + h\mu_i c_i t_p / k + hc_i (\mu_i / 2 \cdot k + z\sigma \sqrt{T_p}) \right] \\
& + \sum_{i=1}^{N} (h\mu_i c_{mi} t_{mi} + c_p \mu_i + h\mu_i c_i t_{ni} + c_{qi} \mu_i + h\mu_i p_i t_{qi}) / k \quad (2\text{-}2)
\end{aligned}
$$

3. 完全延迟生产方式的价值模型

完全延迟生产方式下的生产流程实施完全延迟生产,延迟点定位于原材料采购之后、加工之前,对应按订单生产方式,产品在接到订单之前并未开始生产,接到客户订单之后开始组织生产,没有库存储备。

由完全延迟的特点以及上述相关成本分析,可得出其价值模型的表达式为

$$
\begin{aligned}
\mathrm{TC}_y = H + \sum_{i=1}^{N} & (H_i + h\mu_i c_i t_p / k' + h\mu_i c_{mi} t_{mi} / k' + c_p \mu_i / k') \\
& + \sum_{i=1}^{N} (h\mu_i c_i t_{ni} + c_{qi} \mu_i + h\mu_i p_i t_{qi}) / k' \quad (2\text{-}3)
\end{aligned}
$$

### 2.3.2　物流延迟时生产方式的价值模型

通常情况下,为了应对市场波动,制造商保持着各种产品一定量的安全库存。如果采用物流延迟策略,制造商可以集中存储库存,在市场更明确的情况下再进行分销配送,其价值以安全库存水平来体现。集中库存具有一种蓄势待发的态势,弹性很大。当一件产品从中心仓库送到区域配送中心时,它只能服务于本地区的需求,弹性就大大降低,但是当此产品在中心仓库时,它可以面向所有区域的客户需求,灵活性非常高。依据风险共担理论,总体预测比个体预测精确,总体安全库存水平下降,风险共担涉及安全库存的研究有很多,例如,Baker、Collier 就制造商利用标准化模块产生的风险共担效益,以及对安全库存的节省进行了分析;Eppen、Zinn 及 Bowersox、Tallon 及 William 分析了集中型库存管理产生的风险分担效益,Zinn 用启发式算法估算了延迟策略对安全库存的影响。

假定每种产品的安全库存等于这种产品的需求标准差。对于有 $N$ 种产品的情况,如果没有实施延迟策略,总体安全库存水平等于各种产品的标准差之和,其

值如式(2-4)所示：

$$S_t = \sum_{i=1}^{N} \sigma_i \tag{2-4}$$

式中，$\sigma_i$ 为产品 $i$ 需求的标准差；$N$ 为产品的种类数；$S_t$ 为未延迟时 $N$ 种产品总体安全库存。

而如果采用延迟策略，那么式(2-5)就是其安全库存水平。这个方程就是风险共担效益通用的分析方程。实施延迟策略下，即配送过程集中型库存，各种产品总体安全库存水平为

$$S_p = \sigma = \sqrt{\sum_{i=1}^{N} \sigma_i^2 + 2\sum_{i=1}^{N} \sum_{\substack{j=1 \\ j \neq i}}^{N} \sigma_i \sigma_j \rho_{ij}} \tag{2-5}$$

式中，$S_p$ 为延迟策略下安全库存水平；$\sigma$ 为共担风险下需求的标准差；$\sigma_j$ 为产品 $j$ 需求的标准差；$\rho_{ij}$ 为产品 $i$ 和产品 $j$ 的需求相关系数。

### 2.3.3　生产方式决策定量模型

#### 1. 生产方式影响因素分析

不同的研究者对生产方式决策进行研究，得出的有关影响因素的观点不尽相同，如表 2-1 所示。

表 2-1　文献中影响因素表

| 研究者 | 影响要素 |
| --- | --- |
| Fisher | 产品的生命周期，需要稳定程度，按订单生产的提前期，产品多样性 |
| Payne | 数量，需求变动性，订单价值，订单频率，平均订单质量 |
| Pagh | 产品生命周期，产品客户化，产品价值，相对交付时间，交付频率，需求不确定性 |
| Brien | 需求不确定性，价值增加能力 |
| Christopher | 生命周期持续时间，交付时间，数量，品种，可变性，产品标准化程度，需求波动性，提前期 |

需求变量是进行生产方式决策的依据，因此所选的需求变量应最能体现不同生产方式之间的差别。从前面的研究中可以看出，根据生产和物流环节是否采取延迟(订单切入点的不同)形成了不同的生产方式类型，为此，分析影响生产延迟、物流延迟(订单切入点位置)的要素。影响生产延迟的要素是产品种类、产品数量。当产品种类少、数量大时，采取库存延迟生产方式；当产品种类多、数量大时，采取制造流程延迟生产方式；当需求量小时，采取完全延迟生产方式。影响物流延迟的要素是需求变动性。当需求变动性小时，采取分散型配送；当需求变动性大时，采取集中型配送。因此，以需求种类、需求数量和需求变动性作为决策生产方式的需求变量。

#### 2. 生产与物流延迟定量模型

为定量决策产品生命周期不同阶段的生产方式下的生产延迟类型，主要从以

下两个方面进行考虑：

（1）建立各生产方式的利润模型，以此来体现效益最大化目标；

（2）在产品生命周期各个阶段需求特征的变动情况下，分析与比较不同生产方式下制造商的利润相对大小。

在综合考虑制造商的总成本与订单完成时间情况下，由式（2-1）～式（2-3）可得到三种生产方式下的价值模型之间的两两比较如下：

$$
\begin{aligned}
\mathrm{TC}_x - \mathrm{TC}_y =& \sum_{i=1}^{N} \left[ hc_i(\mu_i/2 + z\sigma \sqrt{T_p}) + c_p\mu_i(1-1/k') + h\mu_i(1-1/k')c_it_{ni} \right] \\
&+ \sum_{i=1}^{N} \left[ hp_i(\mu_i/2 + z\sigma \sqrt{T_q}) + c_{qi}\mu_i(1-1/k') + h\mu_i(1-1/k')p_it_{qi} \right] \\
&+ \sum_{i=1}^{N} \left[ h\mu_i(1-1/k')c_it_p + h\mu_i(1-1/k')c_{mi}t_{mi} \right]
\end{aligned}
\tag{2-6}
$$

$$
\begin{aligned}
\mathrm{TC}_x - \mathrm{TC}_z =& \sum_{i=1}^{N} \left[ hc_i(1-1/k)(\mu_i/2 + z\sigma \sqrt{T_p}) + c_p\mu_i(1-1/k) + h\mu_i(1-1/k)c_it_{ni} \right] \\
&+ \sum_{i=1}^{N} \left[ hp_i(\mu_i/2 + z\sigma \sqrt{T_q}) + c_{qi}\mu_i(1-1/k) + h\mu_i(1-1/k)p_it_{qi} \right] \\
&+ \sum_{i=1}^{N} \left[ h\mu_i(1-1/k)c_it_p + h\mu_i(1-1/k)c_{mi}t_{mi} \right]
\end{aligned}
\tag{2-7}
$$

$$
\begin{aligned}
\mathrm{TC}_z - \mathrm{TC}_y =& \sum_{i=1}^{N} \left[ hc_i(\mu_i/2 + z\sigma \sqrt{T_p}) + c_p\mu_i(1/k-1/k') + h\mu_i(1/k-1/k')c_it_{ni} \right] \\
&+ \sum_{i=1}^{N} \left[ c_{qi}\mu_i(1/k-1/k') + h\mu_i(1/k-1/k')p_it_{qi} \right] \\
&+ \sum_{i=1}^{N} \left[ h\mu_i(1/k-1/k')c_it_p + h\mu_i(1/k-1/k')c_{mi}t_{mi} \right]
\end{aligned}
\tag{2-8}
$$

对于第一个方面的因素，为了比较这三种生产方式的利润，分别用 $\mathrm{TR}_x$、$\mathrm{TR}_y$、$\mathrm{TR}_z$ 表示库存延迟生产方式、完全延迟生产方式、制造流程延迟生产方式单期的收益，因此有

$$
\begin{aligned}
\mathrm{TR}_x - \mathrm{TR}_y &= \sum_{i=1}^{N} \mu_ip_i(1-1/k') \\
\mathrm{TR}_x - \mathrm{TR}_z &= \sum_{i=1}^{N} \mu_ip_i(1-1/k) \\
\mathrm{TR}_z - \mathrm{TR}_y &= \sum_{i=1}^{N} \mu_ip_i(1/k-1/k')
\end{aligned}
\tag{2-9}
$$

为了简便，假定制造商采用作业成本法进行定价，产品 $i$ 的价格为作业成本的 $\theta$ 倍（$\theta>1$），这个假定是合理的，因为产品销售价不可能低于成本价格。这里的 $\theta$ 定义为产品增值能力，$\theta$ 越大表明产品的获利越多，其增值力就越强，因此有

$$TR_x = \theta\Big[TC_x - \big(H + \sum_{i=1}^{N} H_i\big)\Big]$$

$$TR_y = \theta\Big[TC_y - \big(H + \sum_{i=1}^{N} H_i\big)\Big] \qquad (2\text{-}10)$$

$$TR_z = \theta\Big[TC_z - \big(H + \sum_{i=1}^{N} H_i\big)\Big]$$

由式(2-6)~式(2-10)可得到如下利润比较模型:

(1) 库存延迟生产方式与完全延迟生产方式的利润比较模型为

$$X = (TR_x - TR_y) - (TC_x - TC_y)$$

$$= \sum_{i=1}^{N} \mu_i p_i (1 - 1/k')(1 - 1/\theta) - \sum_{i=1}^{N} hc_i(1/k')(\mu_i/2 + z\sigma\sqrt{T_p})$$

$$- \sum_{i=1}^{N} hp_i(1/k')(\mu_i/2 + z\sigma\sqrt{T_q}) \qquad (2\text{-}11)$$

(2) 库存延迟生产方式与制造流程延迟生产方式的利润比较模型为

$$Y = (TR_x - TR_z) - (TC_x - TC_z)$$

$$= \sum_{i=1}^{N} \mu_i p_i (1 - 1/k)(1 - 1/\theta) - \sum_{i=1}^{N} hp_i(1/k)(\mu_i/2 + z\sigma\sqrt{T_q}) \qquad (2\text{-}12)$$

(3) 制造流程延迟生产方式与完全延迟生产方式的利润比较模型为

$$Z = (TR_z - TR_x) - (TC_z - TC_x)$$

$$= \sum_{i=1}^{N} \mu_i p_i (1/k - 1/k')(1 - 1/\theta) - \sum_{i=1}^{N} hc_i(1/k')(\mu_i/2 + z\sigma\sqrt{T_q})$$

$$+ \sum_{i=1}^{N} hc_i(1/k - 1/k')(\mu_i/2 + z\sigma\sqrt{T_q}) \qquad (2\text{-}13)$$

对于第二个方面的因素,由于产品生命周期各个阶段中产品种类和产品数量两个需求特征量影响着该生产方式下生产流程延迟决策,所以,在利润比较模型中定义:产品数量用单位时间内对最终产品 $i$ 的平均需求量 $\mu_i$ 来衡量,产品种类以体现产品间相关性特征的量 $\rho_{ij}$ 来衡量,这是因为 $\rho_{ij}$ 表示产品间的相关性,$\rho_{ij}$ 降低,产品间的相关性小,表明这 $N$ 种产品差异化较大,并且这些产品是在同一产品族下,从而体现出产品种类较少;$\rho_{ij}$ 增大,产品间的相关性大,表明这 $N$ 种产品差异化较小,并且这些产品在同一产品族下,从而体现出产品种类较多;又由公式 $\sigma^2 = \sum_{i=1}^{N}\big(\sigma_i^2 + 2\sum_{i=1}^{N}\sum_{\substack{j=1\\j\neq i}}^{N}\sigma_i\sigma_j\rho_{ij}\big)$ 可知,$\sigma$ 随着 $\rho_{ij}$ 的增大而增大、减小而减小,因此为便于定量分析,可间接地以 $\sigma$ 来衡量产品种类多样性。

由式(2-4)和式(2-5)可得,集中型和分散型库存的库存量比较模型为

$$W = S_t - S_p = \sum_{i=1}^{N}\sigma_i - \sqrt{\sum_{i=1}^{N}\sigma_i^2 + 2\sum_{i=1}^{N}\sum_{\substack{j=1 \\ j\neq i}}^{N}\sigma_i\sigma_j\rho_{ij}} \qquad (2\text{-}14)$$

本章的重点是大批量定制的生产方式决策,而大批量定制生产方式中不存在产成品配送过程的集中型和分散型库存形式,因此对库存量比较模型不再进行详细讨论,该模型可作为下一步混合生产方式决策的研究基础。

3. 大批量定制生产方式决策过程

**命题 2-1**　当 $k>2$,$\theta>2$ 时,随着需求量的减少,即 $\mu_i$ 的减小,相对于库存延迟,制造流程延迟的优势越来越明显。

**证明**　设 $p_i = \lambda c_i (\lambda > \theta > 1)$

$$\partial Y/\partial \mu_i = \sum_{i=1}^{N} p_i(1-1/k)(1-1/\theta) - \sum_{i=1}^{N} hp_i[1/(2k)]$$

$$= \sum_{i=1}^{N}\lambda c_i\{(1-1/k)(1-1/\theta) - h[1/(2k)]\}$$

考虑不等式 $(1-1/k)(1-1/\theta) \geqslant h(1/(2k))$,即 $2(k-1)(1-1/\theta) \geqslant h$,当 $k>2$,$\theta>2$ 时,$2(k-1)(1-1/\theta)>1$,由于 $h<0.5$,必有 $2(k-1)(1-1/\theta) \geqslant h$。

故 $\partial Y/\partial \mu_i > 0$,即当 $\mu_i$ 减小时,$Y$ 也减小,此时库存延迟制造商的利润有减小的趋势,制造流程延迟制造商的利润有增加的趋势。因此表明,产品需求量越小、产品品种越多时,相对于库存延迟,制造流程延迟的优势更明显。

**命题 2-2**　当产品增值能力较强时,随着产品需求量的减少,即 $\mu_i$ 的减小,相对于制造流程延迟,完全延迟的优势越来越明显。

**证明**　设 $p_i = \lambda c_i (\lambda > \theta > 1)$,由于完全延迟生产的客户订单完成时间比制造流程延迟生产的客户订单完成时间长,可设 $k' = k+l$。

$$\partial Z/\partial \mu_i = \sum_{i=1}^{N} p_i(1/k - 1/k')(1-1/\theta) - \sum_{i=1}^{N} hc_i[1/(2k')] + \sum_{i=1}^{N} hc_i[1/2k - 1/(2k')]$$

$$= \sum_{i=1}^{N} c_i\{\lambda(1/k - 1/k')(1-1/\theta) - [h/k' - h/(2k)]\}$$

考虑不等式

$$\lambda(1-1/k')(1-1/\theta) \geqslant h[1/k' - 1/(2k)]$$

即

$$2\lambda(k'-k)(1-1/\theta) \geqslant h(2k-k')$$

$$2\lambda l(1-1/\theta) \geqslant h(k-l)$$

考虑式

$$2\lambda l(1-1/\theta) \geqslant h(k-l)$$

因为 $h<0.5$,当 $\theta$ 较大时,如 $\theta=0.5$,则有

$$2\lambda l(1-1/\theta) \geqslant 8l$$
$$(k-l)h < (k-l)/2$$
$$8l > (k-l)/2$$
$$1/k > 1/(17l)$$

若 $l=1$，则意味着有多于 $1/17$ 的客户会购买制造流程延迟生产出来的产品；若 $l=2$，就意味着有多于 $1/34$ 的客户会购买制造流程延迟生产出来的产品。因此，当 $\theta$ 取值很大时，$k$ 的变化范围更大，以满足

$$2\lambda l(1-1/\theta) - h(k-l) > 0$$

所以，$\partial Z/\partial\mu_i > 0$，即当 $\mu_i$ 减小时，$Z$ 也减小，此时制造流程延迟的利润有减小的趋势，完全延迟的利润有增加的趋势。因此表明，产品需求量越小，产品品种越多时，相对制造流程延迟，完全延迟的优势更明显。

**命题 2-3**　随着产品品种的增加，即 $\sigma$ 的增大，相对于库存延迟，制造流程延迟的优势越来越明显。

**证明**　设 $p_i = \lambda c_i (\lambda > \theta > 1)$，有

$$\partial Y/\partial\sigma = -\sum_{i=1}^{N} (1/k)hp_i z \sqrt{T_q}$$

所以，$\partial Y/\partial\sigma < 0$，即当 $\sigma$ 增加时，$Y$ 减小，此时库存延迟的利润有减小的趋势，制造流程延迟的利润有增加的趋势，由此表明，产品品种增加时，相对于库存延迟，制造流程延迟的优势更明显。

**命题 2-4**　当产品与原材料的补货提前期很接近时，随着产品品种的增加，即 $\sigma$ 的增大，相对于完全延迟，制造流程延迟的优势越来越明显。

**证明**　设 $p_i = \lambda c_i (\lambda > \theta > 1)$，有

$$\partial Z/\partial\sigma = -\sum_{i=1}^{N} (1/k')hc_i z \sqrt{T_p} + \sum_{i=1}^{N} (1/k - 1/k')hc_i z \sqrt{T_q}$$

因为 $T_p \approx T_q, k' = k+l(1 < k < l)$，则有

$$\partial Z/\partial\sigma = \sum_{i=1}^{N} hc_i z \sqrt{T_p} \frac{l-k}{k(k+1)}$$

由于客户等待订单忍耐度是一个随着时间变化递增较大的量，所以有

$$l-k > 0$$

所以，$\partial Z/\partial\sigma > 0$，即当 $\sigma$ 增加时，$Z$ 增大，此时完全延迟的利润有减小的趋势，制造流程延迟的利润有增加的趋势，由此表明，产品品种增加时，相对于完全延迟，制造流程延迟的优势更明显。

综合命题 2-1～命题 2-4 以及产品在生命周期各阶段的品种和需求量的变化趋势，就可得出在产品生命周期各阶段中制造商实施大批量定制生产方式的情况。由于在不同产品生命周期的不同阶段中，产品需求量和产品品种的变化趋势不同，

所以生产方式决策的结果应随着产品需求量和产品品种的变化趋势不同而不同。以典型的产品生命周期曲线为例,图 2-2 中点划线描述了产品生命周期中需求量的变化趋势,虚线描述了产品品种的变化趋势,根据需求量和产品品种的变化趋势,得出采用大批量定制生产方式的情况,图中用实线表示。

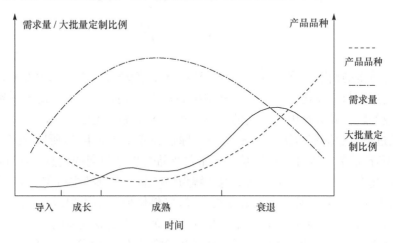

图 2-2　产品市场信息与生产方式的关系

## 2.4　本章小结

本章构建了大批量定制机械产品设计规划的基本框架;提出了大批量定制产品设计规划的基本思路;明确了本书研究中的相关概念并限定了研究内容;建立了生产方式决策的定量模型,该模型以产品需求量和产品品种为变量,以最大利润为目标决策出产品生命周期各阶段中应采用大批量定制生产方式的阶段,该决策过程是本书后续工作的前提。

# 第3章 集成化产品数据管理

## 3.1 引　　言

信息技术的快速发展,促进了企业经营管理的变革和制造技术的发展,进一步推进了信息化与工业化深度融合,是《中国制造 2025》提出的一项重要任务,也对传统企业的转型升级提出了更高的要求。由于 80% 制造创新技术基于信息通信技术,通过信息通信技术实现了智慧工厂、绿色制造和城市生产,所以,在智能制造新环境下,产品数据管理的目标是实现面向产品全生命周期的信息集成和数据管理。集成化产品数据管理可以狭义地理解为将产品生命周期中所需的多种不同数据信息、不同手段按照某种方式融合在一起,以整体形象集中展现,便于管理者科学决策、行使管理职能,即实现产品生命周期管理。从企业发展的角度来看,建立一个能够满足产品生命周期中不同领域和开发阶段的信息管理与过程协作的整体框架,使产品设计、开发、制造、销售及售后服务等信息能有效地交换、协同和管理,进而实现以产品数据为核心的制造企业产品生命周期管理;从客户的角度出发,从客户的订单需求的概念设计开始,基于产品数据管理平台,通过企业的产品族等数据资源,快速地得到个性化需求产品的过程。面向制造企业,产品数据管理(PDM)系统的构造框架可分为应用框架和数据框架,数据管理的两条主线是静态的产品结构和动态的产品设计过程,整个系统都以产品设计为中心,最大限度地提供数据共享,利用计算机系统控制整个产品的开发与设计过程,可以有效、实时、完整地控制从产品规划到产品报废处理的整个产品生命周期中的各种复杂的数字化信息。物料清单(bill of material,BOM)表是产品结构和产品配置管理的核心,贯穿于产品设计、工艺编制、生产制造的全生命周期,PDM 与 ERP 间的集成有 80% 的数据是基于物料清单实现传递的,保证了集成化数据源的一致性和有效性。

新一代信息技术与制造业深度融合,正在引发影响深远的产业变革,全球制造业格局正面临重大调整,其中网络众包、协同设计、大规模个性化定制、精准供应链管理、全生命周期管理、电子商务等正在重塑产业价值链体系;追求多品种小批量智能产品的高精度卓越品质是未来经济的发展趋势。面对多样化和个性化的客户需求,大规模个性化定制如何低成本、快速满足客户的定制需求,是制造企业竞争面临的关键问题。基于客户多样化的产品需求,形成了满足不同层次需求的产品系列或产品族,每一种不同的层次需求产生了具体的产品配置,导致大批量定制产品的种类和数据庞大,给企业的设计、生产和销售带来困难,因此,为了适应个性化、多样性的客户需求,产品族在建模方法上充分考虑了产品的结构、功能和需求的关系,能够使销售、设计、制造和服务部门采用一致的方式反映企业能力和客户需求,能够作为信息集成平台实现产品设计全过程的集成,进而实现大批量定制环境下以产品族为核心的产品的生命周期数据管理,为面向客户需求的产品设计规划奠定了基础。

## 3.2 集成化产品数据管理的内涵

### 3.2.1 基本概念

产品生命周期从狭义上理解是指一个产品从客户需求、概念设计、工程设计、制造到使用和报废的实践过程,这个过程存在着各种各样的大量的产品数据,如设计数据、工艺数据、加工数据、图纸、方案、订单、需求报告、手册、目录等。这些数据处理系统各自服务不同的对象,相互间的信息流动不畅通,即使是同类型的信息,由于信息模型不一致,外部数据交换格式不统一,相互之间也很难交换、共享。于是,不同的信息处理系统不得不重复输入并处理同样的数据,造成人、财、物的浪费,以及信息的不一致。主要表现在如下方面:

(1) 信息共享程度低。企业现有的计算机辅助工具中数据的存储格式常以不同的格式和介质存储,可能存储于不同的计算机系统中,甚至没有网络交互,其结果造成产品数据仍然无法在设计、工艺和制造等部门之间进行有效的信息共享和交换。

(2) 业务管理落后,信息滞后,无法及时更新。在众多产品进展如潮的时候,缺乏有效的版本管理和检索手段,都会造成产品数据的更新缓慢,更谈不上反应过程的变化与跟踪整个产品设计和制造的进展情况。

(3) 支撑技术不配套,应用集成系统效率不高。对于现有的 CAD 系统,其智能性依然较差,而企业仍然停留在使用大型商用关系数据库的层次上,它们都不能有效地管理图形、图像等非结构数据,更无法实现过程管理、配置管理以及对应用工具的集成,也就不能达到企业在异构与分布式计算机环境中时间集成、功能集成和过程集成的目标。

集成是指将基于信息技术的资源及应用(计算机软硬件、接口及机器)聚集成一个协同工作的整体,集成包含功能交互、信息共享以及数据通信三个方面管理与控制,如图 3-1 所示。上述定义解释了集成的内涵,即集成应该包括信息资源与应用两方面的集成。由于应用集成涉及系统结构、技术、用户需求等诸多因素,与软件的定制开发相比,应用集成对软件开发人员的经验和技术有更高的要求。

应用集成按集成的水平划分,从低到高,可分成汇集、定制、远程过程调用、分布对象、集成平台或者集成框架五个级别。所谓汇集,顾名思义,是软件系统的简

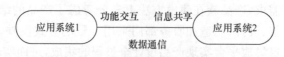

图 3-1　集成的基本概念

单汇集，不做另外的开发与增值；所谓定制，是指针对用户的特定需求对应用系统做特定的、简单的开发，缺乏特有的应用集成技术的支持；所谓远程过程调用，是指在继承中采用远程过程调用技术，这种集成要求了解系统的实现细节；分布对象的集成则要求采用分布对象技术；集成平台或集成框架的集成是一种最新发展起来的软件系统集成技术。集成平台与集成框架是两个互相关联又有所不同的集成技术，集成平台侧重于支持底层分布式环境及分布式信息集成，而集成框架则侧重于支持应用系统的集成，做到即插即用，两者互相补充。

集成化产品数据管理是将产品生命周期中所需的多种不同的数据信息、不同手段按照某种方式融合在一起，以整体形象集中展现，便于管理者科学决策、行使管理职能，即实现产品生命周期管理，不仅为 CAD/CAPP/CAM 系统提供数据管理和协同工作的环境，同时还要为 CAD/CAPP/CAM 系统的集成运行提供支持。作为数据管理的仓库，PDM 系统中建立了企业基本信息库和产品基本信息库，存储了大量产品生命周期内的全部信息，包括产品对象库、文档对象库、零部件库、设备资源库、典型工艺库、工艺规则库、原材料库等。

首先，分析 PDM 系统与 CAD 系统之间的信息流。PDM 系统管理来自 CAD 系统的产品设计信息，包括图形文件和属性信息。这些图形文件可以是二维或三维模型，如二维工程图、三维模型、产品数据版本等；属性信息是指零部件的基本属性及装配关系、产品明细、使用材料等。CAD 系统也需要从 PDM 系统的相关数据库中获取包括设计任务书、技术参数等产品设计信息。CAD、CAPP、CAM 和 PDM 系统之间的信息流如图 3-2(a)所示。

由于 PDM 系统中已经建立了企业的基本信息库，如材料库、刀具库、典型工艺库等与产品有关的基本数据，所以在 PDM 环境下 CAPP 系统无需直接从 CAD 系统中获取产品的模型信息、原材料信息、设备资源等信息，而是从 PDM 系统相关库存文档中获取正确的模型信息和加工信息。根据零部件的相似性，从标准工艺库中获取相近的标准工艺，快速生成该零部件的工艺文件，从而实现 CAD 系统与 CAPP 系统的集成。同样，CAPP 系统产生的工艺信息也要送汇给 PDM 系统中的相关文件进行管理。CAPP 系统与 PDM 系统之间的信息流如图 3-2(b)所示。

CAM 系统也通过 PDM 系统从相关文档和数据库中及时准确地获得需要加工产品及零部件的模型信息、加工工艺要求和相应的加工属性。CAM 系统之间的信息流如图 3-2(c)所示。

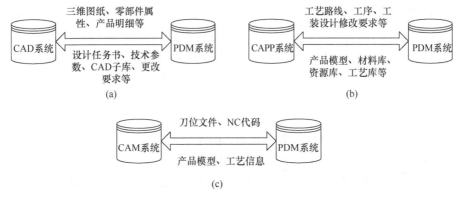

图 3-2　CAD、CAPP、CAM 和 PDM 系统之间的信息流

### 3.2.2　PDM 信息集成模式

**1. 标准通用标记语言**

标准通用标记语言(SGML)在许多领域得到了广泛的应用,其非常灵活,是一个能够应用于大多数信息结构的开放式的标准。用 SGML 可以构建像 HTML 这样简单的结构,也可以构建复杂的结构。SGML 也是可以扩展的,它可以构建任意深度的结构,也可以用来存储数据。SGML 还有许多尚未利用的复杂的特征,可以用来解决复杂的信息处理问题。SGML 是公开的国际标准,具有系统无关性和平台独立性,既可以在一个老式的计算机系统中创建的 SGML 文档,也可以完全移植到流行的计算机系统中,以保证信息的完整性,这种兼容性同样可以应用在不兼容的计算机平台和应用程序之中。SGML 的另一个优势是信息的可重用性,一篇文档的内容可以被另外一篇文档完全或者部分地、毫不修改地引用。

但是,SGML 本身也有一些不足之处,例如,SGML 具有庞大复杂的结构,仅仅是该标准的文本就由 500 多页构成,这让人们望而生畏。另外,SGML 不能在互联网上轻易传送,要查看一个 SGML 实例,必须要有该实例的文档类型定义、样式表和一个目录文件。SGML 以文档类型定义来识别文档实例,文档的显示需要样式表来确定显示格式。所以,传送文档时要连带将其文档定义、样式表等附带信息传送,这是很难完成的。此外,好的 SGML 浏览工具较少。

1) SGML 文档的结构

SGML 文档包含了一系列相关的元素,每个元素包含了一些字符内容或者子元素,但是元素及其字符内容并不是 SGML 文档的全部。因为各种行业、各个部门使用的文档结构不完全相同,所以 SGML 的独特之处在于提供定义文档结构及其元素属性、实体等特性的能力。每个 SGML 文档都以“文档类型定义”(document type definition,DTD)段开始,以元素为单位定义文档结构。DTD 定义每个元素的名字、属性,说明元素标记、界定符是否可以省略等。另外,为了实现系统间不同字符集的文档共享,有时在 DTD 之前还要增加一部分内容,称为 SGML 声明(SGML declaration),规定参考语法规则、更改 SGML 关键字等。因此,完整的SGML 文档由三部分组成,即 SGML 声明、文档类型定义和文档实例(document instance),其中,文档实例是文档的主要内容。

2) SGML 的标记

标记(markup)是描述加入电子文本中的控制码的术语,这些控制码用于定义文本结构或显示格式。尽管标记对于用户是不可见的,但是许多设备,如存储文档设备和读取文档设备都要用到部分标记。标记可以有多种形式,例如,可见的或不可见的,机器相关的或通用的,特殊字符的或普通文本的或两者的组合,还可以是插入的特殊命令等。一般地,电子文本可以有两种基本类型的标记指令集:专用标记和通用标记。

专用标记又称"过程性"标记,通常描述一个已表示的数据将如何进行格式化。使用"过程性"标记的例子就是一般的排版语言,如 WordStar、WPS、MS Word 等。在这类语言中,标记往往描述字体的变化、文字在页中的位置以及对文章标题的排置和角标的尺寸标注等。以 WordStar 为例,表 3-1 是一段典型的 WordStar 文档。

表 3-1　使用专用标记的文档

| 文档内容 | 标记作用 |
| --- | --- |
| PL66 | 页长 11 |
| NT6 | 顶空 1in(1in=2.54cm) |
| MS9 | 底空 1.5in |
| LH12 | 行高 1/2in |
| UJ ON | 设置微调 |
| ˆAˆBchapter 1 | 粗体,12 字符/in |
| INTRODUCTION ˆB | 粗体结束 |
| The spread of word processors | 正文 |

专用标记指令集通常是设备相关的,因此某种设备的标记集对另一种设备是不合法的。而且,把某段带标记的文本从一种设备移到另一种设备,或从一种字处理软件移植到另一种软件时,必须改变文本的标记集。一般情况下,只有小标记集的文本可以移植到大标记集的设备上。每种输出设备或字处理软件使用各自的标记集对于文档作者也比较麻烦,当设备或软件升级、更换时,更新原先的文档是一件费时又费力的事情。

一般来说,一个文本中包含越多的专用标记,则文本内容的应用范围会因此而越来越窄,这是因为一个明确标注总是针对一个具体的应用(如打印),而未考虑到其他应用环节(如询问或电子浏览)。

### 2. 产品数据交换标准

#### 1) 产品数据交换标准的产生

产品数据交换标准(product data exchange standard,STEP)指国际标准化组织(ISO)制定的系列标准 ISO 10303《产品数据的表达与交换》。这个标准的主要目的是解决制造业中计算机环境下的设计和制造(CAD/CAM)的数据交换和企业数据共享问题。我国陆续将其制定为同名国家标准,标准号为 GB/T 16656。该标准有一个非正式的但在国际上非常流行的名字——STEP,它是 standard for the exchange of product model data 的缩写。

企业的产品设计采用 CAD 技术以后遇到了很大的挑战。首先是由于企业的产品设计产生的 CAD 数据迅速膨胀。这些信息是企业的生命,它们不断地产生出来,不断地被更新改版。这种技术信息在企业的不同部门中和生产过程中流动,重要的档案信息要保存几十年。但是,CAD 设计产生的数据不再像传统的图纸那样随便拿给任何地方的任何人都能阅读。各种 CAD 系统之间的不兼容造成企业不同系统之间的数据不能共享,有时会造成非常严重的经济损失。CAD 系统不能发挥出最大的效益,很大的原因之一就是由数据交换产生的障碍。

另外,很多企业的设计档案都要求保存几十年,这就意味着经过长期保存的 CAD 数据经过几十年以后,在已经更新了若干代的计算机软硬件系统中还应该能够正确读出并能再次使用。如果做不到,那将是企业的灾难。由于计算机系统软硬件的生命周期越来越短,CAD 数据的长期存档在当前恰恰是很难做到的。

为了解决上述问题,国际标准化组织 ISO/TC184/SC4(以下简称 SC4)工业数据分技术委员从 1983 年开始着手组织制定一个统一的数据交换标准,即 STEP。到目前,该标准的基本原理和主要的二维及三维产品建模应用协议已经成为正式的国际标准,市场上的主要 CAD 软件都已经开始提供商品化的 STEP 接口。虽然 STEP 的制定进展缓慢,但是其已经在一些发达国家的先进企业中得到应用,如飞机、汽车等制造行业。

STEP 的体系结构共分四个层次,最下层主要是标准的原理和方法,中间两层是标准的资源,最上层是应用协议(AP)。其中资源是建立应用协议的基础,建立应用协议是制定本标准的目的,是开发 CAD/CAM 数据交换接口的依据。

STEP 是一个系列标准,是由若干分标准(或“部分”)组成的。体系结构的矩形框表示系列标准的分类,其中的编号对应分标准的编号规则。例如,描述方法类分标准的编号是 11、12、13、…。应用协议类分标准的编号是 201、202、203、…。

2) EXPRESS 语言

STEP 描述方法中的一个重要的标准是 ISO 10303-11《EXPRESS 语言参考手册》。EXPRESS 语言是描述方法的核心，也是 STEP 的基础。该标准是一种形式化描述语言，但不是计算机编程语言，它吸收了现代编程语言的优点，主要目的是建立产品的数据模型，对产品的几何、拓扑、材料、管理信息等进行描述。

3) STEP 体系结构

EXPRESS 语言为了能够描述客观事物、客观事物的特性和事物之间的关系，引入了实体（entity）和模式（schema）的概念。在 EXPRESS 语言中把一般的事物（或概念）抽象为实体，若干实体的集合组成模式。这意味着小的概念可组成大的概念。事物的特性在 EXPRESS 语言中用实体的属性（attribute）表示。实体的属性可以是简单数据类型，如实数数据类型可描述实体与数字有关或与几何有关的特性，字符串数据类型可描述实体或属性的名称或需要用文字说明的特性。当然属性还可以是聚合数据类型或布尔数据类型用以描述相对复杂的产品特性。

描述实体之间的关系用子类（subtype）和超类（supertype）说明的办法。一个实体可以是某一实体的子类，也可以是某个其他实体的超类。例如，人的概念可以分为男人和女人，在 EXPRESS 中把"人"这个实体作为"男人实体"和"女人实体"的超类，而"男人实体"和"女人实体"作为"人实体"的子类。这种子类和超类的说明可以描述客观事物之间的复杂网状关系。EXPRESS 语言还允许定义复杂的函数以描述客观事物中任何复杂的数量关系或逻辑（布尔）关系，并进行相应的几何和拓扑等描述。为了能够直观地表示所建立的数据模型，在标准中还规定可以用 EXPRESS-G 图表示实体、实体的属性、实体和属性之间的关系、实体之间的关系等。这种表示法主要使用框图和框图之间的连线表示，非常直观，易于理解。原则上讲，EXPRESS 语言所引入的机制使人们可以对任何复杂的事物进行描述，它的优点是人可以读懂（英文语义），而且计算机可以处理。

4) 应用协议

应用协议（AP）是 STEP 的另一个重要组成部分，它指定了某种应用领域的内容，包括范围、信息需求以及用来满足这些要求的集成资源。STEP 是用来支持广泛领域的产品数据交换的，应该包括任何产品的完整生命周期的所有数据。由于它的广泛性和复杂性，任何一个组织想要完整地实现它都是不可能的。为了保证 STEP 的不同实现之间的一致性，其子集的构成也必须是标准化的。对于某一具体的应用领域，这一子集就被称为应用协议。这样，若两个系统符合同一个应用协议，则两者的产品数据就应该是可交换的。

国际标准化组织现在正式发布的应用协议如下：

ISO 10303-201 显式绘图,我国对应的同名国家标准为 GB/T 16656.201,简称 AP201。

ISO 10303-202 相关绘图,我国对应的同名国家标准为 GB/T 16656.202,简称 AP202。

ISO 10303-203 配置控制设计,我国对应的同名国家标准为 GB/T 16656.203,简称 AP203。

AP201 主要是二维图的数据交换协议,它包括的数据模型主要有关于二维几何、尺寸标注、标题栏、材料表等内容。AP202 也是二维图的数据交换协议,但是它增加了二维和三维之间的关系,由于这种技术上的扩充,很多研究开发机构更加重视 AP202。

AP203 是三维设计的数据模型,在标准中将其主要内容按照软件的实施分为6 个级别:

级别 1:除形状的配置管理设计信息。

级别 2:级别 1＋几何边界线框模型、曲面模型,或由两者共同表示的形状。

级别 3:级别 1＋拓扑线框模型表示的形状。

级别 4:级别 1＋拓扑流形曲面模型表示的形状。

级别 5:级别 1＋小平面边界表示的形状。

级别 6:级别 1＋高级边界表示的形状。

其中级别 1 实际上是 CAD 设计所需要的管理和配置方面的信息模型,是其他各级别的前提,级别 2～6 是独立的,无任何依赖关系。不同的系统实现方法可以对应不同的级别。

SC4 中目前正在制定的应用协议覆盖了制造业的绝大部分领域,如机械应用、汽车制造、建筑、造船、电工电子等。甚至现在有一个新的标准项目是专门针对家具产品数据的应用协议,值得一提的是 AP214-汽车核心数据,这个应用协议虽然还没有成为正式标准,但现在已经受到了工业界,特别是汽车工业的极大重视。目前很多 CAD 软件能够提供的 STEP 数据交换接口主要支持 AP203 和 AP214 。

5) 集成资源和应用解释构造

在 STEP 不同的应用协议中实际上有很多模型的内容可能是相同的或相似的,例如,不同领域的几何模型和管理信息模型必定会有共性的方面。这样,在STEP 中把不同领域中有共性的信息模型抽取出来,制定为标准的集成资源或应用解释构造(AIC),以供制定应用协议时引用。这些模型可能是不完全的,在制定应用协议时还需要增加一定的约束信息。集成资源中正式发布的标准如表 3-2 所示。

表 3-2　集成资源标准号和标准名称

| 序号 | 国际标准号 | 我国标准号 | 标准名称 |
|---|---|---|---|
| 1 | ISO 10303-41 | GB/T 16656.41 | 产品的描述和支持的基本原理 |
| 2 | ISO 10303-42 | GB/T 16656.42 | 几何与拓扑表达 |
| 3 | ISO 10303-43 | GB/T 16656.43 | 表达结构 |
| 4 | ISO 10303-44 | GB/T 16656.44 | 产品结构配置 |
| 5 | ISO 10303-46 | GB/T 16656.46 | 可视化表示 |
| 6 | ISO 10303-101 | GB/T 16656.101 | 绘图 |
| 7 | ISO 10303-105 | GB/T 16656.105 | 运动学 |

表 3-2 中的分标准编号为 40 系列的称为集成通用资源,编号为 100 系列的称为集成应用资源。应用解释构造中所涉及的主要是几何方面的内容,分标准的编号为 500 系列。

6) 实现方法

STEP 的实现方法可分为物理文件的实现方法、标准数据访问接口(SDAI)的实现方法和数据库的实现方法,其中比较成熟的是物理文件的实现方法和标准数据访问接口的实现方法。具体的国际标准号和标准名称分别为 ISO 10303-21《交换文件结构的纯正文编码》和 ISO/DIS 10303-22《标准数据访问接口规范》(DIS 表示国际标准草案),我国对应 ISO 10303-21 部分的国家标准号为 GB/T 16656.21。目前标准数据访问接口还没有国家标准。

物理文件的实现方法主要规定把用 STEP 应用协议描述的数据写入电子文件(ASCII 文件)的格式。这种格式是开发 STEP 接口软件必须要遵循的。标准中规定了 STEP 物理文件的文件头段和数据段的内容、实体的表示方法、数据的表示方法、从 EXPRESS 向物理文件的映射方法等。

标准数据访问接口的实现方法主要规定访问 STEP 数据库的标准接口实现方法。由于不同的应用系统存储和管理 STEP 数据可能用的是不同的数据库,不同的数据库的数据结构和数据操纵方式都是不相同的,采用标准数据访问接口的目的就是在数据库与应用系统之间增加一个标准的访问接口,把应用系统与实际的数据库相隔离,使应用系统在存取 STEP 数据时可以采用统一和标准的方法进行操作。

7) 一致性测试

为了解决实际按照标准开发的系统是否真正符合标准的问题,在 STEP 中还专门制定了有关一致性测试的内容。按照一致性测试的基本原理,软件商按照 STEP 开发的软件不能自己证明自己是符合标准的,而是要通过专门的测试实验室的一致性测试。

STEP 中的分标准编号为 30 系列,主要解决一致性测试的基本原理、测试的基本程序、测试服务、对测试实验室的要求等。300 系列一致性测试套件标准与 200 系列应用协议标准相对应,例如,301 是 AP201 的测试套件,303 是 AP203 的一致性测试套件等,以此类推。一致性测试套件是由一组一致性测试项组成的,每一个测试项是根据应用协议中不同的数据模型而规定的测试内容(测试题),包括测试要输入的内容、期望输出的结果和相应的判定准则。因为 STEP 数据交换接口由前置处理器和后置处理器分别负责写出和读入 STEP 数据的双向过程,所以一致性测试套件要区分这两种不同的情况。

在产品模型数据交换方面已出现了如 IGES、VDAIS、VDAFS、SET 等多种标准或规范。但是,它们只是适合于在计算机集成生产中的各子系统领域传送信息以形成技术绘图或简单的几何模型,更为详细的信息如公差标注、材料特性、零件明细表或工作计划等信息它们就不能完整地传送。因此,已有的标准和规范存在如下问题:中间格式只限于几何数据和图形数据;这些标准或规范只反映了 20 世纪 70 年代末 80 年代初的技术状态;软件的开发只是软件开发商而没有让用户参与,软件实用性差;用户不可能在市场上得到完整的解决方案,结果导致高重复工作和高投资的维护。

针对以上问题,必须要制定独立的产品模型数据交换和管理的标准。在 20 世纪 90 年代初,国际标准化组织公布了 STEP。STEP 是一套一系列的国际标准,其目的是在产品生存期内能够为产品数据的表示与通信提供一种中性数字格式。这种数字格式应能完整地表达产品信息,并独立于可能要处理这种数字格式的应用软件。产品数据的表达和描述采用 EXPRESS 形式语言,它可以对产品模型进行一致的、无歧义的描述,并允许用产品数据表达的数据与约束进行更加完整的描述。EXPRESS 是一种面向对象结构的特殊语言,在信息模型的组成上给出 STEP 产品模型以清楚地描述。在 STEP 中的集成资源和应用协议中均采用这种语言。

集成资源是 STEP 的核心,它提供了一套资源单元(即资源的构成)作为定义产品数据表达的基础。集成资源独立于应用环境和应用文本,但经过解决后可以支持应用水平的信息需求,包括应用资源和通用资源。应用资源如绘图、有限元分析、运动学等;通用资源如产品描述和支撑的基本原理、几何及拓扑表达、产品结构配置、可视化表示、材料、形变公差等。EXPRESS 语言可对集成资源进行完整的描述。

应用协议包括应用领域的资源、文本和功能需求定义。STEP 能完全实现工业领域的应用是不现实的,一方面不是所有的特殊应用都在集成资源中定义了相关的资源单元;另一方面完全实现 STEP 适于所有领域的投入开发费用是无限的。因此,应用协议由国际标准化组织标准化,目前有 27 个应用协议在标准中制定,有几个已达到国际标准。应用协议如 AP201 为显示绘图应用协议;AP202 为相关绘图应用协议;以及 AP210 为印刷电路装配产品设计数据应用协议;AP213 为机械加工零件的数控工艺规划应用协议;AP214 为汽车设计应用协议等。STEP 提供不同的实现方法,由 EXPRESS 描述的模型转变为特定的实现形式,各种实现方法都可以使用。目前 STEP 提供以下几种实现方法:物理文件交换、应用编程接口以及数据库实现。

虽然资源模型定义得非常完善,但经过应用协议在具体的应用程序中的数据交换是否还符合原来的意图,这就需要经过一致性测试。STEP 制定了一致性测试方法与框架,包括一般概念、对测试实验室及客户的要求、抽象测试的结构和使用、对各部分的抽象测试方法和抽象测试等标准。

STEP 国际标准一经提出,就受到企业的广泛关注,虽然它的一些标准还在制定中,但一些已制定的标准已在 CAD/CAM、企业数据模型的建立、数据交换中得到了应用。事实证明 STEP 在产品的整个生命期内为产品的数据表示与通信提供了一种中性格式,这种格式能完整准确地表达产品信息,并独立于要处理这种格式信息的软件。STEP 为产品模型的规范化和高质量数据交换处理的实现提供了一种先进的方法。STEP 还提供了先进的数据交换的方法,但在数据交换中会出现大量的数据重复的问题,这就提出了数据管理的问题,PDM 技术有效地解决了这一问题。

### 3. 集成工具

#### 1) 封装模式

产品数据的集成就是对产生这些数据的应用程序的集成。为了使不同的应用系统之间能够共享信息以及对应用系统所产生的数据进行统一管理,只要对外部应用系统进行"封装",PDM 就可以对它的数据进行有效管理,将特征数据和数据文件分别放在数据库和文件柜中。所谓"封装"是指把对象的属性和操作方法同时封装在定义对象中。用操作集来描述可见的模块外部接口,从而保证了对象的界面独立于对象的内部表达。对象的操作方法和结构是不可见的,接口是作用于对象上的操作集的说明,这是对象唯一的可见部分。"封装"意味着用户"看不到"对象的内部结构,但可以通过调整操作即程序来使用对象,这充分体现了信息隐蔽原则。由于"封装"性,当程序设计改变一个对象类型的数据结构内部表达时,可以不改变在该对象类型上工作的任何程序。"封装"使数据和操作有了统一的管理界面。

#### 2) 接口和集成模式

对于包含产品结构信息的数据,还有其特殊性,因为"封装"不能了解文件内部的具体数据,而 PDM 的产品结构配置模块必须掌握产品内部的结构关系,所以 PDM 集成这类数据有下面两种不同层次的模式:

（1）接口模式能够根据 CAD 装配文件中的装配树，自动生成 PDM 中的产品结构树。通过接口程序破译产品内部的相互关系，自动生成 PDM 的产品结构树；或者从 PDM 的产品结构树中提取最新的产品结构关系，修改 CAD 的装配文件，使两者保持异步一致。

（2）集成模式通过对 CAD 的图形数据和 PDM 产品结构树的详细分析，制定统一的产品数据之间的结构关系，只要其中之一的结构关系发生了变化，则另一个自动随之改变，始终保持 CAD 的装配关系与 PDM 产品结构树的同步一致。PDM 环境提供了一整套结构化的面向产品对象的公共服务集，构成了集成化的基础，以实现以产品对象为核心的信息集成。

利用 PDM 实现用户间的对象共享，应具有统一的数据结构。把 PDM 看做面向多种 CAD 软件的通用管理环境，采用标准数据接口来建立 PDM 的产品配置与多种 CAD 软件装配结构之间的联系，在同一 PDM 管理下，多种 CAD 软件共享同一产品结构。PDM 是 CAD/CAPP/CAM 的集成平台，是企业全局信息集成的框架。所有用户均在同一 PDM 工作环境下工作，实现了与站点无关、与硬件无关、与操作系统无关的全新的工作方式。

以 PDM 为支撑平台，集成企业各方面支持产品开发的各种信息，使得信息流动处于一种有序、可控的状态。不仅要保证信息的全面性，还要保证信息的可靠性、一致性。最终实现正确的信息在正确的时间到达正确的人，实现企业全局信息的集成；要实现针对产品开发过程所需的各种 CAX 软件的集成，将 CAD/CAE/CAM 等软件纳入 PDM，通过各种工具软件的集成实现高效并行的设计；实现与企业内外的各种信息的交换和共享，如实现与企业内的 MIS、MRPII 等的数据交换，以及通过互联网等手段实现与企业外的信息输入、查询、共享等，及时获取信息，支持产品开发。通过 PDM 集成管理框架的支撑，将科学的系统方法、先进的管理思想和方法融入其中，以支持技术和产品创新。

通常一个产品要经过工程设计、工艺制造设计、生产制造三个过程才能形成。而这三个过程只是产品生命周期的一小部分。在这三个过程中，虽然它们有着十分相似的物料清单，即工程设计物料清单（engineering bill of material，EBOM）、制造物料清单（produce bill of material，PBOM）、成本物料清单（costing bill of material，CBOM），但正是这些物料清单中小小的一点差异，决定了它们各自的专业技术和管理思维方式。例如，在产品工程设计时技术开发部门按 EBOM 的思路管理工程项目设计小组，工艺设计部门按 PBOM 和加工路线的思路管理工艺项目设计小组，制造和成本管理却按 CBOM 的思路控制生产成本。迄今为止，理论研究仅抽象地描述了物料清单的结构，致使不少人对其应用的理解产生了偏差。将 EBOM 输入 ERP 系统使实施陷入困境的例子是存在的。

用 EBOM、PBOM、CBOM、Routing 作为工程设计、工艺设计和制造过程中的管理数据结构的作用如下:①EBOM 是产品工程设计管理中使用的数据结构,通常精确地描述了产品的设计指标和零件与零件之间的设计关系;②PBOM 是工艺工程师根据工厂的加工水平和能力,对 EBOM 再设计出来的,用于工艺设计和生产制造管理,使用其可以明确地了解零件与零件之间的制造关系,跟踪零件是如何制造出来的、在哪里制造、由谁制造、用什么制造等信息,同时 PBOM 也是 ERP 生产管理的关键管理数据结构之一;③CBOM 是由 ERP 系统产生出来的,当企业定义了零件的标准成本、建议成本、现行成本的管理标准后,系统通过对 PBOM 和加工中心的累加自动地生成 CBOM,用于制造成本控制与成本差异分析;④Routing 是产品的加工路线,描述了需要加工的零件的各道工序、加工中心、零件的加工系数等,用于物料管理或成本控制。PDM 系统可以将 CAD 与 CAPP 两个系统设计在同一个 PDM 系统上运行,两个系统通过电子数据交换共享产品设计。ERP 通过 PDM 的应用程序界面(API)与 CAD、CAPP 共享数据。为了使不同的应用系统之间能够共享信息以及对应用系统所产生的数据进行统一管理,要求把外部应用系统集成到 PDM 系统中,并提供应用系统与 PDM 数据库以及应用系统与应用系统之间的信息集成,这一功能需要 PDM 系统提供集成工具以便在此基础上进行集成开发。所谓集成工具,一般是由一系列接口函数组成的函数集,这些函数有的是标准 C 函数,有的是系统专门提供的非标准函数。

集成工具的应用主要体现在以下三方面:

(1) 外部应用系统与 PDM 的集成。外部应用系统与 PDM 的集成一般有三种形式:应用封装、接口集成和紧密集成。

(2) 对系统现有操作方法的改造,或构造扩展的新的操作方法。当用户增添新功能、规定新的操作方法时,需要集成工具的支持。集成工具一般提供标准的函数接口,支持 C/C++语言编程,有的 PDM 系统还提供了应用 Motif、Shell 进行编程的接口。

(3) 标准的应用开发接口使其他应用系统能直接对 PDM 对象库中的对象进行操作,或者在 PDM 对象库中增添新的对象类及其库表。

## 3.3　大批量定制与集成化产品数据管理

在市场需求拉动和信息技术的推动下,制造业的发展模式发生了革命性的变化。大批量定制生产模式已经成为 21 世纪的主流生产模式。产品数据管理(PDM)技术是支持大批量定制的关键技术之一。研究支持大批量定制的产品数据管理方法将是制造企业智能制造的研究热点,对实现《中国制造 2025》具有非常重要的现实意义。

### 3.3.1　产品族

制造业的数字化、网络化和智能化是产业模式创新的共性使能技术,将大大促进定制化规模生产方式的发展,使大规模的流水生产转向定制化规模生产,产业模式从以产品为中心向以用户为中心转变。产品族依然是大批量定制机械产品配置的基础和关键。针对大批量定制的生产模式,对产品族进行建模的核心问题是最大限度地减少产品内部的多样化,同时增加产品外部的多样化,也就是说尽可能地以最少的零部件组合方式设计开发出最多的产品种类。

#### 1. 产品族的概念

产品族(product family)是共享通用技术并定位于一系列相互关联的市场应用的一组产品,它以产品平台为基础,通过添加不同的个性模块,满足不同客户的个性化需求。产品平台是产品族的基础,是能够被某一系列产品共享的、可重用的模块集合,一般具有相对稳定的结构。一个有效的产品平台是产品族的核心,它具有产品族内所有产品的共性特征。产品族的界定有以下三个原则:

(1) 产品族中的产品具有相同的市场定位和客户群需求;

(2) 产品族中的产品具有相似的产品结构,并可用通用结构来表述;

(3) 产品族中产品节点上的零部件具有相似的功能和相同的外部接口关系。

#### 2. 产品族建模方法

面向大批量定制的产品族模型应具有如下特征:产品族模型充分体现客户的需求;产品族模型的组成模块能够为客户配置出个性化的最终产品;能够使销售、设计、制造和服务部门采用一致的方式反映企业能力和客户需求;能够作为信息集成平台实现产品设计全过程的集成;能够为产品的快速配置设计提供充分保证。该生产方式下的产品以满足客户需求为最终目标,产品设计也应围绕客户需求展开,产品族模型可通过客户需求、功能、原理、结构四个不同的视图完整地表达产品族信息,称为多视图建模。

多视图建模与其他产品模型结构相比的优势在于,它通过客户模型将产品族模型的边界延伸到最终客户空间,充分体现了客户的需求,支持客户按产品需求对产品进行直接配置;各模型之间通过映射关系有机地衔接起来,使产品族模型支持快速配置设计机制。产品客户需求模型、功能模型、原理模型、结构模型的构成及其之间的相互关系如图 3-3 所示。

1) 产品族的客户需求模型及其知识表达

客户需求模型描述客户对产品的需求,是企业一切活动的源头,产品设计、制造、销售等活动都是围绕客户需求而开展的。客户模型的主要作用是准确地捕捉

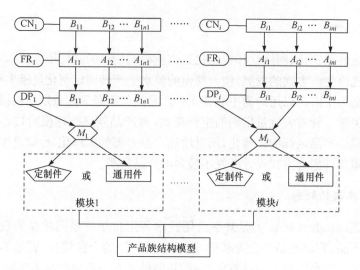

图 3-3　产品族各模型之间的关系

和理解客户需求,对客户需求进行规范完备的描述,并根据客户的需求属性对客户及客户需求进行分类,为准确地定义产品族奠定基础。

　　客户对产品的需求涉及产品的整体综合性能,包括产品的功能、质量、价格、交货期以及使用维护性能等。产品族客户需求模型用一组客户需求(customer need,CN)特征及其需求特征属性来表示,其中 $B$ 是需求特征属性的取值,一个需求特征可以有多个取值。客户需求模型用树状结构表示,如图 3-4 所示。在该树状结构中,矩形框架是第一层次需求,表示客户需求特征,在结构图中用与关系表示。而椭圆形的叶子为第二层次,表示一个需求特征所具有的需求特征属性值,在结构图中用或关系表示。需求特征及需求特征属性值之间的选择构成了需求的多样性。

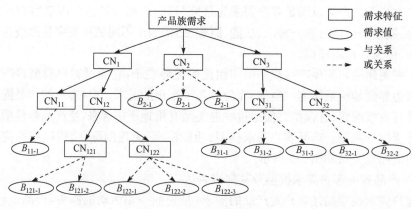

图 3-4　客户需求模型

将客户需求模型转换成知识表达的形式,需求特征(即第一层子客户需求)可表示为 $N=\{N_1,N_2,\cdots,N_m\}$,即企业需求特征库为 $\{N_1,N_2,\cdots,N_m\}$。对于 $N_i\,|\,\forall i\in(1,2,\cdots,m)$,有 $n_i$ 种可能的选择(即第二层客户需求值),可表示为 $N_i\in(N_{i1},N_{i2},\cdots,N_{in_i})$,即产品族所能满足的客户需求可表示为 $\{N_{ij}\,|\,i=1,2,\cdots,m;\ \forall j\in(1,2,\cdots,n_i)\}$。

2)产品族的功能需求模型及其知识表达

功能需求(functional requirement,FR)是指在功能域中能够描述一个产品的某一功能特征的独立要求,是满足客户需求产品所必须具有的功能,模型如图 3-5 所示。图中 FR 表示功能需求,$F$ 表示其取值。与客户需求模型类似,一个功能需求可有多个取值。由功能特征的与关系组成功能需求模型的第一层,FR 的取值及其之间的或关系构成了功能需求模型的第二层。产品整体功能可由 FR 的一组最小组合来描述,组合中的每一个 FR 独立于任何一个其他的 FR。

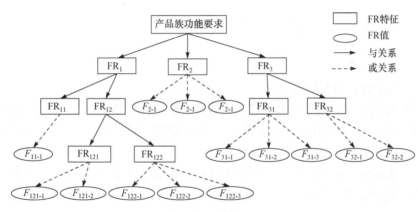

图 3-5　功能需求模型

产品族功能需求用一组属性特征来表示,可以表示为 $A=\{A_1,A_2,\cdots,A_n\}$,即第一层子功能需求(即第一层子功能需求)可表示为 $\{A_1,A_2,\cdots,A_n\}$。对于 $A_q\,|\,\forall q\in(1,2,\cdots,n)$,有 $n_q$ 个可能的值(即第二层子功能需求),可表示为 $A_q\in(A_{q1},A_{q2},\cdots,A_{qn_q})$,即产品族第二层子功能需求可表示为 $\{A_{qr}\,|\,q=1,2,\cdots,n;\ \forall r=1,2,\cdots,n_q\}$。对于任何一个产品 $t$,其功能需求可表示为 $A^t=\{A_{qr}\,|\,q=1,2,\cdots,n;\ \forall r\in(1,2,\cdots,n_q)\}$。

3)产品族原理模型

产品族原理模型描述的是产品族的技术解决方案,包含产品族中技术解决方案的分解及其之间的关系,描述操作过程中所涉及的技术应用,能够确保操作的可行性,这里的操作并不包括产品的制造。在原理模型中,技术解决方案被表示成设计参数 DP 和变量 $V$,原理模型也可用树状结构表示。根据 Sunh 的公理化设计理论,一个好的设计的 DP 个数应该与 FR 个数相等,并且始终保持 FR 相互独立。可以理解为功能模型中的一个 FR 主要由原理模型中的一个 DP 来实现,当然这个 FR 也有可能受到其他 DP 的影响,但这种影响越小越好。因此,应根据功能模型中的 FR 一一映射形成原理模型树,如图 3-6 所示。

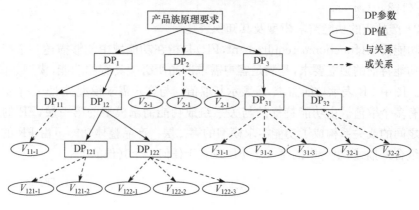

图 3-6　原理模型

4) 产品族的物理结构模型

产品族的物理结构模型描述了产品族的装配层次关系及所有可能的组成模块的结构,包括模块与模块之间的关系。一个产品族的物理体系结构可以由通用件、定制件和配置规则三部分组成。

(1) 通用件。通用件是产品族中不同产品所具有的通用的部分或元素,这部分共享元素的形式有多种,可以是产品通用的结构,也可以是通用的零部件,它们用于确定产品的基本性质和满足共同的功能需求。

(2) 定制件。定制件是使一件产品区别于其他产品的基本元素,它们是产品族中多样化的来源,也是客户需求定制的目标。定制件可以是不同结构关系和/或多样化的模块,用于满足附加功能或可选择的属性。

(3) 配置规则。配置规则定制派生产品变量的规则和方法。对于配置规则可以划分为三种类型:选择约束、包含约束和品种进化。选择约束就是在客户选择产品模块时约束产品其他可选的功能模块;包含约束就是每个定制件决定可选择的产品变量;品种进化指的是引起产品功能特征的特殊性的方式。

以上三部分构成了产品族,可用体系结构图描述其关系以及产品族构成的原理,如图 3-7 所示,其中 PV 是一个产品族中的产品变量。

### 3.3.2　大批量定制对 PDM 的需求

作为大批量定制的信息支撑技术——PDM,需要在功能、系统框架、信息集成

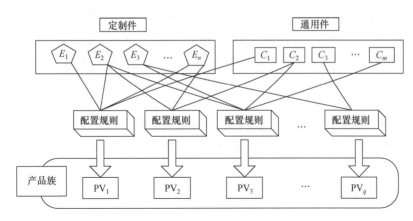

图 3-7　产品族物理体系结构

等方面进行扩展。在管理思想上,从以前产品结构的刚性管理变为支持产品族思想的柔性管理。因而在功能上增加了对产品族的通用产品结构的管理功能,并扩展产品结构与配置功能,使之适应从 BOM 到 GBOM 的转变;为满足对分布式数据库和网上地域分散、异构数据的支持,变传统 C/S 结构为 B/S 结构,并利用各种 Web 技术以提高框架扩展性、安全性、可维护性、数据访问能力;PDM 系统以产品为中心,是企业中 CAD/CAE/CAX 等辅助开发系统与 ERP、CRM、SCM 等系统的集成平台。

**1. 产品族管理**

面对大批量定制产品设计的核心是产品族设计,对产品族进行管理是必需的一项工作。产品族管理支持对产品族及其组成元件的功能、原理、结构描述,包括产品族结构树、属性、权限管理等功能。产品族管理又分为如下几个模块:

(1) 零部件族管理。管理零件族及零件族之间层次结构关系、零件族的事物特征表,为通用产品结构管理提供基础。

(2) 通用产品结构管理。抽取通用零部件以建立通用部件和 GBOM。通过此模块设计,可以建立一个类似于普通产品的抽象的虚拟结构。构成此虚拟结构的具体零部件是未确定的,它需要参数之间的约束关系确定。需要管理 GBOM 上的选装参数,即用于创建控制零部件组装个数以及是否组装的参数。这些参数的值可由销售人员或用户在订单生成器页面上给定,或是通过约束关系推理得到。管理 GBOM 的装配端口,使用前面创建的参数,根据产品规范建立该通用产品结构内部零部件之间的装配约束关系方程组,这个方程组就确定了此产品系列的约束关系。

(3) 多视图管理。为 GBOM 提供设计、制造与销售视图的参数定义,使通过

GBOM 能生成分别为设计、工艺、加工、维护、物流所使用的物料表。GBOM 上每个节点都附带一个参数表，每个参数表中可能包含一个或多个参数。对于 GBOM，参数表中包括定位、特点、成本等；对于基本模块是其关键事物特性（几何与非几何）；对于组合模块，属性表包含装配层的关键性能参数、几何尺寸和装配关系等。这些参数的类型可以是数值型、字符串型，也可以是布尔型，也可根据需要选定。参数是建立通用产品结构内部零部件之间约束关系的基础，配置过程中，部分参数由销售人员或用户在订单生成器页面上输入，另外一些则通过约束关系推理得到。

### 2. 产品配置管理

传统 PDM 只支持产品实例的描述，通过在已有 BOM 上更改节点零部件得到配置结果，配置设计停留在简单点选配置。大批量定制下的产品配置，基于产品族配置模型，能从覆盖一定细分市场的产品族中求解出配置结果，完成具有复杂配置关系的定制变型。

产品族管理中建立了产品族的通用结构，通用结构上定义了产品的抽象结构层次、节点属性、节点间的关系。在此基础上，分析采集的用户需求并定义一定的系统输入，并建立输入参数与通用结构属性之间的约束集。这样，客户输入参数后，通过推理求解机制即可获得配置结果。

（1）用户数据采集。提供给用户一些参数的可供选择值并把它们与用户输入的参数值提供给设计知识库约束方程组。

（2）设计知识库。建立大量客户需求与通用产品结构上变量的规则与约束。对于不同的产品族，有着不同的产品通用结构，同样，有着不同的约束集。

（3）推理求解。此部分是整个产品配置的核心部分，要求能够在用户容忍的时间内给出配置解。对于无解情况，需考虑是否进行变型设计。

（4）保存配置解。当系统给出满足条件配置解时，用户可以把确定的产品结构保存起来供以后调用。

### 3. 分类编码管理

PDM 系统中，对各类数据对象，如零部件、文档、BOM 表、属性对象等的检索、识别通过其代码进行，因而在系统的信息集成中起着重要作用。采用来源于成组技术的分类编码规则对零部件进行编码，可以有效地实现零部件的分类管理。编码规则一般遵循几个性质：编码对象与对应代码的唯一性、用尽可能少的位数表达尽可能多特征的简洁性、适应编码对象不断增加的可扩展性。

常用的编码体系结构主要包括三种形式：层次结构、链式结构、混合结构。层次结构对各种属性描述详细，但结构复杂，故编码和解码不太方便。链式结构表达信息少,但结构简单,编码和识别方便。混合式结构则结合两种编码方式的优点,目前一般的编码方式都采用混合结构方式。

大批量定制设计的范围从以往的设计阶段延伸到了设计后期的产品全生命周期,此过程中既要考虑产品族视图映射,又要考虑产品配置阶段具体配套表上零部件的选取,因而分类编码要支持产品功能细分。对于多系列产品一般要求对产品进行细分,包括使用功能、美学功能、经济性等细分,通过功能细分使顾客可以对产品定量选择,能和结构建立映射关系。同时为支持配置设计,零件编码上也需要体现出可选与可替换关系。

PDM 系统以产品结构为中心,其基础是零部件的编码。为此,将零件的编码分为三大码段:产品族码段、零件种类码段、流水码段。产品族码段表示该零件所属的产品族,零件种类码段反映该零件的唯一特征,流水码段用来区分同类型零件的不同实例。依具体情况,可将这三大码段进行细分。

4. 安全管理

Web 是一把双刃剑,在 PDM 系统将企业数据连入 Web,给企业信息共享、形象推广带来好处时,给安全性也带来了隐患。为保护企业信息,PDM 需要安全管理。PDM 安全管理包括网络安全、系统访问安全与系统功能安全。

(1) 网络安全。网络安全主要依靠防火墙,防火墙可以使用各种加密算法和各种信息过滤技术实现企业之间和企业对外的安全服务。

(2) 系统访问安全。系统需要保证只有授权的用户才能访问系统并进行权限范围内的操作。首先是检查用户的 IP 地址和域,在确定它们可以访问之后,就验证用户。此时 Internet 信息服务产生了一个 ASP. NET 的应用实例,它保留了用户请求的资源,并将请求传输到正在执行的应用的实例中,由 ASP. NET 再进行进一步的验证和授权。

(3) 系统功能安全。采用目前较为成熟的基于角色的访问控制(role-based access control)策略,该策略从系统层面上控制用户对各子模块的权限。根据企业应用需求创建角色;给各个角色分配适当的访问权限和适当的用户。角色作为中间媒介,建立了用户与访问权限之间的关系。根据角色要完成的任务决定给角色分配怎样的权限,根据用户在企业中的权责情况决定给角色分配哪些用户。用户有权访问的系统资源是依据所拥有角色决定的最小级别的资源集,这样用户的权限被限制在由角色所决定的权限集合范围之内。系统管理员可以删除、创建角色,以及为角色增加和删除用户,还可以添加、删除角色所具有的权限。通过面向对象的思想,将电子文档、产品族层次结构、产品实例等产品数据抽象为类,各种实际数据信息为类的实例。对类授权可控制类中所有实例的权限,根据设计任务与流程管理,能对具体实例进行权限调整。

PDM 系统中的数据从状态上分为静态数据和动态数据。静态数据主要是在设计过程中已经发布的数据,所有用户包括数据的创建者对静态数据仅仅能够调阅,不能修改。数据的创建者将自动拥有调阅的权限,其他人如需查看此类数据,需要系统管理员重新设置权限。动态数据是在设计过程中生成的数据,这类数据随着设计进程而随之变化,在各类图纸、文档的生成过程中,不同阶段对应不同的设计人员,每个阶段的活动结束后,此阶段对应的设计人员将不能再继续更改相关数据,如在设计阶段只有设计师拥有对图纸文档完全控制的权限,当设计师提交给下一个环节时,设计师也将只有调阅的权限,除非后面环节发生变化,如校对失败,将图纸、文档的状态转变为设计状态,此时设计师才拥有完全控制的权限。

### 3.3.3 大批量定制与 PDM 的关系

为了实现大批量定制,设计过程必须从传统的设计、制造集成扩展到销售、服务等部门。在设计环节上,采取面向系列产品开发的方法,按照模块化变型方法和客户群的需求,设计整个产品族。通过建立的产品族模型,表达产品族结构及其变型配置。大批量定制要求对产品结构及其变型进行管理,能够有效地管理产品、部件、零件、组件的种类。

网络环境下,大批量定制的一般流程为:客户通过互联网向制造商或销售商发出个性化产品需求,销售部门使用配置器与客户一起进行初步的产品配置设计,并及时向客户报价。当客户对价格、交货期和产品功能、性能满意后,向电子商务前端系统发出订单,制造商后端应用系统接到订单后,利用网络技术为用户提供一定的选择手段获取需求配置信息,并产生配置结果及主要相关参数,定制设计系统快速设计出满足客户需求的产品,并自动生成相应的 NC 程序和装配指令。CAD/PDM/ERP 系统根据作业计划和工作中心能力,向相应的加工地发出加工指令,同时向供应商发出外购件采购订单。装配件、加工件和外购件送到最终装配点,根据在线装配指令装配出最终产品,经过包装后发送给客户。

定制实现流程主要包括三个部分:产品族建模、需求配置和工程配置。产品族建模是将新产品开发提供的产品族模型以规范的形式进行表达;需求配置是面向销售人员的配置设计,指定定制产品的主要特征;工程配置是基于需求配置并面向工程人员的配置设计,在产品族建模的支持下,通过一定的推理机制实现满足需求的产品族成员的导出。

大批量定制下的产品数据管理(product data management,PDM)通过提高零部件的标准化、通用化和模块化,以尽量少的零部件品种组成尽可能多的产品品种,实现产品定制。企业根据客户订单进行产品配置,例如,汽车的开天窗、配置个性化内饰等,通过灵活配置销售订单来满足客户的特殊需求。如果没有 PDM 帮助管理数据源,就不可能实现大规模的客户化定制。

大批量定制下的 PDM 以产品族管理为核心进行产品数据管理和过程管理,实现从用户需求到产品交付整个产品过程的信息集成和过程集成,提高订单响应能力。PDM 中以产品族为开发过程组织单元,面向产品族开发,对产品结构的建立、零部件的选择、特征的确定以及供应商的选择等都从系列产品的角度出发,建立产品族模型。在响应客户订单时,通过选择各种配置变量的取值和设定具体的时间及序列数来得到同一产品的不同配置,实现快速的产品配置设计。

总之,PDM 系统是产品配置管理的支持平台,只有实现与 PDM 系统的集成,才能把客户的需求和订单信息及时、准确地生成制造 BOM 并传递到企业 ERP 系统中,从而实现大批量定制生产的目的。

### 3.3.4　集成化产品数据管理的业务流程分析

#### 1. 集成化产品数据管理的构架

PDM 系统的构造框架可分为应用框架和数据框架,这种构架突出强调了系统的功能、界面、标准、方法以及结构。

1) 应用框架

应用框架涉及 PDM 系统内部应用的设计和构造,由三层组成:应用层、系统服务层和网络层。应用层为用户提供各种应用功能及一致、友好的用户界面,包括三个应用组件:

(1) 环境管理层全面控制应用功能单元的执行情况,为整个系统提供过程集成。

(2) 应用功能单元层提供用户执行各种功能所需要的能力,应用功能单元与其他应用一起构成整个系统应用。

(3) 应用服务单元层为系统应用的开发和执行及集成各种非 PDM 系统应用提供应用服务。应用服务单元独立于应用功能单元,以避免受应用技术变化的影响以及减少软件开发费用和时间,提高代码可重用性,并在各应用间共享数据。

系统服务层通过一致的接口以独立的方式提供访问分布式网络层的功能,它为存储在不同物理设备上的数据提供一致的逻辑表述。系统服务层独立于应用层,以避免数据位置变化时受到影响。它为用户提供一致的接口并允许应用层单元是可移植的、可互用的,并且对功能和数据的物理位置是透明的。

使用系统服务层可保护在应用层软件上的投资,它允许改变数据表述而不影响应用层软件。系统服务层有五个组件:

(1) 通信服务层提供独立于通信网络单元的数据传输服务,通过通信网络单元传输数据。

(2) 计算服务层为系统中的各种计算设备提供接口,还具有提供监视计算资源使用情况的能力。

　　（3）表达服务层为所有输入/输出设备提供不依赖于设备的接口，为远端设备通过网络提供通信服务调用。

　　（4）安全服务层为系统所有单元提供安全和管理功能，如检查、验证、访问存取控制、数据传输以及存储保护等。

　　（5）数据服务层为数据存储设备提供不依赖于设备的接口，这些设备通过网络进行物理配置，为远端设备提供通信服务调用。对于 C/S 体系，为应用提供不依赖于物理存储设备的一致的数据逻辑视图。数据服务必须支持在数据框架中所描述的逻辑数据框架组成的主要单元。

　　网络层提供基本的计算和通信服务功能及对输入/输出设备的访问功能，这些设备包括数据存储设备和交互式终端以及由通信设施互连的各种计算机。该单元最有可能由于技术的提高而产生变化，因而通过系统服务层提供的标准界面，其特征对于应用层单元必须是不可见的。网络层有三个组件：

　　（1）输入/输出层提供从系统中发送和接收数据的功能，其硬件允许对各地的计算机系统进行操作。

　　（2）计算层执行计算机指令，管理、控制指令和过程的执行情况。

　　（3）通信网络层提供在计算机间和 I/O 设备间传输数据的功能，该组件包括硬件设备和物理传输媒介，它们将计算机和各种硬件连成一个分布式计算环境。

　　2）数据框架

　　数据框架涉及逻辑数据结构的建立。PDM 系统内部各应用间的数据基于这一框架实现共享，通过建立和维护一个基于整个企业公共数据模型的应用，以减少数据转换器的使用。这一策略对应用框架内各单元提出了各种要求。数据框架和应用框架构成了一个完整的 PDM 体系结构。数据框架也分三层：应用层、概念层、物理层。应用层展示用户的数据视图，组成这一层的数据模型称为应用数据模型，几个应用可共享同一应用数据模型。应用间的数据共享通过下列方式完成：

　　（1）数据交换层在不符合公共数据模型的应用间传输数据的过程；中间文件交换协议是不同应用数据模型间的桥梁；应用必须使用转换器以从协议中读写数据。

　　（2）视图映射层在符合公共数据模型的应用间共享数据的过程；概念层的公共数据模型推动应用数据模型的发展；应用层和概念层的视图映射由接口软件提供；概念层表达了贯穿整个企业的公共数据视图，它为所有需要在系统内部应用间共享的数据提供单一、一致的定义和描述，这种公共数据视图比应用层和物理层的视图更稳定；组成概念层的数据模型存储在数据仓库中；应用框架中各单元的配置、运行和管理所需的信息由数据仓库提供一致的定义，这些信息包括系统配置、应用信息和安全策略等；物理层表达了数据库管理者的数据视图，这些数据存储在遍及整个企业网络的多个存储设备中，包括记录或表的定义以及在物理层和物理存储设备中移动数据的机制,物理层和概念层的视图映射由接口软件提供。

### 2. 集成化产品数据管理的功能

从企业发展的角度来看,建立一个能够满足产品生命周期中不同领域和开发阶段的信息管理与过程协作的整体框架,是产品设计、开发、制造、销售及售后服务等信息能有效地交换、协同和管理,实现以产品数据为核心的制造企业产品生命周期管理,如图 3-8 所示。

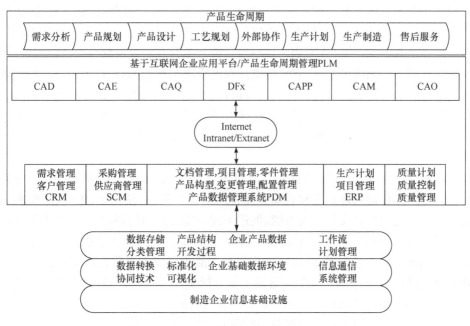

图 3-8　产品生命周期管理的基本框架

(1) 从企业发展角度出发,以产品为核心,建立产品生命周期中包括产品设计、开发、制造、销售及售后服务等环节的工程图档、BOM 结构、工作流程、生产计划、产品质量等企业资源的管理体系,构成制造业产品信息管理的框架。

(2) 基于互联网技术,建立企业级的产品生命周期管理支持环境系统,提供单一的企业产品数据源和一致的产品信息管理机制,形成包括所有产品相关数据和主要业务流程的协同工作环境,产品数据可以被管理、销售、市场、维护、装配与采购等不同部门的人员共享和使用,协调产品的计划、制造和发布过程,保证正确的人在正确的时间,以正确的方式访问到正确的信息。

(3) 基于企业级的产品生命周期管理支撑环境,将制造企业、合作伙伴、供应商和用户连接起来,为企业联盟提供一个一致的产品相关信息视图,实现产品数据的共享,使企业联盟中不同部门、不同地域的人员和组织可以方便地进行协同。将

PLM 支撑环境作为一个信息桥梁,允许制造业及其合作伙伴在整个生命周期内对产品进行设计、分析、制造和管理。

PDM 系统可以把与产品整个生命周期有关的信息统一管理起来,它支持分布、异构环境下的不同软硬件平台、不同网络和不同数据库。CAD、CAPP、CAM 系统都通过 PDM 交换信息,从而真正实现了 CAD、CAPP、CAM 的无缝集成。PDM 的核心功能之一是支持工程设计自动化系统,其对下层子系统进行集中的数据管理和访问控制,通过过程管理提供工作流控制。基于 PDM 统一的总控环境下的各功能单元可实现多用户的交互操作,实现组织和人的集成、信息集成、功能集成和过程集成。由于 PDM 的开放性,可实现产品的异地、异构设计,其对产品提供单一的数据源,并可方便地实现对现有软件工具及新开发软件工具的封装,便于有效管理各子系统的信息,它也提供过程的管理与控制,为并行工程的过程集成提供了必要的支持。并行工程包括所有设计、制造、测试、维护等职能的并行考虑,PDM 作为 C/S 结构的统一信息环境,提供了支持并行工程运作的框架和基本机制。以 PDM 作为集成框架的 CAD、CAPP、CAM 的面向并行工程的集成将更加有效。

ERP 系统主要是对生产计划、加工订单、销售订单、采购订单和生产成本等进行管理。产品数据管理系统和企业资源管理系统的集成,使设计、生产、采购和销售等部门间的沟通和交流成为可能,促进不同功能之间的协调,减少手工干预并减少错误。PDM 系统和 ERP 系统实际上是针对不同目标的应用系统,PDM 系统的主要目标是控制产品配置,使用更改控制和产品生命周期来管理产品定义数据的开发、修改以及并行使用;ERP 系统的主要目标是控制生产计划过程、平衡期望的产品销售情况与制造这些产品所需消耗资源之间的关系。因此,在实际应用中,最佳的方法是将任务分割成不同部分,使不同的系统去执行最适当的任务。

# 3.4　集成化产品数据组织方式

### 3.4.1　产品数据的分类

在制造业的产品生命周期中,存在着多种类型与产品相关的数据信息。而在企业中,这些数据信息所起的作用各不相同,可以将这些产品数据归纳为以下一些基本内容。

(1) 技术文档。包括各种技术合同、设计任务书、设计规范、需求分析、可行性论证报告和产品设计说明书等文件。

(2) 工程设计与仿真分析数据。包括产品设计及与工程分析过程中所产生的各种文件、模型和数据,如产品模型、产品图形、测试报告、计算说明文档、验收标准、NC 加工代码、各种设计过程的规范和标准,以及产品的技术说明文档等。

（3）工艺数据文档。工艺数据是指 CAPP 系统在工艺设计过程中所使用和产生的相关数据,包括静态数据与动态数据两种类型。静态工艺数据主要是指企业的工艺设计手册上已经规范化的标准工艺数据以及标准工艺规程等;动态工艺数据主要是指在进行工艺决策中所需的规则,其中工艺知识主要分为选择性规则和决策性规则两大类。

（4）生产管理数据。生产计划与管理指的是企业对产品生产过程的计划与管理。生产中的数据可分为两类:一类是静态数据,这类数据比较稳定;另一类是动态数据,这些数据要有一定的时间性,且相对比较独立,不受其他数据是否存在的影响。

（5）维修服务文档。包括常用备件清单、维修记录和使用手册等说明文件。

（6）其他专用文件,如电子行业的电气原理图或布线图、印刷电路板图和零件插图等。

从制造企业的业务过程处理上来看,上述数据是在产品生命周期的不同阶段所产生和使用的,具有不同的动静态特征。例如:

（1）设计部门中的设计规范、标准、技术文件等,属于在设计过程中基本保持不变的静态文档;而零部件的三维模型、二维图纸、技术文件、分析结果、产品构型数据、测试报告等,在设计过程中会经常更新或产生变化,因而属于动态文档。

（2）工艺部门中产生的静态工艺信息包括标准化的工艺数据、工艺规程;动态工艺文档主要包括零部件在生产工艺规划过程、装配工艺规划过程中所产生的文档,如工艺卡、工序卡、工步文件、刀位文件、装配文件和测试报告等。

（3）计划管理部门主要对产品的各生产过程进行计划管理,它以企业所拥有的原材料设备及人员的生产能力、标准的生产工艺和工时定额、产品结构等数据为基础,完成对生产计划、库存台账、合同成本的制定与管理。其产生的文档主要表现为各种报表文件,具有动态属性。

（4）生产部门中的文档大多数属于动态文档,如 NC 的加工代码文件、设备状态信息等。

在制造企业当中,这些数据是在产品生命周期中由不同的应用系统产生的,存储在不同的地点,归属于不同的部门管理,具有不同的动静态特征,不同的人员具有不同的使用权限。如何管理好这些数据,实现信息共享,已经成为很多企业日益关心的问题。

企业的产品数据种类繁多,存储方式各异,存在的时间长短不一。为了科学地对这些不同的数据进行管理,有必要对企业这些日常处理的产品数据信息进行分类。

### 1. 按产品对象与过程信息分类

如果按照这些信息是与产品对象有关还是与产品的过程信息有关,产品数据可以分为与产品有关的信息和与产品开发过程有关的信息。

（1）与产品有关的信息。包括任何属于产品的数据，如 CAD/CAE/CAM 的文件、物料清单（BOM）、产品配置、产品订单、电子表格、生产成本、供应商等相关信息。

（2）与产品开发过程有关的信息。包括任何有关的加工工序、加工指南、有关批准、使用权限、安全、工作标准和方法、工作流程、团队成员等所有过程处理的相关信息。

**2. 按数据信息的有效期限分类**

如果按照这些数据信息在企业活动中所存在的有效期限来划分，可分成短期信息和长期信息。

（1）短期信息是指使用期限较短，几乎没有被重用的可能的数据信息，如商业的销售订单、记账凭证、排产计划、在制品状态等信息。

（2）长期信息是指使用期限较长，常常被企业多个部门在不同场合和不同的时期反复使用的数据信息，如产品的图样、数据模型、工装数据、设备数据、技术文件和规章制度等。

**3. 按数据信息的独立性和相关性分类**

如果按照数据信息的独立性和相关性来划分，可以把制造企业内的数据信息分为原生数据和派生数据。

（1）原生数据是指不依赖于其他信息而独立存在的数据信息，如企业的销售订单、产品结构、产品图样、技术文件、设备数据、工装数据、工时和材料定额数据、客户档案、财务原始凭证等。应该说，这些数据是企业信息管理的主要对象，是数据加工和信息处理的原始材料。

（2）派生数据是指由原生数据经过加工处理后得到的中间数据或者结果数据，如企业的报表、计划、记账凭证等。在制造业中，很多管理和技术人员的主要工作是为了某个产品的设计制造而生成或传递这些派生数据。同时，为了开展对企业的产品数据和技术信息进行管理或者服务，又专门产生一些派生数据信息。例如，在产品开发过程中，对于产品设计和工艺人员，所产生的原生数据只有设计图样、工艺过程、技术条件、检测和实验大纲、工艺规范等，但是为了进行技术资料的管理，并使企业的供应管理部门、生产管理部门能够有效运转，不得不编写产品的文件目录、零件明细表、标准件表、外购件表、图样目录、关键特性表、工艺文件目录、分车间明细表、卡片目录、专用工装明细表、材料定额明细表、材料汇总表等诸如此类的派生数据文件。

### 3.4.2　产品编码体系的建立

建立一个完整的面向大批量定制的编码系统是实现大批量定制的基础,同时也是建立产品族的核心工作。大批量定制编码系统有分类码、识别码和视图码,这三部分关系密切,在使用过程中可以以各种组合方式出现或者单独使用。

**1. 分类码**

分类码指的是产品零部件的对象族,如轴承、齿轮、联轴器等。每一类产品或零部件都有唯一的分类码,其主要作用就是对产品或零部件进行分类。

1) 标准编号

标准编号用来区分不同的标准:00——DIN4000(GB/T 10091.1);01——DIN4001(GB/T 15049);08,09,99——备用;10~98——企业标准。

2) 分标准编号

分标准编号对应标准所属的分标准。例如,编号为 2 的分标准是"螺钉和螺母"标准,编号为 8 的分标准是"法兰"标准。

3) 分表编号

一个分标准可以包括属于一个大类的很多小类标准,分表编号表示检索对象在分标准中所属的小类编号。例如,1.1 的分表是"利用外部工具拧紧"的"有头螺钉"的标准;1.2 的分表是"利用内部工具拧紧"的"有头螺钉"的标准。

4) 分图编号

分图编号指用图形表示的、对分标准的进一步说明。例如,1.1 的分表是"利用外部工具拧紧"的"有头螺钉"的标准,下属编号为 1 的分图表示六角螺钉,编号为 39 的分图为四角螺钉。

图 3-9 为按照上述分类方法对六角螺钉进行分类的例子。

**2. 识别码**

识别码用来对同一对象族进行区分,每个产品和零部件都有唯一的识别码。通常采用计算机自动产生的顺序编号作为识别码。

**3. 视图码**

零部件的每一个视图分别加以识别,以便在需要时可以分别加以检索和利用。

1) 几何图形种类

在 DIN FB14 中,将构件分成四类,即 G、K、B、A 构件。

G 构件:用较多的整件和必要的 A 构件和 B 构件组成的组件。

K 构件:通常包括一个或若干个 A 构件或 B 构件。

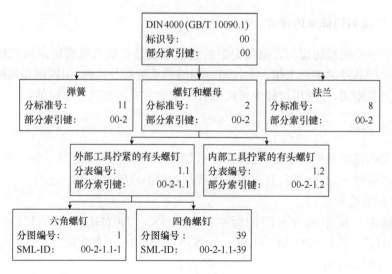

图 3-9 六角螺钉的分类

B 构件:只在一个图形文件标准内应用,以及为了清楚、合理地进行描述和编程的特定图形构件。

A 构件:在多种图形文件标准内应用,以及为了清楚、合理地进行描述和编程的特定图形构件。

图 3-10 表示了各种构件之间的关系。

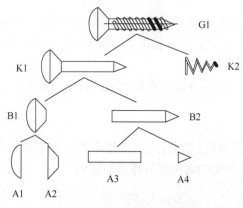

图 3-10 自攻螺母的层次结构

2) 显示等级

符号显示(M):在装配图中只需显示对象的符号。

标准显示(S):需要显示对象的足够信息。

扩展显示(E):需要对几何图形进行描述的表达。

显示等级的示意图见图 3-11，图中表示了轴承的不同显示等级，符号表示如 B2S21Z1，A1M12Z2 等。

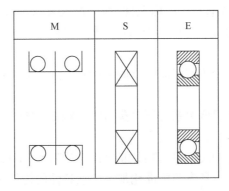

图 3-11　显示等级

3）视图号

对几何形体各个方向视图的编号。一个视图可以有多种不同的显示和不同的变型，视图的变型标识号从 1 开始，依次递增，一般情况下每次递增 1，如 B2S21Z1、A1M12Z2 等。

4）组装状态

一个整件所属构件的形状或尺寸可能在组装时发生变化：构件有两种或者更多的独立状态；构件几何图形改变能够通过算法获得，如 B2S21Z1、A1M12Z2等。

### 3.4.3　产品数据的组织方式

产品的机构反映了产品及其组成部分的逻辑关系，是企业产品设计与生产制造过程中进行产品数据管理、工艺规划、生产过程控制、物资采购、成本控制与管理的重要依据。一个产品一般由若干个功能部件组成，每个功能部件又由一些基本的零件、子部件或组件组合而成。这些零件、组件、部件装备后形成产品的许多功能，将这些功能组合在一起，就得到满足用户需要的产品。因此，产品是由零件、组件、部件经过一系列操作而成，且具有确定的装配关系和一定功能的组合体。

#### 1. 产品的功能与结构分解

若按照产品组成系统的基本功能进行划分，则行星齿轮减速器可以分为输入部分、传动部分、输出部分、辅助部分等。

按照产品结构组成的位置或形式划分，则行星齿轮减速器可以分为输入轴组、输入轴承组、齿轮组件、行星架组、输出轴组、输出轴承组、机体等。

对于复杂机械产品,如行星齿轮减速器,其产品结构可以分解为部件(installation)、组件(assembly)、零件(part)和标准件(standard part),如图 3-12 所示,其构成关系由"产品-部件-组件-零件/标准件"四个层次表示。对于一些相对简单的产品,一般将其产品结构直接分解为"产品-部件-零件(包括标准件和非标准件)"三个层次。

部件:一般可以认为按照产品的空间结构特性进行分类,如以结构体的上、下、内、外等结构关系分类。

组件:根据部件的组合关系进行分类,由零件和标准件组成,其中包含重要的组合装配关系特性。

零件和标准件:是构成组件、部件和产品的最基本、不可再分的实体(基本单元)。零件指制造过程中具有非标准化加工工艺特性的构件元素,标准件是指按照国标或企业标准设计生产的通用零部件所组成的构件元素。

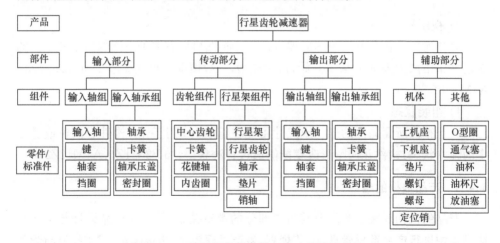

图 3-12　行星齿轮减速器产品功能结构分解

对于那些由"产品-部件-组件-零件/标准件"四个层次表示其构成关系的复杂产品,可以在产品层次结构模型中增加"构件"对象,表示具有一定形状、功能和装配关系的一个零部件系列,这种零部件可能是已经存在的零部件,也包括没有成型产品的零部件,甚至还包括没有设计出来的零部件。但这类零部件具有相同或相似的功能,以及相同的接口,部件接口定义了如何实现部件之间的衔接,构件实例化后即零部件。

这样,产品模型定义了上下级装配关系的构建和零部件的集合,在组织与这些产品模型相关的数据时涉及以下几个层次的信息。

(1) 产品:由一组零部件经过一系列装配操作组成,具有确定的装配关系和一定功能的装配体。

（2）产品结构：产品设计完成后具有装配关系的零部件集合。产品结构中的每个节点都是零部件，产品结构是产品模型结构的实例化。

（3）组件：定义一个组件是产品模型上的一个节点，它可以是零部件，也可以是构件。

（4）构件：表示具有一定形状、功能和装配关系的一个零部件系列。

（5）零部件：一个零部件的所有参数是一定的，可以看成构件的实例化。零部件可以有不同的版本。

### 2. 单一产品数据源的组织原理

产品的数据组织与产品的物料清单和结构关系有着极为密切的联系。所谓的物料清单（BOM）是对产品结构配置关系的描述，而其中还包括产品对象的结构关系和基本属性信息，产品及其零部件的关系构成 BOM 的基础数据结构。

BOM 是企业生产经营活动中的关键技术文档，贯穿于企业产品生命周期的各种活动中，如客户订单的确定、产品零部件提前生产期计算、主生产计划的编制、采购计划安排、可选装配件确定、成本核算、技术竞标和产品创新设计等，是制造企业各种生产经营活动的重要技术文件。BOM 体现了数据共享和信息集成的性质。

产品的结构关系可按其功能组成进行分解。企业为适应现代集成制造的生产方式，应该以产品模型为中心来组织、管理和使用产品数据。从信息描述的层次关系来看，基本单元实体（零件和标准件）是由相关的零件描述信息、特征信息和几何拓扑信息进行描述的，其中包括产品层、装配关系模型、零件层、特征层以及几何拓扑层。

在以上讨论中，SSPD（single source of product data）将所有以上的数据通过建立统一的逻辑联系，将物理上分布的产品数据形成逻辑上的单一数据库，为产品数据的访问与操作提供单一数据源。企业的所有信息系统都以 SSPD 作为数据访问的目标，系统从 SSPD 中读取数据，进行信息处理后将它们所重生成的新的数据按照 SSPD 的要求存放到 SSPD 之中供其他系统使用。

产品数据管理的关键在于数据的组织形式，合理的数据组织形式使得系统架构简单，数据查找、管理便捷。必须实现所有信息的统一管理和控制，实现唯一数据源，保证数据的一致性、正确性、完整性和安全性。这些信息包括产品结构、设计模型、各类设计技术文档、各类工艺文件、工装设计和制造模型以及技术文档、制造信息等。

## 3.5 本章小结

本章从制造企业信息集成的角度出发，对集成化产品数据管理的信息集成模式、大批量定制环境下的产品族的建模方法以及大批量定制与 PDM 的需求关系进行了深入的阐述,对集成化产品数据管理的业务流程和集成产品数据的组织方式进行了分析,将大批量定制设计的范围从设计阶段延伸到了设计后期的产品全生命周期数据管理与信息集成,为制造企业提供了一种新的产品设计规划理念,为面向客户需求的产品配置技术奠定了基础。

# 第4章 客户需求分析及建模

## 4.1 引 言

目前,越来越多的企业尤其是制造企业开始认识到满足客户需求才是产品生产的目的,只有最大限度地满足客户提出的要求,企业才能在激烈的市场竞争中得以生存和发展。在大批量定制生产模式下,企业面对的不再是单一和稳定的市场环境,而是需要满足客户瞬息万变的多样化、个性化的需求,客户需求更是成为企业开展各项生产经营活动的出发点和原始驱动力,是直接影响产品质量优劣的关键因素。因此准确且有效的客户需求的获取、识别和表达、聚类以及本体建模过程是企业进行产品族构建和产品配置的基础,是客户需求在整个产品设计过程中"无二义"地传递的重要保证。本章在分析客户需求特点的基础上,根据需求获取方式的不同将客户需求分为预测客户需求和订单客户需求两类,研究每类需求获取的方法、识别、表达和聚类,并建立预测客户需求本体模型,为后面的产品族建立和订单需求本体模型的生成奠定基础。

## 4.2 客户需求的特点

在进行客户需求的分析处理前,首先需要了解大批量定制下客户需求的特点,以便于更有针对性地实现客户需求的获取、识别、聚类等。

(1)需求的模糊性。需求的模糊性也可以称为不确定性,是指客户对产品提出的定制需求有些是不明确、不具体的,例如,客户对某些需求的表达采用略大于、稍微、较好、大约等具有模糊含义的词语。

(2)需求的动态性。需求的动态性是指客户需求是变化的,表现在以下两个方面:一方面,由于客户需求贯穿于产品的全生命周期,同一客户需求在产品生命周期的不同阶段表现为不同的形式;另一方面,由于客户在最初对产品提出定制要求时多是出于自身的爱好和习惯,缺乏对产品属性、结构或性能等客观的了解,所提出的需求之间可能存在矛盾,或随着产品设计的进行某些需求与设计要求之间存在矛盾或不能同时满足,这种情况下需要若干客户需求进行适当的修改或调整。

(3)需求的多样性。客户需求的多样性是实现大批量定制的基础。从需求的覆盖面来看,客户对产品的定制要求有内在的和外在的需要,有设计方面、制造方面、管理方面以及使用性能方面等;从需求的表现形式来看,客户需求不仅有自然语言的描述形式,还有图形、表格、符号等多种表现形式。

(4) 需求的优先性。需求的优先性是指客户需求之间具有重要差异之分,即需求的重要度和满意度是不相同的:有些客户需求是必须满足的(如一些基本的功能需求),有些需求是尽量满足的(如产品的一些性能指标、技术参数等),有些需求是期望满足的(如客户提出的心理上需要满足的需求)。

## 4.3　客户需求的获取

随着科学技术的迅速发展和人们生活水平的广泛提高,客户对产品的需求也在不断地变化,因此,对于企业,要想在激烈的市场竞争中立于不败之地,必须不断地同客户接触,获取客户的需求。一方面,企业以产品的消费者或潜在客户为对象利用相应的需求获取方法得出的产品需求,这部分需求称为预测客户需求;另一方面,客户以订单的形式向企业提出的需求,称为订单客户需求。

### 4.3.1　预测客户需求的获取

对产品的使用者(消费者)或潜在客户的需求即预测客户需求进行获取是一个复杂的过程,一般采用市场调查法来完成。市场调查法是获取预测客户需求信息的最直接、最有效的手段。

市场调查法是一种企业组织有关人员进行市场调查分析从而确定客户需求的方法。这种方法主要包括确定调查项目和调查法的实施方式两方面内容:①确定调查项目,具体到客户需求,市场调查的项目包括需求的类型、客户对每一类需求的重视程度和客户对被调查的产品及市场上其他同类产品的各项需求的满意度等;②调查法的实施方式,根据市场调查采用的方法的不同,其具体的实施方式也不同。

常用的市场调查法主要有观察法、询问法和实验法。

(1) 观察法。观察法是指调查者在调查现场(柜台、产品使用现场等)有目的、有计划、有系统地对调查对象即客户进行观察记录,以取得所需的信息的方法。观察法的优点是调查较为客观,调查结果受调查人员的偏见影响较小,缺点是所获得信息往往有一定的局限性,很难了解客户的全面需求。

(2) 询问法。询问法是将所要调查的事项以当面、书面或电话的方式向被调查者即客户提出询问,以获得所需要的资料,它是市场调查中最常见的一种方法,可分为面谈调查、电话调查、邮寄调查、留置询问表调查、网上调查五种。这五种方法各有优缺点:面谈调查能直接听取对方意见,富有灵活性,但成本较高,结果容易受调查人员技术水平的影响;邮寄调查速度快、成本低,但回收率低;电话调查速度快、成本最低,但只限于在有电话的用户中调查,整体性不高;留置询问表调查可以弥补以上缺点,由调查人员当面交给被调查人员问卷,说明方法,由之自行填写,再由调查人员定期收回。

(3) 实验法。这种方法是在一定条件下进行小规模实验,然后对实际结果作出分析,研究是否值得推广。例如,企业按照预测到的客户的可能需求试制出相应的产品,提供给一定的客户,调查客户的反应情况。

市场调查法的优点是能够准确有效地直接获得企业产品的使用者或者潜在客户的需求信息,缺点是需要大量技术人员的参与,成本较高,且受客户的主观影响较大。

### 4.3.2　订单客户需求的获取

客户将个性化需求以订单的形式提供给企业,这部分需求被称为订单客户需求。企业对订单客户需求的获取方式主要有两种:基于 Internet 与客户对话的方式和系统自动引导客户表达需求信息的方法。

(1) 基于 Internet 与客户对话的交互式需求获取方法。随着信息技术和网络技术的发展,Internet 已经融入人们的生活中,基于 Internet 的需求获取方式开始成为大批量定制下客户需求的主要手段。基于 Internet 的交互式需求获取方法的步骤如下:

第 1 步　客户用自己的语言以订单的形式表达个性化的需求,并将订单通过 Internet 的方式传递给企业。

第 2 步　企业收到客户的订单,通过对订单中包含的客户个性化需求进行简单分析和理解,并结合企业自身的生产能力,找出企业不能满足的客户需求项发回到客户处进行协商。

第 3 步　客户通过不断地与企业进行对话,适当地修改部分需求项直至达到企业和客户都能接受,再将最终的订单传递给企业,完成企业对于客户的个性化需求的获取。

(2) 系统自动引导客户表达需求信息的方法。通过设计一套客户需求信息自动获取系统,客户只需在系统主界面上按相应的需求类别要求逐项输入即可。这种方式对系统设计的要求较高,系统设计人员必须详细全面地了解客户可能提出的所有类别的需求,才能使该客户需求自动获取系统更好地为订单客户需求的获取服务。

## 4.4　需求的识别和获取

客户在表达需求的时候使用自己的语言,表达的需求信息通常是模糊的、感性的、不规范的,与企业可使用的表现形式存在较大的差异。因此通常企业初步获取客户的需求信息后,需要对需求进一步识别和表达处理,把由客户表达的需求信息转化为企业可识别的需求信息,为产品族的设计和更新奠定基础。

### 4.4.1　客户需求的识别模型

将物元分析理论引入客户需求识别中,通过建立客户需求的物元识别模型,以便达到快捷有效地将客户需求转化成生产约束条件。所谓物元是指事物、事物的特征以及特征的量值的统称。物元分析以物元理论和可拓数学作为其理论框架,因此在建立客户需求的物元识别模型之前,首先定义物元的概念。给定事物的名称 $N$,该事物关于特征 $C$ 的量值为 $V$,则用三元组 $R=[N,C,V]$ 表示一个物元。若某一事物包含 $n$ 项特征,则事物特征 $C$ 可表示为 $C=[C_1,C_2,\cdots,C_n]^{\mathrm{T}}$,相应的特征量值 $V$ 可表示为 $V=[V_1,V_2,\cdots,V_n]^{\mathrm{T}}$,则该事物的物元表达式为

$$R=[N,C,V]=\begin{bmatrix} N & C_1 & V_1 \\ & C_2 & V_2 \\ & \vdots & \vdots \\ & C_n & V_n \end{bmatrix} \tag{4-1}$$

**定义 4-1**　设 $M_0$ 为企业已有的需求数据库中客户对产品的某项需求,该需求根据物元的概念可描述为

$$R_0=[M_0,C_0,V_0]=\begin{bmatrix} M_0 & C_{01} & V_{01} \\ & C_{02} & V_{02} \\ & \vdots & \vdots \\ & C_{0n} & V_{0n} \end{bmatrix} = \begin{bmatrix} M_0 & C_{01} & [x_{01},y_{01}] \\ & C_{02} & [x_{02},y_{02}] \\ & \vdots & \vdots \\ & C_{0n} & [x_{0n},y_{0n}] \end{bmatrix} \tag{4-2}$$

式中,$C_{0i}(i=0,1,\cdots,n)$ 为需求 $M_0$ 的 $n$ 项特征;$V_{0i}(i=0,1,\cdots,n)$ 为各需求特征对应的特征值,$[x_{0i},y_{0i}]$ 为需求特征的取值范围,即经典域。

**定义 4-2**　设 $M_1$ 为企业已有的需求数据库中客户对产品的总需求,该需求根据物元的概念可描述为

$$R_1=[M_1,C_1,V_1]=\begin{bmatrix} M_1 & C_{11} & V_{11} \\ & C_{12} & V_{12} \\ & \vdots & \vdots \\ & C_{1n} & V_{1n} \end{bmatrix} = \begin{bmatrix} M_1 & C_{11} & [x_{11},y_{11}] \\ & C_{12} & [x_{12},y_{12}] \\ & \vdots & \vdots \\ & C_{1n} & [x_{1n},y_{1n}] \end{bmatrix} \tag{4-3}$$

式中,$C_{1i}(i=0,1,\cdots,n)$ 为需求 $M_1$ 的 $n$ 项特征;$V_{1i}(i=0,i,\cdots,n)$ 为各需求特征对应的特征值,$[x_{1i},y_{1i}]$ 为需求特征的取值范围,即节域。可知 $M_0 \subset M_1$,$[x_{0i},y_{0i}] \subset [x_{1i},y_{1i}]$。

物元概念为解决客户需求的识别问题提供了新的思路,即根据事物关于特征的量值来判断属于某集合的程度。基于物元分析的客户需求的识别过程如下:

第1步　确定客户需求的经典域和节域,建立需求 $M_0$、$M_1$ 和待识别的需求

$M'$ 的物元模型 $R_0$、$R_1$ 和 $R'$。

第 2 步　分别计算 $M'$ 与 $M_0$、$M_1$ 的距离 $\rho(V',V_0)$ 和 $\rho(V',V_1)$，其中距离公式为

$$\rho(V_i',V_{0i}) = \left| V_i' - \frac{1}{2}(x_{0i}+y_{0i}) \right| - \frac{1}{2}(y_{0i}-x_{0i}) \tag{4-4}$$

$$\rho(V_i',V_{1i}) = \left| V_i' - \frac{1}{2}(x_{1i}+y_{1i}) \right| - \frac{1}{2}(y_{1i}-x_{1i}) \tag{4-5}$$

第 3 步　由式(4-4)和式(4-5)计算关联函数值 $k_i(V_i')$，其计算公式为

$$k_i(V_i') = \begin{cases} -\dfrac{\rho(V_i',V_{0i})}{|V_{0i}|}, & V_i' \in V_{0i} \\[3mm] \dfrac{\rho(V_i',V_{0i})}{\rho(V_i',V_{1i})-\rho(V_i',V_{0i})}, & V_i' \notin V_{0i} \end{cases} \tag{4-6}$$

第 4 步　计算隶属程度 $K(V_i')$，其计算公式为 $K(V_i') \sum\limits_{i=1}^{n} \lambda_i k_i(V_i')$，其中 $\lambda_i$ 为各个需求特征的权重。

第 5 步　由隶属性判断识别需求 $M'$ 隶属于 $M_0$ 的程度。若 $K(V_i') \geqslant 0$，则 $M' \in M_0$；若 $-1 \leqslant K(V_i') \leqslant 0$，则 $M' \notin M_0$，但 $M' \in M_1$；若 $K(V_i') \leqslant -1$，则 $M' \notin M_0$。

通过对客户需求的物元识别模型经过上述计算，可快速地判断每项客户需求的合理性，即从获取到的客户需求中挑选出对企业的生产有用的需求信息，减少客户的主观因素对企业生产的影响。

### 4.4.2　客户需求的表达

无论是预测客户需求，还是订单客户需求，大都是采用自然语言进行描述的，在产品配置设计中，需要将这些自然语言转换为形式化语言，以便于产品配置设计系统对客户需求的准确理解和掌握。4.4.1 节通过对需求物元模型计算可将每项需求所属的需求类别划分出来，因此可在客户需求的三元组表达形式上增加需求类别元，即用四元组的形式表述为客户需求：[需求名称，需求类型，需求值的类型，需求值]。

#### 1. 需求类型

将客户需求分为六大类：功能需求、性能需求、结构需求、经济性需求、可靠性需求和维修性需求。功能需求是指客户对产品的功能方面所提出的要求，如产品的传动能力、适应能力、承载能力等；性能需求是指产品的物理性能、使用性能等，如产品的质量、重量、材质等；结构需求包括产品的外形尺寸、密封性等；经济性需求包括产品的价格等；可靠性需求是指产品是否安全可靠；维修性需求包括产品的维修是否方便。

#### 2. 需求值的类型

客户需求是多样的,因此客户需求值的类型也是多样的。将客户需求值的类型划分为数值型、状态型和枚举型等。

(1) 数值型需求值。数值型数据是指直接使用自然数或度量单位进行计量的具体的数值,数值型需求值是指某一项客户需求的参数值为精确值或数值区间。例如,传动比为 2.5,则这项需求的值为 2.5,该产品的价格为 200~300 元。

(2) 状态型需求值。状态是指某一事物所处的形态或状况,状态型需求值是指以数值的形式描述客户需求项的各种状态,某项客户需求可能存在两个状态,也可能多于两个状态,具体的某个状态值由设计者设定,例如,减速机的布局是立式的或卧式的,可用"0"表示立式,"1"表示卧式;零件的材质是多种状态属性如铸钢、铸铁、铜等,用"2"表示铸钢,"1"表示铸铁,"0"表示铜。

(3) 枚举型需求值。枚举是值类型的一种特殊形式,在 C/C++中是一个被命名的整型常数的集合。枚举在日常生活中很常见。在客户需求领域,事先考虑到某一需求变量可能的取值,尽量用自然语言中含义清楚的单词来表示它的每一个值,这种方法称为枚举方法。用枚举方法定义的类型称为枚举类型。枚举型需求值是指需求项的参数值是一组有一定联系的、离散的值的集合。

#### 3. 需求值

上述客户需求的统一表达式可分为两类情形:一类是描述类需求;另一类是比较类需求。相应地,这里的需求值也分为两类:针对描述类需求,需求值为确定数值或区间;针对比较类需求,需求值为比较运算符+确定数值的形式,这里的比较运算符包括小于等于($\leqslant$)、大于等于($\geqslant$)、小于($<$)、大于($>$)、不等于($\neq$)等。

## 4.5　客户需求的聚类

聚类分析是输入一组未标定的记录集合,即输入的记录还未被进行任何分类,再根据一定规则和方法,合理划分记录集合。换言之,所谓聚类就是根据事物的某种属性将一组对象分成若干组成类别,使得相似度大于设定值的对象元素处在同一组,小于该值的对象元素分布在不同的组别的过程。同理,客户需求的聚类是指以通过各种方式获取到的客户需求为对象,通过需求的属性项之间的相似度计算将需求进行划分,从而得出不同类别的需求集合,提供产品族建立的数据基础。依据聚类对象的不同,将客户需求的聚类分为预测客户需求的聚类和订单客户需求的聚类。

### 4.5.1　预测客户需求的聚类

根据预测客户需求的获取可知,由于不同客户在表达方式、对产品的熟悉程度等方面存在差异,对产品同一方面的需求的提出也有所不同,但这些需求本质上都属于同一类需求,即需求之间或多或少地存在一定的相似性。若不考虑需求的相似性,逐一地根据每项需求建立产品族,会造成产品族的体系结构庞大复杂,进而使得大批量定制下的产品族设计不合理,因此,需要对初步获取的预测客户需求进行聚类分析,为产品族的建立奠定基础。

预测需求聚类的流程如图 4-1 所示。产品设计人员通过各种不同的获取方式获得预测客户需求,首先将各项需求表达成统一的格式,即需求:[需求类型,需求名,需求值类型,需求值];依据需求类型将客户需求划分成不同的类型,完成预测客户需求的初分类;再针对每一类客户需求中的需求项,通过计算需求名的相似度将表达方式不同但含义相同的需求项进行合并,实现预测需求的二次聚类;在二次聚类的基础上,按照需求值的类型再进行细划分;最后,再对相同需求类型、相同需求值类型的客户需求项的需求值按照数学统计的方法进行聚类,从而得出由一系列离散的需求值或需求值区间构成的预测需求类。

图 4-1　预测客户需求的聚类流程

#### 1. 需求名的相似度计算

即使是同类型的客户需求,客户对同一项需求的需求名的表述形式也必然存在一定的差异,如果产品的设计者忽略这些差异性,主观地认为这些表达形式不同的若干需求项为不同的客户需求,从而根据每项需求设计相应的产品,这种产品设计方法尽管能够满足客户的需求,但从企业的角度考虑,忽略了统一处理这类需求所带来的规模性和经济性,因此,在进行产品族设计之前,对这类需求进行需求名的相似性计算,根据预先设定的阈值对需求进行二次聚类,为产品族的建立奠定基础。

需求名也可称为特征名称,其相似度计算需要利用两个元素的名字,算法全面参考名字的词法、语法和语义多个层面上的相似情况,综合基于 WordNet 的语义相似度计算方法和字符串相似度计算方法。具体相似度算法为

$$S_n(X_i, Y_j) = \max_{\substack{c_i \in C \\ d_j \in D}} \left\{ 1 - \frac{L(c_i, d_j)}{\max(\text{length}(c_i), \text{length}(d_j))} \right\} \tag{4-7}$$

式中，$c_i$ 为属性 $X_i$ 的名称；$d_j$ 为属性 $Y_j$ 的名称；$C$ 为 $c_i$ 的同义词集；$D$ 为 $d_j$ 的同义词集；length( ) 为字符串的长度；$L(c_i, d_j)$ 为字符串 $c_i$ 和 $d_j$ 之间的 Levenshtein 距离，即将一个字符串变为另一个所需要的替换、插入或删除的最小次数。

### 2. 需求值的统计

由于企业客户的多样性，同需求类型、同需求名、同需求值类型的客户需求的需求值也是多样的，同时由于客户对产品熟悉程度的不同，客户在需求值的表达上也存在较大的差异。对产品熟悉程度高的客户能够按照产品的设计要求提出精确的需求值，对产品熟悉程度低的客户所提出的需求值则是从客户的角度出发，这些需求值并不一定与产品的设计参数相符。大批量定制的企业以满足客户的个性化要求为基本出发点，因此这些与设计参数不符的需求值也要满足，同时不能增加产品内部的多样化，这就需要在产品族建立之初对不同类型的需求值进行统计，从而得到尽可能全面的需求值范围，提高产品配置的效率。下面针对 4.4 节中需求值的分类对每一类需求值的统计过程进行详细的描述。

#### 1) 数值型需求值的统计

数值型客户需求值是预测客户需求中最常见的需求值形式，对这类需求值的统计可分为离散型需求值的统计和连续型需求值的统计两类。

（1）离散型需求值的统计。面向不同的客户，企业接收到的相同需求类型、相同需求名、相同需求值类型的离散型需求值是多种多样的，以减速机产品的传动比需求为例，对减速机相当熟悉的客户提出的传动比值如 2、2.5、5、10 等一系列与该产品已有的设计参数完全一致的值，把这类需求值定义为标准值，当预测需求中出现这类需求值时，产品的设计人员可直接从已有的产品数据库中找出与之相符的所有设计参数满足客户的需求；对减速机的熟悉程度较低的客户所提出的传动比值如 6、8、16、18 等与已有的设计参数完全不符的需求值，把这类需求值定义为非标准值。对于非标准数值型需求值的统计过程为：通过计算每个非标准需求值在同类型需求值中的概率，将这些需求值依据概率的大小进行排序，作为产品族设计时设计参数的补充值。

（2）连续型需求值的统计。连续型需求值是指客户所提出的需求值为某一区间上的一切值，客户对产品的价格或者寿命的需求值一般以这种形式提出，同样以减速机产品的价格需求值为例，不同的客户可能提出不同的价格区间，如 200～300 元、500～700 元等。对这类需求值的统计过程为：根据同一区间的需求值在全部同类预测需求值中的概率的大小对若干不同的区间进行统计归类。

#### 2) 状态型需求值和枚举型需求值的统计

状态型需求值和枚举型需求值的统计过程类似，都是通过对同类型的预测需求值进行整理，归纳出所有客户提出的需求值。

#### 4.5.2　订单客户需求的聚类

由于一个客户订单是由多个需求项组成的,所以与预测客户需求的聚类相比,订单客户需求的聚类更为复杂。在实际生活中,一组事物根据其相似性形成一个类群,事物与事物之间的界限往往是不明确的,具有很大程度的模糊性。模糊集理论正是解决这类聚类问题的数学方法。模糊聚类法是依据客观事物间的特征、亲疏程度和相似性,通过建立模糊相似关系对客观事物进行分类的方法。利用模糊聚类法解决问题一般可分为四个步骤:规格化样本数据;建立模糊相似矩阵;计算模糊相似矩阵的模糊聚类传递闭包;适当选取置信水平值完成聚类。聚类之后再对每类订单中的各属性值对应的由制造商确定的该属性的一系列标准值或标准区间进行隶属度计算,并用隶属度最大的值或区间作为该类订单中该属性的值,最后进行此类订单中客户的满意度计算,若客户满意则输出,不满意则返回重新聚类。

设 $A$ 表示客户订单的集合,以 $m$ 个客户订单为样本,则有 $A=\{A_1,A_2,\cdots,A_m\}$,每个客户有 $n$ 项需求,则 $A_i=\{A_{i1},A_{i2},\cdots,A_{in}\}$,其中 $A_{ij}$ 表示第 $i$ 个客户对产品的第 $j$ 项需求,那么客户订单需求可表达为

$$A=\begin{bmatrix} A_1 & A_2 & \cdots & A_m \end{bmatrix}^{\mathrm{T}}=\begin{bmatrix} A_{11} & A_{12} & \cdots & A_{1n} \\ A_{21} & A_{22} & \cdots & A_{2n} \\ \vdots & \vdots & & \vdots \\ A_{m1} & A_{m2} & \cdots & A_{mn} \end{bmatrix}$$

客户订单需求聚类首先要实现每一项客户订单需求 $A_{ij}$ 的聚类。为方便聚类,设每一列的需求是相似的需求,如 $A_{11}$ 是传动比,那么相应的 $A_{21},A_{31},\cdots,A_{m1}$ 都是传动比需求,并且每一列上的每一项需求又可以表达为

$$A_{ijk}=\begin{bmatrix} x_{ij1} & x_{ij2} & x_{ij3} & \cdots & x_{ijk} \end{bmatrix}$$

根据客户需求的表达可知,每一项 $x_{ijk}$ 分别代表需求的需求类型、需求名、需求值类型、需求值,这里 $k=4$。客户的订单需求值一般是确定的值或区间,包含于预测客户需求集合。

**1. 规格化样本数据**

由于每个客户的 $n$ 项需求指标的量纲和数量级都不相同,对各个需求指标的分类缺少一个统一的尺度。为了消除量纲或数量级的不同对聚类结果的影响,在进行需求项的相似度计算前先对各个需求值进行规格化,从而使每一个需求值有统一于某种共同的数值特性范围。采用对数规格化的方法,即

$$x'_{ijk}=\lg x_{ijk} \tag{4-8}$$

**2. 建立模糊相似矩阵**

建立模糊相似矩阵 $R=[r_{ij}]_{m\times n}$,$r_{ij}$ 表示客户订单 $A_i$ 与 $A_j$ 按 $n$ 个需求项相似

的程度,称为订单之间的相似系数。订单之间的相似系数的计算是建立模糊相似矩阵的关键。由于一项订单是由 $n$ 项不同的客户需求项组成的,所以可将订单之间的相似度计算转化为需求项之间的相似度计算。

订单 $A_i$ 与订单 $A_j$ 之间的相似度 $r_{ij}$ 为

$$r_{ij} = \frac{\sum_{j=1}^{n} w_j \mathrm{sim}(A_{ij}, A_{jj})}{\sum_{j=1}^{n} w_j} \tag{4-9}$$

式中, $w_j$ 为某项订单中第 $j$ 个需求项的重要度, $\sum_{j=1}^{n} w_j = 1$; $\mathrm{sim}(A_{ij}, A_{jj})$ 为需求属性项的相似度。根据需求的表达式可知,一项需求由需求类型、需求名、需求值类型和需求值四部分组成,因此任意两项需求之间的相似度 $\mathrm{sim}(A_{ij}, A_{jj})$ 的计算由需求类型的相似度 $s_1$、需求名的相似度 $s_2$、需求值类型的相似度 $s_3$ 和需求值的相似度 $s_4$ 四部分组成,即

$$\mathrm{sim}(A_{ij}, A_{jj}) = \frac{\sum_{k=1}^{4} w_k s_k}{\sum_{k=1}^{4} w_k} \tag{4-10}$$

式中, $w_k$ 为某项需求中第 $k$ 部分的权重, $\sum_{j=1}^{n} w_j = 1$,这里为了简化计算,令 $w_1 = w_2 = w_3 = w_4 = 0.25$;其中,需求类型和需求值类型的相似度的定义为当类型相同时,相似度系数为1,当类型不同时,相似度系数为0;需求名称相似度可按照预测客户需求的名称相似度公式(4-7)计算;需求值的相似度计算根据需求值的类型不同,其计算过程也不同,具体的相似度计算过程如下。

1) 需求值的相似度计算

需求值的相似度计算是聚类的关键,直接影响聚类的结果,包括数值型和非数值型。非数值型主要有枚举型、状态型或几何型等,如减速机的布局方式为卧式或立式就是枚举型,机壳颜色可能包括银色、绿色、黄色、黑色等就是枚举型。下面分别讨论不同的类型需求值的相似度计算方法。

(1) 数值型需求值的相似度计算模型。设 $a,b$ 是两个需求值在某个特征区间内的精确值,如订单 $A_1$ 中的传动比100与其他客户订单的传动比聚类,计算相似度可以按照式(4-11)计算,即

$$\mathrm{sim}(a,b) = 1 - \frac{|b-a|}{t_2 - t_1}, \quad a,b \in [t_1, t_2] \tag{4-11}$$

(2) 状态型需求值的相似度计算模型。状态型需求值的值域可能是两个状态值,也可能多于两个,这些需求值的特点是各值之间没有任何联系。设 $x_i$ 为客户

订单 $A_i$ 的第 $A_{ik}$ 项需求值，$y_j$ 为客户订单 $A_j$ 的第 $A_{jk}$ 项需求值，它们之间的相似度可以按照式（4-12）计算，即

$$\text{sim}(x_i, y_j) = \begin{cases} 1, & x_i = y_j \\ 0, & x_i \neq y_j \end{cases} \tag{4-12}$$

（3）枚举型需求值的相似度计算模型。枚举型的需求属性的值域是一组有一定联系的、离散的状态值，由于订单需求的值域与产品族域之间可能存在量纲不同，所以在计算相似度之前要将需求值进行规范化处理，映射到[0,1]区间。设 $x_i$ 为规范化处理的客户订单 $A_i$ 的第 $A_{ik}$ 项需求值，$y_j$ 为规范化处理的客户订单 $A_j$ 的第 $A_{jk}$ 项需求值，它们之间的相似度可以按照式（4-13）计算，即

$$\text{sim}(x_i, y_j) = 1 - |x_i - y_j| \tag{4-13}$$

2）需求项重要度的确定

客户需求的重要度反映了客户对于某一项需求的关心程度，决定着开发资源的优先配置及各设计参数目标值的设定，对产品开发设计及相应技术策略的制定方面有重要的意义。针对产品配置设计的实际情况，需求项重要度的确定主要有以下两种方法：

（1）客户自定义法。在客户给定的订单需求中，直接包含需求项重要度数据，即由客户自己来确定各项需求的重要度。采用这种方法能够最大限度地提高配置产品的客户的满意度。

（2）专家打分法。根据客户的需求，利用专家结合个人的知识和经验，分析产品功能与结构单元属性之间的关系，通过每两项需求属性之间的比较采用三级标度法建立模糊判断矩阵，最后运用层次分析法计算各需求项的重要度。这种方法更为客观，使得重要度的结果更有依据。

**3. 计算模糊相似矩阵的模糊传递闭包**

利用求得的相似系数 $r_{ij}$ 建立模糊相似矩阵 $R = (r_{ij})_{m \times n}$，此时 $R$ 仅具有自反性和对称性，不满足传递性，只是模糊相似矩阵，只有当 $R$ 是模糊等价矩阵时才能聚类，故需要将 $R$ 改造成模糊等价矩阵。可通过求传递包将 $n$ 阶模糊相似矩阵 $R$ 改造成 $n$ 阶模糊等价矩阵 $t(R)$。从模糊矩阵 $R$ 出发，依次求平方 $R \rightarrow R^2 \rightarrow R^4 \rightarrow \cdots$，当第一次出现 $R^k \circ R^k = R^k$ 时，表明 $R^k$ 已经具有传递性，$R^k$ 就是所求的传递包 $t(R)$，其过程可在 MATLAB 中进行计算时利用程序实现终止条件的判断，利用 MATLAB 对模糊相似矩阵进行扎德运算得到模糊等价矩阵为

$$R = \begin{bmatrix} \lambda_{11} & \lambda_{12} & \cdots & \lambda_{1m} \\ \lambda_{21} & \lambda_{22} & \cdots & \lambda_{2m} \\ \vdots & \vdots & & \vdots \\ \lambda_{m1} & \lambda_{m2} & \cdots & \lambda_{mn} \end{bmatrix}$$

4. 选取适当的阈值进行订单需求的聚类

根据聚类的需要确定适当的阈值 $\lambda$,取矩阵 $R$ 中的元素 $\lambda_{ij}$,当 $\lambda_{ij} \geqslant \lambda$ 时,则该元素位置取 1;若 $\lambda_{ij} < \lambda$ 时,该元素位置取 0;由此得到相应的截矩阵 $R_\lambda$。

令 $R_\lambda = [u_1, u_2, \cdots, u_m]$,其中 $u_i = \{u_{11}, u_{12}, \cdots, u_{1m}\}$,若 $u_i = u_j (i \neq j)$,则将第 $i$ 个订单与第 $j$ 个订单聚为一类。当 $x_{ik}$ 与 $x_{jk}$ 有确定的需求取值时,聚类后仍取其确定值;当 $x_{ik}$ 与 $x_{jk}$ 为范围型取值时,聚类后取其交集 $\varphi = x_{ik} \bigcap x_{jk}$。可以看出,阈值 $\lambda$ 的确定关系到需求聚类粒度的大小,$\lambda$ 太大,聚类粒度太小,此时聚类作用不明显;$\lambda$ 太小,聚类粒度太大,容易导致类内各客户需求的满意度降低。

### 4.5.3　订单模糊需求转化

经过聚类后的订单具体要求是模糊的,为了能准确地指导设计人员进行配置设计,必须将模糊的需求准确化。以减速机为例,如一类订单要求最大输出转速为 80~100r/min,对产品的配置指导不明确,可将这类订单精确到一个数值上,如 90r/min。为了提高产品内部模块的可重用性,制造商可根据预测需求,将属性值进一步模块化,如对减速机最大输出转速,可提前将最大转速分为 80r/min、90r/min、100r/min、110r/min、⋯、300r/min 等几个固定的值,然后对模糊的需求进行隶属度计算,以确定该项需求应该选取固定的哪个值。

$X_i = \{x_{i1}, x_{i2}, \cdots, x_{in}\}$ 是经过聚类后的一类订单,其中,$x_{ij}$ 表示第 $i$ 类订单对应于产品族中第 $j$ 个可变属性 $A_j$ 的模糊取值,通过隶属度计算来确定一个订单的某项需求的具体取值。

首先建立 $A_j$ 的各取值 $\{a_{j1}, a_{j2}, \cdots, a_{jn_j}\}$ 对应的隶属函数 $\{\phi_{j1}, \phi_{j2}, \cdots, \phi_{jn_j}\}$,取订单 $X_i$ 中一个需求 $x_{ij}$,则 $\phi_{jk}(x_{ij})$ 为订单 $X_i$ 中的需求 $x_{ij}$ 对可变属性 $A_j$ 中的取值 $a_{jk}$ 的隶属度,求得最大隶属度为

$$\phi_{jl}(x_{ij}) = \max_{1 \leqslant k \leqslant n_j} \{\phi_{j1}(x_{ij}), \phi_{j2}(x_{ij}), \cdots, \phi_{jn_j}(x_{ij})\}, \quad l = 1, 2, \cdots, n_j$$

根据最大隶属的原则,可知 $x_{ij}$ 应隶属于 $a_{jl}$,即订单 $X_i$ 的第 $j$ 个需求应取对应于产品族的可变属性 $A_j$ 的第 $l$ 个取值 $a_{jl}$。

### 4.5.4　客户满意度计算

将模糊的客户需求精确化之后,可能会与客户的需求意图产生偏差,此时需要确定这个偏差是否在客户的可接受范围之内,需要对客户满意度进行验证。若结果客户不满意,则说明聚类粒度太大,需要增大阈值 $\lambda$,以减小聚类粒度,增大客户满意度。

假设对第 $i$ 个客户提出的第 $j$ 个需求 $x_{ij}$，经过聚类和精确化之后确定其取值为 $a_{jk}$，那么当 $x_{ij}$ 为确定取值时，其满意度 $\delta_{ij}$ 可表示为

$$\delta_{ij} = \begin{cases} 1, & x_{ij} = a_{jk} \\ 0, & x_{ij} \neq a_{jk} \end{cases}, \quad i = 1, 2, \cdots, m; j = 1, 2, \cdots, n; k = 1, 2, \cdots, n_j$$

当 $x_{ij}$ 为范围型取值时，其满意度 $\delta_{ij}$ 可表示为

$$\delta_{ij} = 1 - \frac{|a_{jk} - \overline{x}_{ij}|}{\phi}, \quad i = 1, 2, \cdots, m; j = 1, 2, \cdots, n; k = 1, 2, \cdots, n_j$$

式中，$\overline{x}_{ij} = \dfrac{1}{2}(x_{ij\downarrow} + x_{ij\uparrow})$，为客户所容许的范围的中间值，$\phi = |x_{ij\uparrow} - x_{ij\downarrow}|$ 为客户所容许的范围的宽度。那么对于客户 $i$ 的满意度 $\delta_i$ 可表示为

$$\delta_i = \sum_{j=1}^{n} w_{ij} \cdot \delta_{ij}, \quad i = 1, 2, \cdots, m; j = 1, 2, \cdots, n$$

显然，合理的客户需求划分应该使得客户具有相当的满意度，即要求存在一个常数 $\delta_0$，使得 $\delta_i \geqslant \delta_0$，并使得所得到的划分具有相当的规模性，即划分后形成的组的数量具有一定值，否则就需要适当调整需求划分粒度阈值 $\lambda$，即适当增加 $\lambda$。由于前面对于需求划分粒度的讨论可知，总能找到 $\lambda \in (0,1)$，使得 $\delta_i \geqslant \delta_0$，并实现划分的规模性。

若 $\delta_\lambda$ 表示需求划分粒度阈值为 $\lambda$ 时的客户需求满意度，用迭代法来确定 $\lambda$ 取值，应保证划分具有一定规模同时满足 $\delta_\lambda \geqslant \delta_0$。设 $\lambda$ 的初始值为 $\lambda_0$，且满足 $\delta_\lambda \geqslant \delta_0$，迭代步长为 $\Delta$，当 $\Delta \leqslant \varepsilon$ 时，结束迭代，$\varepsilon$ 为一个非常小的正数，其迭代过程如下：

第 1 步　令 $\Delta = 0.1, \lambda = \lambda_0$，进行迭代 $\lambda = \lambda - \Delta$，以 $\lambda$ 为阈值进行需求聚类，并计算客户满意度 $\delta_\lambda$。

第 2 步　判别客户满意度，若 $\delta_\lambda \geqslant \delta_0$，转至第 1 步；若 $\delta_\lambda < \delta_0$，转至第 3 步。

第 3 步　令 $\Delta = \dfrac{1}{2}\Delta, \lambda = \lambda - \Delta$，以 $\lambda$ 为阈值进行需求聚类，并计算客户满意度 $\delta_\lambda$。

第 4 步　判别客户满意度，若 $\delta_\lambda \geqslant \delta_0$ 且 $\Delta \leqslant \varepsilon$，转至第 5 步；若 $\delta_\lambda \geqslant \delta_0$ 且 $\Delta > \varepsilon$，转至第 3 步；若 $\delta_\lambda < \delta_0$，转至第 6 步。

第 5 步　$\lambda$ 取此次迭代值，结束。

第 6 步　$\lambda$ 取上一次迭代值，结束。

按以上步骤进行迭代可实现客户满意度和聚类粒度之间的冲突优化，使得聚类结果即具有一定规模，又能使客户具有相当的满意度。

# 4.6　基于本体的预测需求建模

## 4.6.1　预测客户需求本体定义

本体论是一种概念化的说明,是对客观存在的概念及其关系的一种描述。概念和关系是本体的基本构件。本体的核心是一个领域内公认的概念实体的有限集合,关系用来描述领域概念间的联系。领域内公认的语义信息通过概念实体之间的关联关系来表达。关系也可以当做概念来处理,属性和规则依附于某一概念,因此,本体的构建是以概念为中心的。本体是对较高层次的知识抽象,是一种能在语义和知识层次上描述系统的概念模型建模工具。在对客户需求分析和处理后,建立客户需求本体,实现客户需求信息的统一语义表示,方便客户需求知识的管理;根据客户需求知识建立产品族,并动态更新产品族;通过建立客户订单需求本体和客户需求本体的映射及匹配,快速为客户提供配置方案,实现面向产品族的敏捷化配。

**定义 4-3**　客户需求本体可以用一个四元组表示:$Cont = (Cdo, Con, Att, Ass)$。

其中,$Cdo$ 为本体应用的领域集,可以是单个领域,或是多个领域的并集,在这里为预测的客户需求域;$Con$ 为客户需求域 $Cdo$ 中描述产品的概念实体,是指在领域中存在的实体对象或者活动,即类客户需求和客户需求;$Att$ 为客户需求域 $Cdo$ 中概念实体属性的有限集,概念实体属性是指特有的区别于其他概念实体的实体特性;$Ass$ 为本体 $Cont$ 中各概念之间的关系集,包括继承关系 is a、复合关系 part of、实例关系 instance of 以及属性关系 attribute of。

根据预测的客户需求分类和聚类结果,为便于与产品族匹配,将预测的客户需求域进行进一步划分,$Cdo = (F, S, P, E, Re, R)$,每一个客户需求域的描述如下:

(1) 客户功能需求域 $F$。客户功能需求域 $F$ 中包括客户对产品的功能要求,如对于减速机的预测客户需求可能包括传动功能、承载功能和适应功能等。

(2) 结构需求域 $S$。客户结构域 $S$ 是客户对产品的结构提出的需求,在减速机的客户需求预测中包括结构的尺寸、密封性能和布局方式等。

(3) 性能需求域 $P$。性能需求域 $P \subset$ 客户功能需求域,在性能需求中,可能包含一些物理的特性,如零件的材料、振动噪声等。

(4) 经济性需求域 $E$。经济性需求域 $E$ 包含客户对成本和价格等的需求。

(5) 可靠性需求域 $Re$。可靠性需求域 $Re$ 是客户的产品的无故障性、安全性、耐用性和使用寿命的需求。

(6) 可维修性需求域 $R$。可维修性需求域 $R$ 是产品的维修方便性,在产品的大批量定制环境下,可维修性仍然是客户关心的需求。

在上面六项需求中,对于每个需求域,又可以描述为 $X=(X_{con},X_{att},X_{ass})$,其中,$X\subset Cdo$,$X_{con}$ 为需求域中的概念实体集合,$X_{att}$ 为需求域中的概念实体的属性集合,$X_{att}\subset Att$,$X_{ass}$ 为需求域中的概念实体的关联集合,$X_{ass}\subset Ass$。

在需求域中的每一个概念实体或属性实体都可以用一个三元组表示,设 $Y\subset X_{con}$ 的任意概念实体,则 $Y\text{-}CR=(Y\text{-}CR_{name},Y\text{-}CR_{type},Y\text{-}CR_{valve})$,其中 $Y\text{-}CR_{name}$ 代表需求的名称,$Y\text{-}CR_{type}$ 代表需求的类型,$Y\text{-}CR_{valve}$ 代表需求的具体值,如预测的客户对减速机的功能需求为传动比为 200,那么需求的类型和值就已经确定,可以按照产品族的减速比序列确定其所属的功能或原理。

Swart Our 将本体定义为“本体是一个为描述某个领域而按继承关系组织起来作为一个知识库的骨架的一系列术语”。该定义把本体的构建与知识库的构建认为是一致的。因此,建立客户需求本体的目的是建立客户需求的知识库,实现基于知识库的产品本体匹配。为了提高在配置中的本体映射和匹配的效率,降低相似度的计算量,在构建客户本体时,采用基于分类的方法建立客户需求本体库,见表 4-1～表 4-3。

**表 4-1　客户需求概念本体**

| 类型 | 概念实体 | 描述 |
| --- | --- | --- |
| 需求域 | $Cdo=\{F,S,P,E,Re,R\}$ | 由需求预测处理的结果组成 |
| 需求根 | CR | 预测需求本体的根 |
| | $F$-CR | 功能需求根 |
| | $S$-CR | 结构需求根 |
| | $P$-CR | 性能需求根 |
| | $E$-CR | 经济需求根 |
| | $R$-CR | 可靠性需求根 |
| | Re-CR | 维修性需求根 |
| 需求概念 | Req | 需求 |
| | Reqcontent | 需求的内容 |
| | function | 功能需求 |
| | stru | 结构需求 |
| | prop | 性能需求 |
| | econ | 经济需求 |
| | reli | 可靠性需求 |
| | repa | 维修性需求 |
| | value | 需求值 |

**表 4-2　概念实体属性类型**

| 类型 | 概念实体属性 | 描述 |
|------|------------|------|
| 概念实体属性类型 | req-att | 概念属性（根） |
| | att-num | 数值属性 |
| | att-string | 字符属性 |
| | att-ent | 基数属性 |
| | att-bool | 布尔属性 |

**表 4-3　概念实体关联关系**

| 概念关联（Ass） | 关联规则 | 关系描述 |
|----------------|---------|---------|
| Subclass-of | Reqcontent→CR | 继承关系 |
| Comp-of | function→ Req | 组成关系 |
| Value-of | value→Req | 取值关系 |
| Choose-of | value→Req | 可选关系 |
| Demand-of | value→Req | 必选关系 |
| Reject-of | value→Req | 排斥关系 |
| Subfunction-of | function→ Func | 功能分解 |
| Attribute of | Prop→P-CR | 属性关系 |
| Instance of | Stru→Req | 实例关系 |

客户需求属性 Att 表示概念实体属性。表 4-2 列出了 Att 包含的主要概念实体属性。数值属性是通过代数表达式（等式或不等式）表达概念实体特性的数值部分，如表达产品的结构尺寸长度≥20mm 的需求；字符属性用来表示使用字符串描述的概念实体特性部分，例如，客户要求零部件外观特性具有的颜色属性为银色，布局方式为立式的需求；基数属性用来表述概念实体之间的数量关系，例如，客户对减速机的需求包含"传动比"和"扭矩"两个需求组。

表 4-3 列出了客户需求关系 Ass 中主要的表示概念的关联关系，其中，关联构成规则定义了关联关系作用的概念实体，箭头则表示关联关系的作用方向。这些关联关系表示客户需求域中的概念实体间的语义关系，这些关系一般具有可逆性。

### 4.6.2　预测客户需求本体模型建立

预测客户需求本体为客户需求模型组织了高层次的知识抽象，客户需求本体模型将预测的客户需求中包含的模糊或隐含的知识结构以清晰的概念以及概念之间约束关系表达出来，减少了对客户需求中的逻辑关系可能造成的误解，为实现客户需求知识的共享和重用奠定了基础。在面向订单需求产品配置中，通过本体映射快速、准确地获取客户的订单需求，实现产品配置模型的自动获取。

图 4-2 是客户需求本体树,表示客户需求本体的概念组成及概念之间的关系,形成了客户需求的语义网络。在树状图中,节点表示需求的概念,节点之间的联系表示概念之间的关系。预测的客户需求本体模型是一个包含所有客户需求信息的本体知识库,本体间的语义关系的表达更加有利于语法和语义上的订单需求和预测需求的互操作,实现需求知识的共享和重用。图中符号的含义见表 4-1~表 4-3。

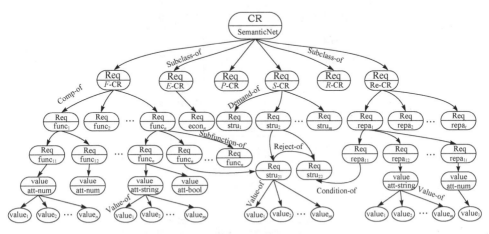

图 4-2　客户需求本体树

# 4.7　客户订单需求本体提取

### 4.7.1　客户订单需求表达

客户订单需求是产品配置设计的最初来源,客户订单经过聚类,降低了产品订单需求的多样性。本节将实现客户订单需求与所建立的预测的客户需求本体的匹配,获取订单需求的本体。

若企业收到 $m$ 个客户订单需求,订单需求经过聚类、模糊转化和客户满意度的计算后表达为客户订单需求域 $A' = \{A_1, A_2, A_3, \cdots, A_n\}$, $n \leqslant m$,对每一类订单可以表达为 $A_i = \{A_{i1}, A_{i2}, \cdots, A_{ir}\}$,那么聚类后的批量客户订单需求为

$$A_{ij} = [N \quad V \quad T]$$

式中,$N$ 为聚类后订单需求的名称;$V$ 为聚类后订单需求的值;$T$ 为聚类后订单需求的类型。

大批量定制的关键是针对一类客户订单进行产品配置,因此,客户订单需求表达得规范化和标准化,可以实现与预测的客户需求域的直接映射,准确获取客户需求,有利于提高产品的配置速度。

### 4.7.2　客户订单需求本体生成

客户订单需求是预测客户需求本体的一部分,为了实现客户订单需求信息的识别与产品的智能匹配,需要建立订单需求与预测的客户需求本体的映射,生成订单的本体。订单需求本体的生成过程是一个检索过程,映射过程如图 4-3 所示。

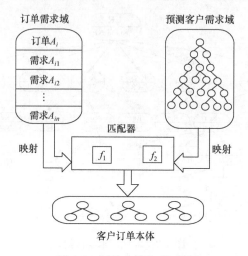

图 4-3　订单本体生成过程

映射过程如下:

输入:客户订单需求。

输出:客户订单本体。

映射函数 $f_1$:将客户订单需求的名称转化为预测客户需求本体中的概念名称,是一种名称相似度的计算函数。

映射函数 $f_2$:将客户订单需求的属性与预测的客户需求进行映射,是一种确定值域区间的相似度计算函数。

第 1 步　需求名称的匹配。在聚类后,客户订单已经完成了初步的规范化和标准化,客户订单的表达可以看成客户需求的知识表达。每个聚类后的订单实际上是一个客户需求群,要快速、敏捷地实现客户订单需求的配置,就要知道客户需求所对应的产品族结构。由于产品族是基于预测的客户需求而建立的,所以,客户的需求直接对应于产品的配置结构。因此,需求名称的匹配,是为了快速定位订单需求本体在预测需求本体中的映射关系。

在映射中,尽管采用关键字来表示匹配的订单需求,但不同于传统的检索模型,通过引入本体映射函数,使客户订单需求查询更加规范化,将查询结果转化为预测客户需求本体中的概念(包括同义、相近、相关概念),是一种在知识语义层上的搜索和推理过程。

第 2 步　如果订单需求名称与预测的客户需求不能映射,则结束,进行新的订单需求匹配,也可以通过调整阈值的大小,松弛约束。

由于客户订单的每一项需求的权重是不同的,所以对于不能映射匹配的需求并不完全影响配置的结果。

第 3 步　客户需求属性值的匹配。预测客户需求的属性值包括所有可能的用户需求值。为了实现快速配置,加快检索的速度,预测的客户需求在构建的过程中将用户的需求进行分类,例如,某客户的订单要求减速机的成本价位为 5 万～10 万元,那么在名称检索的预测客户需求成本后,还要完成客户需求属性的进一步划分,即通过属性值的映射才能获取客户的需求本体表达。

第 4 步　根据匹配器中的映射结果可以获得与客户订单需求相同或相近的预测客户需求本体。

由于预测的客户需求本体与产品族的结构本体之间存在映射关系,系统的规则库会根据生成的客户需求本体实现产品的智能配置。

## 4.8　本 章 小 结

本章分析了客户需求的特点,将客户需求分为预测客户需求和订单客户需求两类,并分别研究了预测客户需求和订单客户需求的获取方法,为后续章节产品族的建立提供数据支持;在对客户需求的类型和需求值类型进行划分的基础上,建立了客户需求的统一表达式;分别研究了两类客户需求的聚类方法,重点讨论了订单客户需求聚类中相似度的计算方法,以及需求重要度、隶属度和客户满意度的确定,从而使得订单聚类的结果能够最大化客户的满意度;利用本体论的思想建立了预测客户需求的本体模型,为产品配置过程中订单本体的生成奠定了基础。

# 第5章 预测需求驱动的产品族模型

## 5.1 引 言

产品族是实现大批量定制的重要手段。大批量定制致力于以批量生产的成本满足客户的多样化、个性化需求,那么减少产品内部多样化,提高外部多样化是关键,产品族能有效地解决这一问题。本章以物-场分析法为基础,对产品进行功能划分,并对划分之后的功能,以改进的质量功能配置(quality function deployment, QFD)质量屋进行结构设计,并根据零部件特征进行零部件结构模块划分,进一步减少产品内部多样化,最后将产品族结构转换成本体模型,为产品配置的自动获取奠定基础。

## 5.2 TRIZ 理论的物-场分析法和标准解

### 5.2.1 TRIZ 理论

"发明问题解决理论"(the theory of inventive problem solving, TRIZ)是由前苏联发明家根里奇·阿奇舒勒(G. S. Altshuller)在1946年创立的,它的诞生为人们提供了一套全新的创新理论和方法,开启了人类创新发明史上的新篇章。1946年,在前苏联里海海军专利局工作的阿奇舒勒开始了 TRIZ 的研究工作。在处理世界各国著名的发明专利过程中,他总是考虑这样一个问题:当人们进行发明创造、解决技术难题时,是否有可遵循的科学方法和法则,从而能迅速地实现新的发明创造或解决技术难题呢? 答案是肯定的! 他发现任何领域的产品改进、技术的变革和创新与生物系统一样,都存在产生、生长、成熟、衰老、灭亡的过程,是有规律可循的。人们如果掌握了这些规律,就会能动地进行产品设计并能预测产品未来发展趋势。以后数十年中,阿奇舒勒用其毕生的精力致力于 TRIZ 理论的研究和完善。在他的领导下,前苏联的数十家研究机构、大学、企业组成了 TRIZ 的研究团体,分析了世界不同工程领域的近250万份高水平的发明专利,总结出各种技术发展进化遵循的规律模式,以及解决各种技术矛盾和物理矛盾的创新原理和法则,建立了一个由解决技术问题实现创新开发的各种方法、算法组成的综合理论体系,并综合多学科领域的原理和法则建立起一整套体系化的实用的解决发明问题的方法——TRIZ 理论体系,因此,阿奇舒勒也被尊称为 TRIZ 之父。

TRIZ 的核心是技术进化原理,按照这一原理,技术系统一直处于进化之中,解决矛盾是其进化的推动力。TRIZ 理论的核心思想包括三个方面：①无论是一个简单的产品还是复杂的技术系统，其核心技术都是遵循客观规律发展演变的，即具有客观的进化规律和模式；②各种技术难题、冲突和矛盾的不断解决是推动这种进化过程的动力；③技术系统发展的理想状态是用最少的资源实现最大数目的功能。

其主要内容包括：①创新思维方法与问题分析方法；②技术系统进化法则；③技术矛盾解决原理；④创新问题标准解法；⑤发明问题解决算法ARIZ；⑥基于物理、化学、几何学等工程学原理而构建的知识库。

其体系架构包括：①8 大技术系统进化法则；②IFR 最终理想解；③40 个发明原理；④39个通用参数和阿奇舒勒矛盾矩阵；⑤物理矛盾和分离原理；⑥物-场模型分析；⑦76 个标准解法；⑧ARIZ 发明问题解决算法；⑨科学原理知识库。

相对于传统的创新方法，如试错法、头脑风暴法等，TRIZ 理论具有鲜明的特点和优势。TRIZ 理论成功地揭示了创造发明的内在规律和原理，着力于澄清和强调系统中存在的矛盾，其目标是完全解决矛盾，获得最终的理想解。它不是采取折中或者妥协的做法，而是基于技术的发展演化规律研究整个设计与开发过程，不再是随机的行为。实践证明，运用 TRIZ 理论，可大大加快人们创造发明的进程，而且能得到高质量的创新产品。

### 5.2.2　物-场分析法

作为 TRIZ 理论的问题分析工具之一——物-场分析法是利用各种符号来描述产品零部件之间的关系，通过全面分析产品来获得产品创新设计的解决方案的一种建模技术。物-场模型同任何自然、社会或技术模型一样，也有其简单的构成要素和存在的条件，它将所有功能都分解为三种基本元件：两种物质和一个场。三种基本元件以合适的方式进行组合，才能实现一种功能。

任何复杂程度的物质对象都可以作为 TRIZ 理论中的物质(S)，它既可以是一个要素(杯子、瓶子、椅子)，也可以是一个复杂的系统(减速机、汽车、发电机)。物质不局限于物理状态，还包括中间状态和复合状态以及那些特殊的磁、光、电、热和其他特征。

广泛意义上，TRIZ 理论中的场(F)可以是一种资源或是一类能量，如"声场""磁场"和"热场"，也可以进行特别的定义，例如，将一个机械场分解为"液压场""气动场"和"摩擦场"等。一个场为达到某种效果可以提供能量、信息和流动的作用力等，但是不同场之间没有明显的界线。由于场为物质之间的相互作用，所以严格地说，场分析和能量分析是等价的。

将两种物质、一个场正确地组合在一起就可构成一个可执行某种功能的三元组，即"物-场"，或"S 场"，因此一个 S 场就代表一种功能。

物-场分析法是使用一种图形描述系统内零部件之间的相互关系的符号语言形式，其优点是比文字语言更清晰直观地描述系统中零部件之间的相互关系。阿奇舒勒等用图形表示了技术系统，Teminko 等又对物-场分析进行了扩展研究，如图 5-1 所示。

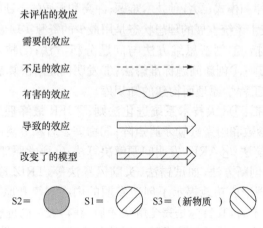

图 5-1　物-场分析的符号系统

TRIZ 理论利用四种类型的物-场模型完整地涵盖了技术系统，利用图的形式对这四种类型分别诠释说明如下：

（1）有效完整的系统，指完整且能够产生所要求效果的模型，它具备了一项功能必需的三个要素，即两种物质和一个场，是设计者追求的效应，如图 5-2(a)所示。

（2）不完整的系统，指需要的效果没有发生，由于模型缺少一至两个元件，需增加元件来实现有效完整的功能，或用一个新功能代替，如图 5-2(b)所示。

（3）不足的完整系统，指尽管模型三个元件都存在，但需要的效应尚未完全实现，需要改进才能达到要求，如图 5-2(c)所示。

（4）有害的完整系统，指模型的三个元件都存在，但系统产生的效果与需要的效应发生冲突，因此，必须要消除有害功能，如图 5-2(d)所示。

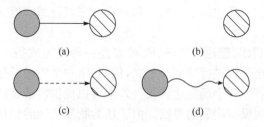

图 5-2　四种物-场模型

### 5.2.3　标准解

一个理想的功能包括三种元素，即两种物质和一个场，而且三要素之间需要以适当的方式组合在一起才能完成一定的作用。当三要素缺少任意一项或没有实现预期的目的,甚至产生有害作用时,由物-场描述的技术系统就会出现相应的问题。此时需引入其他物质使系统完整或改进系统以获得更好的功能,从而解决技术系统的问题。由此产生技术系统的物质间的相互作用并伴随着能量的生成、吸收、变换等,相应的物-场模型形式也会发生变化。

为了将不完整的系统、有害的完整系统和不足的完整系统模型转化成有效完整的系统模型,阿奇舒勒等提出了 76 种标准方法来协助解决技术难题。通常可将这 76 个标准解划分成 5 种类型,如表 5-1 所示。

表 5-1　76 个标准解

| 类型项 | 标准解项 |
| --- | --- |
| 不改变或少量改变原有系统 | 13 个标准解 |
| 改变原有系统 | 23 个标注解 |
| 系统传递 | 6 个标准解 |
| 检测与测量策略 | 17 个标准解 |
| 简化与改善策略 | 17 个标准解 |

(1)不改变或少量改变原有系统。通过不改变或者进行少量的改变来改良系统并得到一个预期的结果的方法,这类标准解包含将一个不完整系统变成完整系统的方法,其核心思想是改进不完整系统的功能,消除或拒绝有害作用。

(2)改变原有系统。通过控制元素频率的方法,使系统与自然振动的频率相符合或者不符合,达到改善系统的效果。改善系统功能的有效方法有强磁材料和磁场整合。这类标准解决方法的思路是:发展物-场模型系统,将其转变为更复杂的物-场模型,或者将其强制发展成物-场模型。

(3)系统传递。将单一系统转换成两个系统或多个系统,并将其转换到微观层面,在此可利用 40 个原则的分割原则,或结合技术系统进化模式中的向微观层次转变模式。

(4)检查与测量。检查与测量是实施控制的基本方法,两者的区别在于:前者是用来判断发生或未发生,是对不确定事物所发生的情况的检测;而后者是对已有事物的检测,有其特定的量值或者精确的等级规定。技术系统的测量一般采用非直接法,即创造或合成测量系统、测量系统的发展趋势、增加或提高测量系统等。

(5)简化与改善策略。通过引入新的物质或场使物质产生相变,应用自然现象将物质转变为较高级或较低级的形式以改善原有的技术系统,通过将复杂的技术系统还原成单一的技术系统,以达到简化系统的效果,从而发现问题的症结所在。

### 5.2.4　物-场分析法中标准解的应用

标准解在物-场模型中是将现有系统组合或改善成一个新的系统。通常情况下,一个系统通过标准解组合或改善后会摒弃原有的系统,但是对于众多的客户,一个系统的好坏往往没有肯定的答案。系统的某个特点对于甲客户可能是不好的,但是对于乙客户,可能正是他所需要的。应用标准解是针对客户的个性化需求将原系统组合或改善成新系统,并将原系统和新系统采用模块技术建立产品族,同时满足不同客户的个性化需求。因此,物-场分析法结合标准解解决问题的步骤也有所不同,步骤如下:

第1步　确定客户的个性化要求。客户需求的是产品功能的一种表现,若产品能满足客户提出的需求,则不变化;若产品不能满足客户的需求,则将需求以问题的形式代入下一步。

第2步　确定相关的元素。首先根据问题所存在的区域和问题的表现形式,确定造成问题的相关元素,以缩小问题分析的范围。

第3步　联系问题情形,确定并完成起初的物-场模型绘制。根据最初问题情形、表述相关元素间的作用、确定作用的程度,绘制出问题对应的物-场模型,模型反映出的问题与实际问题是一致的。

第4步　选择物-场模型的一般解法。按照物-场模型所表现出的问题,查找此类物-场模型的一般解法,如有多个,则逐个进行对照,寻找最佳解法。

第5步　重建物-场模型。将一般解法与实际问题相对照,并考虑各种限制条件下的实现方式,在设计中加以应用,从而形成技术系统新的解决方案。

第6步　对领域解进行评估。如有多个可行的领域解,则对多个可行领域解进行评价,并对评价结果进行标注。

## 5.3　基于改进质量功能配置和物-场分析法的产品族设计

产品族是在特定的产品基础上,结合企业销售历史和预测的客户需求建立的,因此,产品有基本的结构框架,只是功能、性能还处于比较低端的阶段。例如,要建立一个电视机产品族,是在最初的黑白、小型、功能单一的电视机的基础上建立的,但是电视机的基本结构框架,如接收器、信号处理器、显像器等结构及其连接关系都是存在的。随着时间的推移,当产品的结构、原理、性能等都满足不了客户的新需求时,这时客户提出来的需求就可视为产品所存在的问题。采用质量功能配置(QFD)和物-场分析相结合的方法对产品进行改进,将不同的改进结果通过模块化技术最终建成产品族,以满足客户的动态的个性化需求目标。

### 5.3.1　质量功能配置方法

QFD 是一种面向市场顾客的产品开发工作中的管理、方案设计、零部件设计、制造工艺计划以及生产组织等一系列过程有机协调的系统化方法,是现代管理和质量工程的核心技术之一。

#### 1. QFD 的起源与发展

QFD 在 20 世纪 70 年代初起源于日本,并被三菱重工的神户造船厂成功应用于船舶设计和制造。当时为了应付大量的资金支出和严格的政府法规,神户造船厂在赤尾洋二(Y. Dkao)的建议下,用矩阵的形式将顾客需求和政府法规同如何实现这些要求的控制因素联系起来,开发了一种称为 QFD 的上游质量保证技术,取得了很大的成功。QFD 矩阵可以显示每个控制因素的相对重要度,以保证把有限的资源优先配置到重要的项目中去。丰田公司于 70 年代后期使用 QFD 方法,并取得了巨大的经济效益,其新产品开发启动成本累计下降了 61%,开发周期下降了 1/3,而且质量得到了改进,使日本的车型换代周期缩短了一半,竞争优势远高于欧美车系。目前,QFD 方法已成功地应用于日本的电子仪器、家用电器、服装、集成电路、合成橡胶、建筑设备和农业机械中。1985 年,福特公司在美国率先采用 QFD 方法。在 80 年代早期,福特公司面临着竞争全球化、劳工和投资成本日益增加、产品生命周期缩短、顾客期望提高等严重问题,采用 QFD 方法使公司的产品市场占有率得到改善。目前,在美国,许多公司都采用了 QFD 方法,包括福特公司、通用汽车公司、克莱斯勒公司、惠普公司等;在汽车、家用电器、船舶、变速箱、涡轮机、印刷电路板、自动购货系统、软件开发等方面也都成功应用了 QFD 方法。如今,QFD 方法已在美国得到广泛应用,成为一种重要的质量管理技术。

从 1979 年开始,我国逐步开展 QFD 方法的研究,推动了国内对 QFD 理论的研究,目前,QFD 技术已引起我国各界广泛的重视。随着 QFD 技术的日趋完善和计算机技术、信息技术等其他相关支撑技术的发展,QFD 应用领域更加拓宽,向着智能化、集成化、标准化和规范化方向发展。

#### 2. QFD 的概念

对于 QFD,质量 Q 代表客户需要或期望的是什么;功能 F 代表如何满足客户的需求;配置 D 代表其在整个组织机构中的执行。目前尚没有统一的 QFD 的定义,但对 QFD 定义的基本内容是一致的。

日本将 QFD 分为综合 QFD 和狭义 QFD 两部分,统称广义 QFD。赤尾洋二将综合 QFD 定义为:"将顾客的需求转换成代用质量特性,进而确定产品的设计质量(标准),再将设计质量系统地(关联地)展开到各个功能部件的质量、零件的质量或服务项目的质量上,以及制造工序各要素或服务过程各要素的相互关系上",使产品或服务事前就完成质量保证,符合客户要求,它是一种系统化的技术方法。狭义 QFD 则由水野滋博士定义为:"将形成质量保证的职能或业务,按照目的、手段系统地进行详细展开",通过企业管理职能的展开实施质量保证活动,确保顾客的需求得到满足,它是一种体系化的管理方法。

Sulliven 将 QFD 定义为一个总体概念:它提供了一种方法,可以在产品开发和生产的每个阶段(包括市场分析和规划、产品设计、原型评估、生产过程、销售)把顾客需求转变为适当的技术要求,是保证达到顾客要求的产品质量所需的一切活动的总称。

一般认为,QFD 是从质量保证的角度出发,通过一定的市场调查方法获取顾客需求,并采用矩阵图解法将对顾客需求的实现过程分解到产品开发的各个过程和各职能部门中去,通过协调各部门的工作以保证最终产品质量,使得设计和制造的产品能真正地满足顾客的需求。简单地说,QFD 是一种顾客驱动的产品开发方法。

### 3. QFD 的基本模式

QFD 最早在日本提出的时候有 27 个阶段 64 个工作步骤,被美国引进后简化为四个阶段。被广泛采用的三种模式分别是综合 QFD 模式、ASI 四阶段模式和GOAL/QPC 模式。

综合 QFD 模式是一种以矩阵为基本元素的矩阵,通过几十个矩阵、图表来具体描述产品开发步骤。综合 QFD 模式主要包括质量展开、技术展开、成本展开和可靠性展开等。对于综合 QFD 模式,在具体实践时很少能够做到把质量展开和功能展开集成起来。

ASI 四阶段模式是目前主要的 QFD 分解模式。ASI 四阶段分解模式将顾客需求的分解过程分为四个阶段进行:

(1) 产品规划(product planning)阶段。该阶段通过产品规划矩阵,将顾客需求转换为技术需求(最终产品特征),并根据顾客竞争性评估(从顾客的角度对市场上同类产品进行的评估,通过市场调查得到)和技术竞争性评估结果确定各个技术需求的目标值。

(2) 零部件配置(parts deployment)阶段。该阶段利用前一阶段定义的技术需求,从多个设计方案中选择一个最佳的方案,并通过零件配置矩阵将其转换为关键的零件特征。

(3) 工艺规划(process planning)阶段。该阶段通过工艺规划矩阵确定为保证实现关键的产品特征和零件特征所必须保证的关键工艺参数。

（4）生产规划（production planning）阶段。该阶段通过工艺/质量控制矩阵将关键的零件特征和工艺参数转换为具体的质量控制方法。

通过这四个阶段，顾客要求被逐步展开为设计要求、零件特性、工艺特性和生产要求，将 QFD 的展开过程进行了分解，使 QFD 的展开过程更为清晰。

1988 年由 Hauser 和 Clausing 提出的质量屋（house of quality，HQQ）是 ASI 分解模型的基础和工具。ASI 模型中的每一个分解阶段对应一个质量屋。在分解过程中，上一步的输出就是下一步的输入，构成瀑布式分解过程，如图 5-3 所示。ASI 模式的最大优点是有助于人们对 QFD 本质的理解，有助于理解上游的决策是如何影响下游的活动和资源配置，其缺点是不适合复杂的系统和产品。由于 ASI 模式结构简洁，充分体现了 QFD 的实质，所以成为企业实践的主流模式。在理论研究上，许多学者也立足于该模式。本书后续客户需求的产品族的设计也主要基于该模式展开。

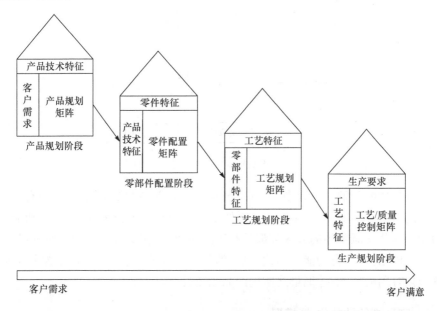

图 5-3　QFD 的 ASI（四阶段）模式

GOAL/QPC 模式被认为是一种比较精确和严密的系统化方法，共定义了 30 个矩阵。在分解过程中，根据需要从矩阵库中选择合适的矩阵进行分解。GOAL/QPC 模式的缺点是可理解性差，其中各种活动之间缺乏逻辑的联系，在应用上缺乏可操作性；其优点是比较适合复杂的系统和产品，比 ASI 模式具有更大的灵活性。

### 5.3.2　产品功能分解

要在已有产品的基础上建立产品族，首先要了解产品的功能。从技术实现的角度,对产品或设计系统进行理解称为功能。当产品或技术系统在特定约束条件下输入/输出时,功能是参数或状态变化的一种抽象描述。产品或技术系统的存在就是为了实现这些功能。考虑到系统的复杂性,为了使产品设计成功,需要将产品或技术系统的总功能分解为易于实现的基本功能。总功能可以分解为若干分功能、子功能,直至分解到支持功能或基本功能。

产品的功能分解过程可以按照实现功能的手段或因果关系来逐级分解。一级分功能包括实现总功能所需要采取的所有手段功能,二级分功能包括实现一级分功能所采取的所有手段功能,直至分解到可直接求解的支持功能,表示功能分解过程结束。功能分解的过程可用图 5-4 的功能分解树来表示,图中 1、2、3 是一级功能,21、22 是二级功能,221、222 是支持功能,不需要再分解。

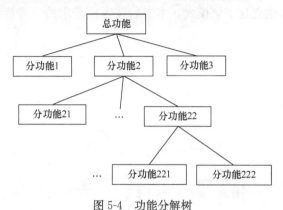

图 5-4　功能分解树

在进行功能分解的过程中,可以发现各功能的重要性是不同的:其中有一个功能是系统的主要功能,它是系统或子系统的用途或存在的价值标志;其他功能为辅助功能。这些功能项中的大多数都是有用的功能,但在实现有用功能的过程中,也会产生副作用,即有害功能。因此,只有消除了有害的功能、完善不完整的功能,保留并强化有用的功能,才能最终实现产品创新设计。

### 5.3.3　产品零部件的物-场模型

在已有产品的基础上建立产品族,除了要了解产品的功能,还要了解产品的结构以及各结构之间的关系。产品的功能系统是由许多支持功能组合而成的,而根据 TRIZ 理论中的物-场分析法,任何一个功能的实现都会至少存在两种物质(S)和一个场(F)。也就是说,产品结构是由许多与功能对应的物-场模型组合而成的,在产品的结构中,零部件是以物质的形式存在,并通过不同场之间的相互作用,组合成具有一定功能的产品。产品的零部件的存在都有其特定的理由,都是为完成某一功能而存在的,因此产品各零部件以及零部件之间的关系,可以通过物-场模型来进行形式化的表示。图 5-5 可表示产品零部件的物-场模型,其中,part 是指组成产品的零部件,o-part 是指组成产品的零部件之外的物质。各零部件之间组合起来完成了一定的功能。

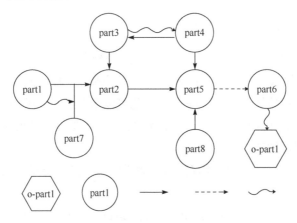

图 5-5  产品零部件物-场模型图

图 5-4 所示的功能分解树能够快速、简便地将产品的总功能分解为层次化结构,表征各子功能之间的各种关系,但不能描述各子系统之间的相互作用和联系,因此还需要对产品功能进行分析,建立功能流程图,从而明确各功能的性质、种类和相互联系。由图 5-5 所示的产品零部件物-场模型图可以清晰地看出各模型之间的相互关系,但它对每个模型所完成的功能没有描述。因此,可以将两个图组合成产品功能的物-场模型图,如图 5-6 所示,图中产品的功能以物-场模型的形式存

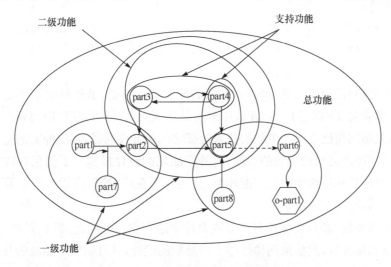

图 5-6  产品功能的物-场模型图

在,功能的分解以椭圆表示,这样既能快速、简便地表示各功能之间的因果和逻辑关系,还能全面地描述各子系统之间的复杂关系以及子系统功能原理的物-场模型。

### 5.3.4 质量功能配置质量屋的改进

QFD 是一种顾客驱动的产品开发方法,是一种在产品设计阶段进行产品质量保证的方法,其中 ASI 四阶段分解模型是目前主要的 QFD 模式。ASI 分解模型将顾客需求通过产品规划、零部件配置、工艺规划和生产规划四个阶段进行分解,将顾客要求逐步展开为设计要求、零件特性、工艺特性和生产要求,使 QFD 的展开过程更为清晰,顾客需求更加明确。

尽管 QFD 非常巧妙地将顾客需求和质量要素通过"质量屋"结合起来,但它也存在一定的问题。

传统的 QFD 只是针对单一产品的设计,其目标值只有一个,而随着大批量定制生产模式的兴起,产品族的设计已经成为主流,目前的质量屋结构还不能适应产品族的开发过程。产品族实际是多个功能相似的产品的集合,与单个产品的开发过程不同的是产品族的属性不是单一的,而是一个集合。对于同一个功能,产品族可能要求有多个实现方案,而对于同一结构,产品族可能要求有多个不同的尺寸。这些特征使得目前的质量屋结构难以实现产品族的开发。

传统的 QFD 忽略了顾客需求向设计要求的转化过程。将需求向设计要求的转化可以看成"黑箱"或者"灰箱",对于全新的产品,上述转化过程无从知晓,是"黑箱";对于产品的更新换代,是"灰箱",部分过程未知。缺乏有效的工具来辅助产品的设计过程,出现了从需求直接到产品的"跳跃式"转化。而产品族的设计比单个产品的设计过程更加复杂,牵涉的设计知识更多,必须结合相应的工具将产品的设计过程清晰化,使得产品的设计有迹可循。

对于 QFD 的瓶颈问题,即技术特征的冲突解决问题,虽然目前不再是束手无策,已有学者将 TRIZ 应用到 QFD 中解决其瓶颈问题,但将 QFD 应用到产品族设计中时,瓶颈问题已不再是单纯的技术特征之间的冲突问题,解决冲突的过程已经可以视为一种产品结构创新的手段,另外产品族的设计过程中不仅只有技术特征冲突,还有结构和结构之间的装配冲突,这些问题在将 QFD 应用到产品族设计时必须予以解决。

虽然目前的 QFD 要应用到产品族设计中还存在以上问题,但只要对 QFD 中的质量屋稍加改进,其框架同样适用于产品族的设计,并且能使产品族的开发过程更加清晰。

## 1. 产品规划质量屋的改进

产品规划质量以顾客需求为输入，以技术特征为输出，建立顾客需求和技术特征之间的关联并对技术特征进行目标值确定以及竞争评估，单一的顾客需求输入和技术特征输出无法体现产品族的全面性，如图 5-7 所示，将质量屋结构改进成以下几个部分。

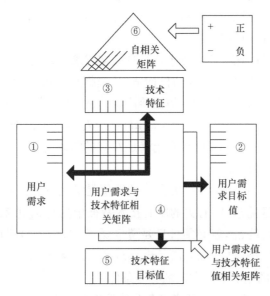

图 5-7　改进的产品规划质量屋

用户需求是产品规划质量屋的输入，在产品族设计时，表现为现有产品满足不了的需求，是需要在现有产品基础上进行功能、结构改进，或重新设计的才能满足的需求。需求的获取与处理在第 2 章中进行了介绍，其分类与通常情况类似。可以用一个集合来表示，$A = \{A_1, A_2, \cdots, A_n\}$，其中 $A$ 表示顾客需求集合，$A_i (1 \leqslant i \leqslant n)$ 是顾客的第 $i$ 项需求。

用户需求目标值是与用户提出来的现有产品不能满足的需求对应的需求值，和通常情况不同的是，这里的需求值是大量客户对同一需求提出的不同值的统计，是一个值的集合。用数学集合表示为 $A_i = \{a_{i1}, a_{i2}, \cdots, a_{im}\}$，表示根据统计，第 $i$ 项顾客需求有 $m$ 个需求值没有得到满足，其中 $a_{ij} (1 \leqslant j \leqslant m)$ 是第 $i$ 项顾客需求的第 $j$ 个需求值。

技术特征是那些为了满足输入的顾客需求而必须予以保证和实施的技术特征，是顾客需求赖以实现的手段和措施。由于是在已有产品的基础上进行产品族设计，所以产品的技术特征是基本确定的。用一个集合来表示，$D = \{D_1, D_2, \cdots,$

$D_p\}$，其中，$D$ 表示技术特征集合，$D_i(1\leqslant i\leqslant p)$ 是第 $i$ 项技术特征。

用户需求与技术特征的相关矩阵反映了从顾客需求到产品技术特征的映射关系。相关矩阵包括两层，有需求与特征之间的矩阵以及需求值与特征值之间的矩阵，考虑到用户需求与技术特征之间的复杂映射关系，给出以下定义。

**定义 5-1**　$\Gamma\{A_i,\Sigma\}=1$ 表示顾客需求 $A_i$ 与且仅与集合 $\Sigma$ 中的技术特征有关，其中 $\Sigma$ 是与 $A_i$ 有关的所有技术特征的集合。例如，$A_i$ 与且仅与 $D_j$、$D_k$ 有关，那么可以写成 $\Gamma\{A_i,(D_j,D_k)\}=1$；$\varphi(A_i,D_j)=1$ 则表示第 $i$ 个顾客需求与第 $j$ 个技术特征之间存在映射关系。

对于技术特征目标值，首先技术特征是顾客需求赖以实现的手段和措施，其值是针对该项技术特征所必须达到的目标值，是根据顾客需求的目标值以及顾客需求与技术特征的相关矩阵确定的，但值得注意的是，这里的目标值也是一个值的集合。采用数学集合形式表达为 $D_i=\{d_{i1},d_{i2},\cdots,d_{iq}\}$，表示根据统计，产品族中第 $i$ 项技术特征需要有 $m$ 个可能取值才能满足对应的需求，其中 $a_{ij}(1\leqslant j\leqslant q)$ 是第 $i$ 项技术特征的第 $j$ 个取值。

**定义 5-2**　$\Omega\{a_{ij},\Phi\}=1$ 表示集合 $\Phi$ 的取值是满足顾客需求 $a_{ij}$ 的充分必要条件，其中 $\Phi$ 是与顾客需求 $A_i$ 有关的所有技术特征中的与 $a_{ij}$ 值对应的所有技术特征取值。例如，要满足 $a_{ij}$，就必须且只要满足 $d_{kl}$ 和 $d_{se}(s\neq k)$ 即可，那么其关系可写成 $\Omega\{a_{ij},(d_{kl},d_{se})\}=1$；$\omega(a_{ij},d_{kl})=1$ 表示第 $k$ 个技术特征的第 $l$ 个取值是满足第 $i$ 个顾客需求的第 $j$ 个需求值的必要条件。

这里考虑到一个顾客需求可能与多个技术特征有关，因此，一个技术特征的满足只是必要条件。

自相关矩阵表征了改善产品某一技术特征的性能对其他技术特征所产生的影响。通常情况下是通过解决技术特征之间的冲突来改善产品的结构，而产品族设计的目标是满足顾客需求，只有当顾客提出的需求受技术特征之间的冲突影响时，才采用 TRIZ 冲突矩阵来解决冲突问题。因此在产品族设计阶段要对可能出现的冲突进行假设，并改善产品结构，结合延迟策略，使得当包含这一冲突的顾客订单到达时，相应的产品订单时间尽量缩短。

以上是改进后的产品规划质量屋的六个结构模块，其中最重要的是如何表达顾客需求与技术特征之间以及顾客需求值和技术特征值之间的关系。针对这一问题给出了三个定义，三个定义之间存在以下几种关系：

(1) 若 $\Omega\{a_{ij},\Phi\}=1$ 且 $\Phi$ 中包含 $d_{kl}$，则 $\omega(a_{ij},d_{kl})=1$；

(2) 若 $\omega(a_{ij},d_{kl})=1$，则 $\varphi(A_i,D_k)=1$。

结合定义以及定义之间的关系可以清晰地表达产品族设计时顾客需求与技术特征之间的关系，并进行关系计算。

### 2. 零部件规划质量屋的改进

零部件规划质量屋以产品技术特征为输入,可通过若干项零部件特征的描述来实现对产品技术特征的描述。零部件规划质量屋的主要基本组成部分为技术特征、关键零部件特征、关系矩阵以及关键零部件特征目标值。为了使其适应于产品族的设计过程,对质量屋的组成部分进行改进。改进的零部件规划质量屋主要包含五个组成部分,如图 5-8 所示。

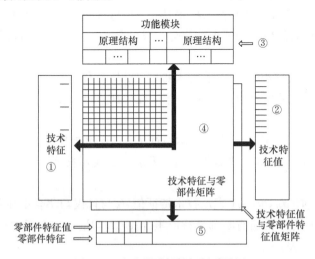

图 5-8　改进的零部件规划质量屋

技术特征与产品规划质量屋中的输出技术特征相同,同样用集合 $D = \{D_1, D_2, \cdots, D_p\}$ 表示,其中 $D$ 表示技术特征集合,$D_i (1 \leqslant i \leqslant p)$ 是第 $i$ 项技术特征。

技术特征值与产品规划质量屋中的技术特征目标值相同,用集合 $D_i = \{d_{i1}, d_{i2}, \cdots, d_{iq}\}$ 表示。

产品族结构主要包含三层结构:①功能模块层,指完成相同功能的多个原理结构的集合,能完成产品的一级分功能,如减速机的减速装置或动力装置,用集合 $B = \{B_1, B_2, \cdots, B_r\}$ 表示,$B$ 是功能模块集合,也可以说是产品族,产品族总共包含 $r$ 个一级分功能;②原理结构层,指完成某一功能的原理结构类型,如减速机中减速装置下的行星齿轮减速结构或蜗轮蜗杆结构减速装置,用集合 $B_i = \{B_{i1}, B_{i2}, \cdots, B_{iv}\}$ 表示,即第 $i$ 个分功能有 $v$ 个原理方案;③零部件层,指实现结构原理的零部件,如行星齿轮减速结构的行星轮、行星架、太阳轮等,用集和 $B_{ij} = \{B_{ij1}, B_{ij2}, \cdots, B_{ijg}\}$ 表示,即第 $i$ 个分功能的第 $j$ 个方案由 $g$ 个零部件组成。

技术特征与产品族结构矩阵分为两层:一层是描述技术特征与产品族结构的模块、结构、零部件等之间的关系;另一层描述技术特征值与零部件的具体特征以及特征值之间的关系。

零部件特征及特征值包含两层结构：零部件特征层，主要填写每个零部件的关键设计参数，如齿轮的模数、压力角、齿数、精度和材料等，用集合表示为 $B_{ijk}=\{B_{ijk1},B_{ijk2},\cdots,B_{ijkf}\}$，即某一零部件有 $f$ 个关键设计参数；零部件特征值层，主要填写同一零部件的同一关键设计参数的可选值，用集合表示为 $B_{ijkl}=\{B_{ijkl1},B_{ijkl2},\cdots,B_{ijklc}\}$，即某一设计参数有 $c$ 个可选值。

产品族设计时设计信息繁多，为了方便管理，对各集合之间进行以下定义。

**定义 5-3**　$E\{D_i,\Phi\}=1$ 表示技术特征 $D_i$ 与且仅与集合 $\Phi$ 中的功能模块有关，$\Phi$ 是与 $D_i$ 有关的所有功能模块集合；$\varepsilon\{D_i,B_j\}=1$ 表示技术特征 $D_i$ 与功能模块 $B_j$ 有关。

**定义 5-4**　$\Delta\{D_i,\Phi\}=1$ 表示技术特征 $D_i$ 与且仅与集合 $\Phi$ 中的原理结构有关，$\Phi$ 是与 $D_i$ 有关的所有原理结构集合；$\delta\{D_i,B_{jk}\}=1$ 表示技术特征 $D_i$ 与原理结构 $B_{jk}$ 有关。

**定义 5-5**　$N\{D_i,\Phi\}=1$ 表示技术特征 $D_i$ 与且仅与集合 $\Phi$ 中的零部件有关，$\Phi$ 是与 $D_i$ 有关的所有零部件集合；$\mu\{D_i,B_{jkl}\}=1$ 表示技术特征 $D_i$ 与零部件 $B_{jkl}$ 有关。

**定义 5-6**　$\Psi\{d_{ij},\Phi\}=1$ 表示技术特征值 $d_{ij}$ 与且仅与集合 $\Phi$ 中的零部件特征有关，$\Phi$ 是与 $D_i$ 有关的所有零部件特征集合；$\psi\{d_{ij},B_{klmn}\}=1$ 表示技术特征值 $d_{ij}$ 与零部件 $B_{klmn}$ 有关。

**定义 5-7**　$A\{d_{ij},\Phi\}=1$ 表示技术特征值 $d_{ij}$ 与且仅与集合 $\Phi$ 中的零部件特征值有关，$\Phi$ 是与 $D_i$ 有关的所有零部件特征值集合；$\alpha\{d_{ij},B_{klmns}\}=1$ 表示技术特征值 $d_{ij}$ 与零部件特征值 $B_{klmns}$ 有关。

零部件规划质量屋在产品族设计时最重要的是如何根据技术特征设计出相应的功能模块、原理结构以及结构中的零部件，并根据不同的技术特征值在不同原理结构的情况下设计出相似的零部件。

### 5.3.5　产品族结构内容设计

产品族的设计过程不是一个从无到有的过程，都有一定的产品基础。例如，电视机，最先出现的是小型的黑白电视机，其显像方式、接收信号方式都很单一，技术比较落后，经过一段时间的发展，客户有了其他需求，加上技术的进步，于是今天的彩色、液晶、数码电视机出现，完全可以开始进行产品族的建立。只有当产品的种类、功能等都多样化后，产品族才有建立的必要。本节讨论如何在原始产品的基础上，在现有技术的约束下根据客户需求建立产品族。

顾客对某个产品提出的要求，都必须是这个产品在该点上能够改动的，根据该点可以将顾客需求分为三类，分别是功能的增加、删减和改善。功能的增加和删减是针对产品附加功能的,是为了方便顾客使用、适应环境等额外因素设计的,当然附加功能也是能够改善的。产品的主要功能只能改善,改善某项性能或改善完成功能的原理,其最终的体现都是改变零部件或零部件属性,或零部件装配的某些特征。对于顾客提出的需求是功能的增加或删减这里不做讨论,主要研究如何对产品进行改善并将最终结果设计成产品族。

### 1. 基于改进的产品规划质量屋的问题挖掘

要根据顾客需求设计产品族,首先要知道顾客提出的需求针对的对象是什么,修改哪些才可能满足顾客提出的需求。由于顾客提出的需求是对原始产品在性能、原理、结构上的改变,所以顾客的需求必定在原始产品设计时的技术特征的支持下才能实现,即顾客需求、产品技术特征以及顾客需求与产品技术特征的关系都是存在的,只是因为当时的技术水平有限,或制造商生产能力的限制,或由于生产模式的缺陷导致利润不大等客观因素,使这些要求没有得到满足或者不能在同一制造商下得到满足。

产品技术特征值是根据顾客需求值以及技术特征与顾客需求的关系,通过设计计算得出的。技术特征与顾客需求其实是从两个不同的角度描述的相同问题。顾客需求是从产品使用的角度考虑的,而技术特征是从产品设计的角度描述的,因此参考原始产品设计是顾客需求值与技术特征值之间的转换关系,很容易就能实现顾客需求值与技术特征值之间的转化。但是值得注意的是,改进的产品规划质量屋中,顾客需求值和技术特征值都是离散的,只能形成点对点的映射,而实际情况是,某些顾客需求可以在一个连续的区域提出,这时顾客需求是由无数个离散值组成的,对应的技术特征值可能是有限的,也可能是无限的,分情况讨论:

(1) 若顾客需求值可以在一个连续的区域提出,而产品设计后,也可以通过连续的改变与之对应的技术特征值来满足需求,那么对顾客需求值不作要求,可以是可行域中的任意值。

(2) 若顾客需求值可以在一个连续的区域提出,而产品设计后,不能实现对应的技术特征值的连续改变,那么对顾客需求值作区域划分,每一个区域对应一个技术特征值,改进的产品规划质量屋中这类的需求的离散取值实际是离散区域。

以上针对的是一般顾客,即对于产品设计过程不甚了解,只知道从产品使用角度去考虑产品功能的顾客。还有一些顾客对于产品设计过程非常了解,甚至对于产品的技术、生产过程等都很了解,他们所提出的要求一般不需要经过转换,可以直接指导产品的设计和制造。

### 2. 基于改进的零部件规划质量屋的原理结构设计

找到顾客需求针对的对象就等于找到了设计的问题所在。接下来就是根据改进的零部件规划质量屋和物-场分析法来解决问题。

零部件规划质量屋主要分为两部分:技术特征和产品族结构。技术特征又分为两层,即技术特征层和技术特征值层;产品族结构分为五层,即功能模块层、原理结构层、零部件层、零部件特征层以及零部件特征值层。其中功能模块层是原始产品就有的,不需要设计,且技术特征层和功能模块层之间的关系也是已存在的。那么需要解决的问题是功能模块层下的原理结构的拓展和原理结构的零部件设计。设计完成之后,零部件规划质量屋技术特征和产品族结构之间的关系也就确定了。

要满足顾客需求即满足技术特征值要求,要满足技术特征值要求有两种方案:一种是在现有原理结构上改善,另一种是更换原理结构。下面首先介绍如何在现有原理结构上改善产品。

(1) 在现有产品原理结构上改善产品结构。在现有产品原理结构上改善产品结构是产品的纵向拓展、通过改变零部件特征值实现的。技术特征的改变最终都会反映到产品零部件特征值的改变上,在现有产品原理结构上改善产品结构,与技术特征相关的零部件也是已知的,甚至与零部件特征的关系也是已知的,只要根据技术特征值进行相关的设计计算就可以,如设计强度计算、寿命计算、价格计算等,这些都是最基本的设计计算,在此不做详细介绍。

(2) 通过更换原理结构改善产品结构。更换产品原理结构,是实现产品功能改善、产品结构横向拓展的根本手段,也是产品技术进步的表现。通过产品结构原理的更换,出现同一产品下的不同系列,或同一产品平台下的不同产品族。

根据前面的分析可知,顾客需求已经反映到了产品的原理结构层。下面用 8 个步骤实现产品原理结构的更换。

第 1 步　建立原始产品的如图 5-6 所示的产品功能的物-场模型。

第 2 步　根据现有产品中技术特征和功能模块之间的关系,寻找 $E\{D_i, X\} = 1$ 中的集合 $X, X$ 是一个功能模块集合。

第 3 步　在第 1 步的基础上确定集合 $X$ 中每个功能模块所包含的物-场区域,并根据待改善技术特征确定功能模块的物-场模型中的问题表现,确定造成问题的相关元素。这些元素肯定是该功能模块下、原始的原理结构中的物质或场。

第 4 步　选择物-场模型的一般解法。按照物-场模型所表现出的问题,查找此类物-场模型的一般解法,如有多个,则逐个进行对照,将可行的解法列举出来。

第 5 步　重建物-场模型。将一般解法与实际问题相对照,并考虑各种限制条件下的实现方式,在设计中加以应用,从而形成技术系统新的解决方案。

第 6 步　统计设计过程中,与改善的技术特征相关的原理结构、零部件以及与技术特征值相关零部件特征和零部件特征值,并对 $\Delta\{D_i, \Phi_1\} = 1, N\{D_i, \Phi_2\} = 1$ 两个关系式中的集合 $\Phi_1$、$\Phi_2$ 中的元素进行补充更新。

第 7 步　对与技术特征值相关的零部件特征值进行纵向拓展,并对 $\Psi\{d_{ij},$

$\Phi_3$ $\}$ $=1$ 中的集合 $\Phi_3$ 中的元素进行补充更新。

第 8 步 将设计后的新结构补充到改进的零部件规划质量屋中。

### 5.3.6 产品族结构关系设计

进行产品族结构内容设计时,只考虑了如何满足技术特征的改变或顾客需求,没有将各技术特征之间的关系考虑进来。在顾客需求中可能提出多个要求,也就意味着要同时满足几个技术特征,各个技术特征之间可能会出现冲突,称为技术特征冲突;根据技术特征进行的产品改善可能引起产品族结构之间的冲突,称为结构冲突。产品族结构关系设计过程就是冲突解决的过程。

#### 1. 技术特征冲突解决

改进的产品规划质量屋仍存在屋顶部分,即技术特征的自相关关系。当一个技术特征发生变化时会引起另一个技术特征也发生变化,若两种变化都向好的方面变化,表示它们之间是"协作"关系,是正相关,用"+"表示;若当一种技术特征的改善会引起另一个技术特征恶化时,它们之间的关系描述为"冲突",是负相关关系,用"−"表示。石贵龙等将 TRIZ 的冲突原理应用到 QFD 中,并解决了质量屋中的技术冲突,其最终结果是用新的产品结构代替原有的结构。冲突解决过程在这里不进行详细介绍,但对解决的结果还要进行后续处理。

新产品结构的出现对于产品族就是产品族结构的拓展,必须将其融合到产品族中,并对新结构的零部件、零部件特征和零部件特征值进行分类,确定与技术特征之间的关系,即对 $\Delta\{D_i,\Phi_1\}=1$、$N\{D_i,\Phi_2\}=1$、$\Psi\{d_{ij},\Phi_3\}=1$ 中的三个集合 $\Phi_1$、$\Phi_2$、$\Phi_3$ 进行补充更新。

#### 2. 结构冲突解决

结构冲突是设计者假设顾客提出需求之后,各需求对应的结果之间可能出现不能装配的情况,或者顾客需求对某个产品零部件特征值提出了两次要求,且不相同。这些情况在产品族设计时都必须予以考虑,分门别类地进行标注,以尽量提高产品族的延迟程度,缩短订单的响应时间。

从零部件装备角度考虑,结构冲突解决其实是对产品族中的各零部件之间关系的一种统计,在产品配置时,这种关系就是所谓的约束。因此在统计时,必须将所有零部件都包括进去,逐一统计,然后再去重,得到产品族中各零部件之间的合理关系,也就是配置约束。判断两个零部件之间是否存在合理关系有如下三个标准:

(1) 零部件之间能够正常装配。零部件之间能够正常装配是指两个零部件不采用非正常手段,通过彼此的接口能够机械地装配到一起。例如,一个螺钉和螺母的装配,其接口螺钉的公称直径、螺纹类型和螺母的公称直径、螺纹类型必须能够相互匹配才能装备到一起,若焊接在一起,对于螺母和螺钉属于非正常手段,对于两个焊接件,可以看成一个零件。一般情况下,通过正常手段装配在一起的两个零部件都是可以正常拆卸的。

任何零部件要和其他零部件连接都有相应的物理接口,如电路板上的插槽和数据线的插头、齿轮和轴的键连接等。在判断两个零部件能否正常装配时首先看两个零部件的物理接口及其连接类型是否符合,例如,电路板的插槽和键分别属于不同的连接类型,肯定是不能连接的。若连接类型相同,例如,轴和联轴器有连接类型相同的接口,可到设计手册查找该类连接对两个连接零部件的接口要求。若两个接口都满足要求,说明两个零部件能够正常装配。

(2) 能够完成特定的功能。从产品功能的物-场模型可以看出,任何两个零部件组合在一起都是为了完成一定的功能,在产品中不允许有无用零部件的存在,也不允许随意装配。因此,两个零部件能够正常装配,且能完成产品中的某个特定功能,是两个零部件能够装配合理的必要条件。值得注意的是,这里的功能不仅仅指主要功能,还有一些辅助功能,总之必须是产品中某个方案原理下所必需的功能。

(3) 避免资源的不必要浪费。两个零部件之间能够合理装配,还要求避免不必要的资源浪费。这里的资源是广义上的资源,可以是材料、能量、功能等。例如,一个能够正反转的电动机与一个只能正转的变速箱,虽然两个部件之间能够正常装配,也能完成一定的功能,但是却浪费了电动机的反转功能,这是一种资源的浪费,这种情况也是不允许的。所谓不必要的资源浪费,是指肯定会发生且无法改变的资源浪费。例如,电动机在转动的同时会产生摩擦热,这种热能的浪费就是无法避免的。

**定义 5-8**　产品族中所有零部件是一个集合,集合 $K$ 是其子集,$K(B_{ijk})$ 表示能够与零部件 $B_{ijk}$ 合理装配的所有零部件集合。若用 FR 表示两个零部件连接所完成的功能,那么 $FR(B_{123}, B_{125})$ 表示零部件 $B_{123}$ 和 $B_{125}$ 所完成的功能,例如,"$FR(B_{123}, B_{125})=$支撑"表示零部件 $B_{123}$ 和 $B_{125}$ 因为支撑功能连接在一起。

根据以上三个标准及定义 5-8 将产品族中零部件之间的约束进行整理,得到图 5-9 所示的网状零部件约束关系。其中零件 part1、part2、part3 和 part4 通过功能 $FR_1$ 连接起来,即 $K(part1)=\{part2, part3, part4\}$ 且 $FR(part1, part2)=FR(part1, part3)=FR(part1, part4)=FR_1$。其他零部件之间也可采用类似的形式表示,零件 part2、part3 和 part6 通过功能 $FR_2$ 连接,即 $K(part6)=\{part2, part3\}$ 且 $FR(part2, part6)=FR(part3, part6)=FR_2$;零件 part4 和 part5 通过功能 $FR_3$ 连接,且 $FR(part4, part5)=FR_3$;零件 part5、part6 和 part7 通过功能 $FR_4$ 连接,即 $K(part7)=\{part5, part6\}$ 且 $FR(part5, part7)=FR(part6, part7)=FR_4$。

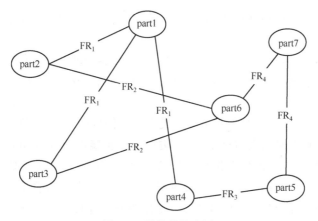

图 5-9　零部件约束图

　　基本零部件连接在一起所完成的功能可能是支持功能,根据产品的功能分解树,结构支持功能就能够组成一个次低级的分功能,将各分功能组合起来就能形成产品的总功能,产品设计的目的就是实现总功能,因此若将产品族所有的零部件连接关系用图 5-9 所示的关系连接起来,就可形成一个产品族的功能结构图,如图 5-10 所示。将各零部件的合理装配关系全部用线表示,并标注上功能,就能形成产品族结构的网状图,以实现总功能为目的将其中的功能进行组合,组合之后的图就是一条一条的原理路线,如图 5-10 所示的虚线、实线、点划线就是三条原理路线,每条路线都能实现总功能。若是将线改成物-场模型中的场(F),就是整个产品族的物-场模型。

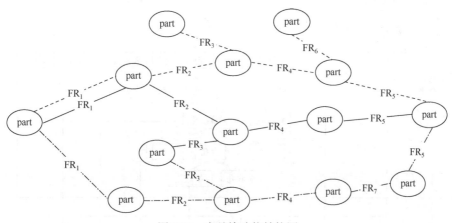

图 5-10　产品族功能结构图

### 5.3.7　零部件模块化

　　以往的产品族模块化都是功能的模块化,提高了产品配置时资源的可重用性,而对产品制造时的规模性帮助不大。若以零件物理结构的相似性进行零件结构的模块化划分,将结构外形相似的零件划分成一个模块,这对其加工制造的规模性的提高有很大帮助。

零件的加工主要由三部分组成:材料、外型和热处理。模块化可以使不同零件的加工部分通用化,形成通用模块,然后在通用模块上进行差异加工,形成不同的零件。因此外型的相似是零件模块化的主要制约因素。图 5-11 对零件加工的构成进行了划分,零件的外型主要由零件类型和零件特征组成,零件类型及其尺寸决定了零件的空间大小和主体外型,零件类型相同且属性相同或相差很小是两个零件划分模块的起始点,再往上推就是零件毛坯,对毛坯进行模块划分是没有意义的。零件的特征是区别同类型零件的标志。零件特征是在零件类型的基础上加工的,假设有两个零件 $C_1$、$C_2$,且零件 $C_1$ 具有特征集合 $\{c_{11}, c_{12}, \cdots, c_{1n}\}$,零件 $C_2$ 具有特征集合 $\{c_{21}, c_{22}, \cdots, c_{2m}\}$,两个集合中相同的特征称为匹配特征,无论属性是否相同,若 $c_{11}$ 和 $c_{21}$ 是相同特征,可记为 $(c_{11}, c_{21})$。若两个零件拥有匹配特征,在零件类型上的位置相同且匹配特征的属性相同或相差很小,则该匹配特征可以作为其通用特征,与通用类型一起形成了零件 $C_1$、$C_2$ 的通用模型。这里的相差很小是相对的,只要两个零部件的属性在其加工余量的调整范围之内能够相同就可行。

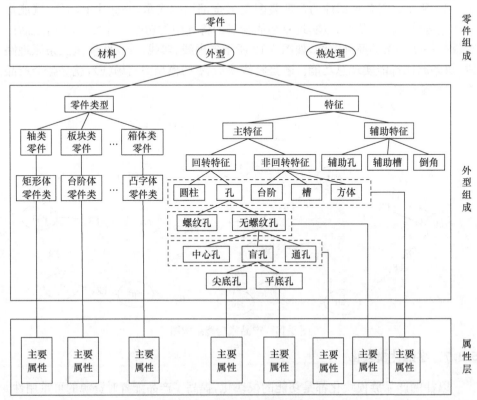

图 5-11　零件及其组成关系图

　　模块划分的过程可用图 5-12 表示，首先提取零件 $C_1$、$C_2$ 的类型，若类型不相同，停止划分；若相同则继续以其类型属性进行判断，若类型属性不相同，停止划分；若类型属性相同，则将其类型作为通用模块，并进入零件特征划分；寻找零件的匹配特征，若没有匹配特征，则结束，其通用部分为其类型；若有匹配特征，则看其在零件中的位置是否相同，若不相同，停止划分，并继续返回寻找并检测下一匹配特征，直到所有匹配特征检测完；若相同，则进入匹配特征属性检测，若属性不同，停止划分，并返回寻找并检测下一匹配特征；若属性相同，则该匹配特征为通用特征，划入通用模块，并返回寻找并检测下一匹配特征，直到所有匹配特征检测完。

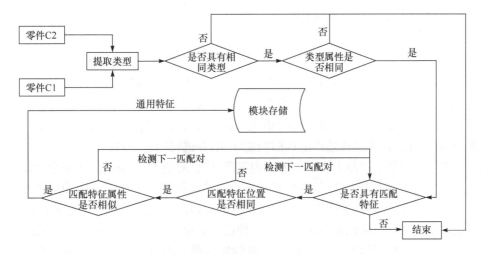

图 5-12　产品模块划分流程

　　综上可以看出，零件的通用特征越多，其差异化的部分就越少，而具有相同通用特征的零件数量也就越少。零件在通用模型上进行差异化加工的地方可以称为差异点。差异点是延迟策略主要研究内容之一。零件通用化程度和规模性的冲突的解决在生产中称为差异点定位问题，将在第 8 章详述。

## 5.4　建立产品族结构的本体模型

### 5.4.1　产品族结构分析

　　根据产品族设计时的改进零部件规划质量屋中的内容，产品族结构主要包括产品功能、原理、零部件、零部件特征和零部件特征值，可将其归为三类：功能类、原理类和零部件类。产品族结构层次可用图 5-13 表示。

　　产品的功能模型是从产品功能结构上去理解产品功能，产品功能模型描述一

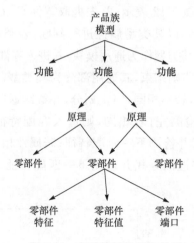

图 5-13　产品族结构层次关系

个产品对象应该具有的功能及功能组成。客户对待一个产品往往不关心其具体结构如何,由哪些零部件组成,而是关心这个产品究竟能实现哪些功能,反映在客户需求中的往往是一些与功能有关的功能特性参数或功能选项。因此,在建立产品族结构模型时,首先要描述产品族的功能知识,并进行功能分解。

原理模型是从产品工作原理上去理解产品的,对应于功能模型,每一个功能都有其实现的原理方案,可以是一个或是多个。产品族是一个具有不同功能属性的多个相似产品的集合,原理方案的差异是导致相似产品之间产生差异的主要原因,因此功能描述之后应该对实现功能的原理进行分描述。零部件是描述最终组成产品的一系列的物理结构个体。每个功能的实现都是由具体的物理零部件来执行的,每个原理的实现都是一系列物理零部件的有规律的组合。因此对零部件的描述是产品族结构分析的最重要部分。零部件要通过其标识、特征以及特征值去识别,零部件特征是每个零部件所特有的,其值的不同使得零部件最终能实现的功能不同。零部件端口是零部件之间进行组合连接的必需结构,零部件端口决定了零部件之间的组合规律,并最终影响功能和原理的实现。

## 5.4.2　产品族结构本体

基于以上分析,产品族结构本体定义为一个三元组:PFOnt＝(PF,PFCon,PFAss),PF＝{产品族结构域},即由产品族结构中描述产品的概念实体和概念关联构成。其中 PFCon 是概念实体集,是一个五元组,PFCon ＝ (Func,Prin,Parts,Attr,Value),Func 是功能集,Prin 是原理结构集,Parts 是零部件集,Attr 是零部件特征,Value 是零部件特征值。表 5-2 表示了 PFCon 的概念实体集。

表 5-2　**PFCon 的概念实体集**

| 类型 | 子类型 | 概念实体 | 描述 |
|---|---|---|---|
| 功能（Func） | | Function | 功能 |
| | | Fid | 功能标识 |
| | | FType | 功能类型 |
| | | Fdes | 功能描述 |
| 原理（Prin） | | Principle | 原理 |
| | | Prid | 原理标识 |
| | | PrType | 原理类型 |
| | | Prdes | 原理描述 |
| 零部件（Parts） | Paid | Part | 零部件 |
| | | Paid | 零部件标识 |
| | | Attr | 属性 |
| | AttrS | Aid | 零部件特征标识 |
| | | AType | 零部件特征类型 |
| | | Dom | 零部件特征值域 |
| | | Value | 零部件特征值 |
| | PortS | Port | 端口 |
| | | PName | 端口名称 |
| | | PoType | 端口类型 |
| | | PoSize | 端口尺寸 |

功能集 Func 是一个三元组，Func＝（Fid，FType，Fdes），Fid 是功能标识，FType 是功能类型，Fdes 是功能描述。

原理结构集 Prin 是一个三元组，Prin＝（Prid，PrType，Prdes），Prid 是原理标识，PrType 是原理类型，Prdes 是原理描述。

零部件集 Parts 是一个三元组，Parts＝（Paid，AttrS，PortS），Paid 是零部件标识，AttrS 是零部件特征集，PortS 是零部件端口集。其中零部件特征集 AttrS 是一个四元组，AttrS＝（Aid，AType，Dom，Value），Aid 是零部件特征标识，AType 是零部件特征类型，Dom 是零部件特征值域，Value 是零部件特征值；零部件端口集 PortS 是一个四元组，PortS＝（Port，PName，PoType，PoSize），PName 是端口名称，PoType 是端口类型，PoSize 是端口尺寸。

PFAss 是概念关联集，表 5-3 列出了 PFAss 中主要包含的关联关系。关联构成规则定义了关联关系作用的概念实体,箭头表示了关联关系的作用方向。这些关联关系表示了用户需求域中的概念实体间的语义关系。

表 5-3　PFAss 概念关联集

| 概念关联 | 构成规则 | 描述 |
|---|---|---|
| Sup-function | Function→Function | 功能分解 |
| Optional-prin | Function→Principle | 可选原理 |
| Realize-prin | Part→Principle | 原理实现 |
| Has-part | Part→Part | 聚合关系 |
| Has-port | Part→Port | 含有端口 |
| Connection | Port→Port | 端口连接 |
| Optional-part | Part→Part | 可选部件 |
| Compatible | Part→Part | 相容关系 |
|  | Principle→Principle | 相容关系 |
| Incompatile | Part→Part | 排斥关系 |
|  | Principle→Principle | 排斥关系 |

为了便于描述产品族结构的本体模型,将概念关联集转化为有向图进行表示,如图 5-14 所示。表 5-3 中的相容和排斥关系不在图中表述。

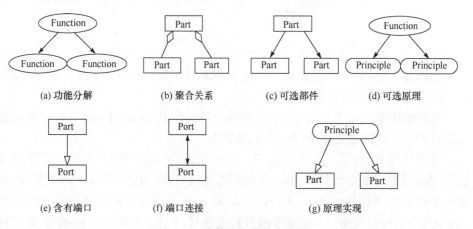

(a) 功能分解　　(b) 聚合关系　　(c) 可选部件　　(d) 可选原理

(e) 含有端口　　(f) 端口连接　　(g) 原理实现

图 5-14　本体概念关联有向图

基于以上定义,产品族结构的本体模型如图 5-15 所示。

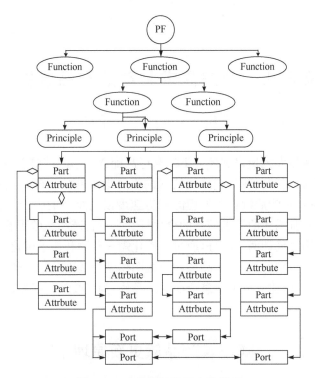

图 5-15　产品族结构的本体模型

## 5.5　本章小结

本章结合 TRIZ 中的物-场分析法和 QFD 理论,首先进行了产品的功能划分,然后运用结构设计的方法对产品族进行设计,简化了产品族的模块划分;对零部件进行了结构模块划分,提高了企业资源的共享;建立了产品族的本体模型,使得产品族结构及其各结构之间的关系更加清晰明了,为提高产品配置效率奠定了基础。

# 第6章 动态需求驱动的产品族更新

## 6.1 引　　言

产品族更新是大批量定制环境下提高产品配置效率的重要手段。在已有产品族的基础上,产品族的更新是产品族技术的重要组成部分。产品族描述的需求信息的全面性,直接影响后续订单处理的相应速度以及企业的生产规模,因此,迫切需要提高产品族所描述的需求信息的全面性。本章将产品族的更新分为动态需求的获取和新结构的设计两个部分,通过个性化需求预测和需求进化获取动态需求,并以亲和度进行识别确认,以产品族的四视图模型为基础,研究新需求到新结构的设计和融合过程,以建立需求信息全面的产品族,为提高产品配置的获取效率奠定基础。

## 6.2　产品族更新原理

满足客户需求是大批量定制的最终目标,客户需求导向的产品族能有效提高企业竞争力。客户需求分为静态需求和动态需求,静态需求是指在建立产品族之前,通过市场调查、销售历史、客户反馈信息以及维修信息统计等得到的客户需求,用于指导在已有产品的基础上进行产品族的建立;动态需求是指产品族建立之后,且已开始进行订单配置设计时出现的即时客户需求和潜在客户需求。即时客户需求是客户在使用产品时,根据产品使用情况提出的一些新需求;潜在客户需求是从需求的进化趋势的角度出发,根据需求发展趋势,对未来的需求进行预测。产品族更新主要分为两部分,即动态需求的获取和动态需求的结构设计与融合。

根据大批量生产方式的最终目标,产品设计应该围绕客户需求展开,产品族模型也应采用多视图的建模方法,将以客户需求、功能、原理、结构四个不同的视图完整地表达产品族信息,支持客户按产品需求对产品进行直接配置,各模型之间通过映射关系有机地衔接起来,进而快速配置出能够满足客户个性化需求的最终产品。

结合产品族多视图模型,产品族的更新过程如图 6-1 所示。产品族的更新过程是动态需求获取及动态需求到功能、原理、结构的映射及融合过程。以个性化需求预测和需求进化为动态获取的手段,将动态需求用特征和特征值表示,通过与已有产品族中的需求特征与需求特征值之间的识别确认,得到产品族中没有的需求,建立需求(CN)、功能(FR)、原理(DP)和模块(M)之间的映射关系,将动态需求映射为结构模块,融合到已有产品族中。

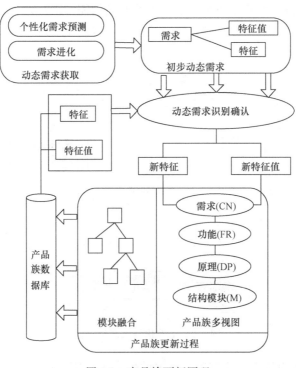

图 6-1　产品族更新原理

# 6.3　动态需求获取

## 6.3.1　个性化需求预测

从客户角度出发,客户需求是不断变化的,在客户选择或使用产品的过程中,随时都有可能产生新的客户需求。个性化需求预测是指以单一客户为预测对象,以该客户的即时需求为预测内容,根据客户前几次购买产品所包含的部分信息和新需求产生过程中新产品的与需求有关的信息进行预测,作为产品族更新的新需求获取的一种手段。

客户购买产品之后,在产品使用过程中,对产品的同一功能,不同客户会提出不同要求,这就是客户需求的个性化。实际上个性化需求的产生过程可以用一个循环来表示,如图 6-2 所示,图中等待和接收已购买产品的过程实际就是客户使用上次已购买产品的过程,在客户使用已购买产品的同时,会发现产品存在的一些问题,或者某些优点,使得客户对产品更加熟悉,更加明确地知道自己需要什么样的产品,因此更容易在已有产品的基础上提出一些个性化需求。当产品使用一定时间之后,客户会计划购买新的产品,这时,客户会将上次使用产品时发现的问题,以及一些想法进行整理,并作为对计划购买的产品的需求对厂家提出,同时,客户还会对产品的购买渠道、品牌、价格、规则等信息进行收集,以决定最终购买产品,进入下一次的等待。

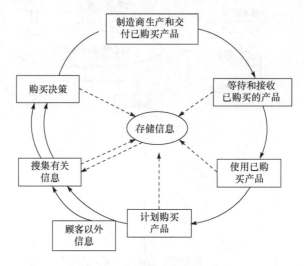

图 6-2　个性化需求产生过程

客户通常认为新产生的信息比过去的信息更有用、更可靠。若掌握客户使用此次购买产品的信息,并搜集下一次购买产品时客户搜集并存储的信息,将其作为动态需求加入产品族中,对于客户下次购买时,或同类订单到达时,订单的响应时间将缩短。传统需求预测方法难以保证个性化需求的预测准确率,增加预测所用信息,尤其是增加与需求直接相关的信息对降低需求预测误差有很大帮助,这就是个性化需求预测。

传统需求预测是通过一定的算法,提前确定产品的生产数量,这种预测方法只适合产品品种数量很少时。随着需求的日益个性化,产品越来越多样化,以算法来预测已经很难保证同时满足数量预测和个性化预测,此时需要选择恰当的方法,建立个性化需求预测系统,以达到快速响应客户个性化需求的目的。

首先,制造商必须与客户建立需求信息共享合作机制,以保证制造商能够及时准确地获取客户需求产生过程中产生的与需求有关的信息;同时,制造商内部也要建立专门的预测部门,每个客户都有专门预测小组负责提高个性化需求预测的准确性,在专门预测部门获得与客户需求有关的信息之后,每个客户的专门预测小组

分成两个预测执行小组。基于同样的与客户需求有关的信息,两个预测执行小组
分别从客户的角度和价值观出发,理解与需求有关的信息,然后细分化和形式化与
客户需求有关的信息,将两个预测执行小组得到的个性化需求预测结果进行比较
和分析。如果两种预测结果不一致,找出不一致的原因,并重新预测。如果两种预
测结果一致,则将预测结果反馈给客户,从而为客户提供比通常的售后服务更有价
值的服务。与此同时,将预测结果当做个性化动态需求,并经过识别、映射,实现对
产品族的更新。个性化需求预测流程如图 6-3 所示。

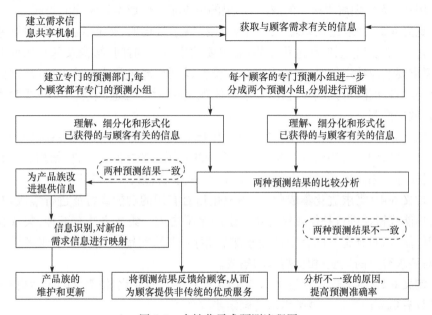

图 6-3　个性化需求预测流程图

## 6.3.2　需求进化

根据 TRIZ 中的进化原理,需求处于进化状态,且进化过程遵循以下几条规
律,如图 6-4 所示。

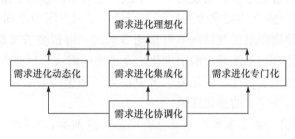

图 6-4　需求进化定义系统

**定义 6-1**（进化理想化）　减少需求响应时间、成本及副作用,增加需求数量,提高产品质量是需求进化趋势。用式(6-1)定性描述如下:

$$I = \frac{\sum_{i=1,j=1}^{\infty} Q_i Q_j}{\sum_{k=0}^{m} C_k + \sum_{l=0}^{n} H_l} \qquad (6-1)$$

式中,$I$ 为需求进化理想化水平;$Q_j$ 为需求质量;$Q_i$ 为需求数量;$H_l$ 为实现需求的副作用;$C_k$ 为实现需求所需的成本,这里的成本是一般成本和时间的集成。

**定义 6-2**（需求进化动态化）　动态化指需求按场所、职业、时间、空间等变化而变化。该定义包括四种进化趋势:需求要适应空间、时间、结构及基本条件的变化;需求要适应特定的时间、地点、形式、位置、场所、地区及特定的人群;需求向自动化与半自动化、可控制性进化;需求将体现民族特性、性别、年龄、职业、受教育水平、宗教信仰等。

**定义 6-3**（需求进化协调化）　协调化指对需求进行改进,减少系统中的不协调因素,这里的不协调因素主要指构成系统的各子系统之间在条件、结构、空间、参数、时间等方面的失调导致失望、矛盾、破产、战争、腐败、生态破坏等。

**定义 6-4**（需求进化集成化）　集成化指对有用的功能或特征进行集成,对有害的功能或特征进行补偿或保持在一定的水平之内。集成方法有五种:集成相同或相似需求;对具有不同特征的需求进行相似划分;对需求进行竞争或多样化划分;对需求种类的集成;相反需求的集成。

**定义 6-5**（需求进化专门化）　专门化指将需求专业化,使需求的表达更精确,并且具有更高的质量。该类需求的确定步骤如下:

（1）将需求中最重要的部分提取出来;

（2）对提取的需求进行扩展;

（3）改进条件,优先充分满足这部分需求。

以上五条定义是需求进化的方向,都是以需求进化理想化水平无穷大的状态为最终进化目标,进化过程中出现的每一个或一组未来需求都是新需求。

基于需求进化定义的需求预测原理如图 6-5 所示。图中纵向包括三个区:已满足需求区、可预测需求区及目前不可预测需求区。可预测需求是指可通过需求进化定律预测的需求,不能通过需求进化定义预测的需求为目前不能预测的需求。相比而言,可预测需求区比已满足需求区更接近于理想的需求状态。横向包括五个区,分别表示五条定义的进化区域。

产品创新可分为创造未来产品及已有产品改进两类,产品族更新是在已有产品的基础上进行改进,并将产品改进的部分融合到产品族中的过程。已有产品可以是本企业正在生产中的产品或其他企业生产的竞争产品。在不违反专利规则情

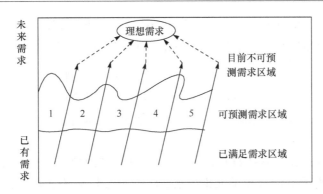

图 6-5　需求预测原理

1-理想化；2-动态化；3-协调化；4-集成化；5-专门化

况下，在已有产品上进行概念创新，是企业级产品创新的常用手段。确定产品原型之后，分析该产品目前所存在的问题或希望，确定新需求。具体步骤如下。

第 1 步　确定产品原型，可以是任意产品。

第 2 步　分析原型产品的缺点或问题，采用社会调查、用户之声、产品沟通会等传统方法。

第 3 步　根据需求进化定律逐条分析产品未来的缺点和问题。

第 4 步　将已存在的和未来的缺点及问题进行系统的分类。

第 5 步　结合开发人员的经验分析上述需求，确定新需求。

# 6.4　动态需求的识别及确认

## 6.4.1　动态需求的识别

初步获取的动态需求需要经过识别才能添加到产品族中。要识别动态客户需求，首先要对客户需求在产品族客户需求模型的基础上进行亲和度分析。客户需求的亲和度是指客户需求之间的同一度、相似度。当亲和度达到一定程度时，客户需求之间可以相互替换，对于客户是无差别的。客户需求亲和度为 1 表示需求完全相同。

根据客户需求的知识表达，可将需求表示为 $\{N_1, N_2, \cdots, N_m\}$，假设在经过动态需求获取之后，需求的向量表示为 $\{N_1, N_2, \cdots, N_m, N_{m+1}, N_{m+2}, \cdots, N_{m+x}\}$，其中 $\{N_{m+1}, N_{m+2}, \cdots, N_{m+x}\}$ 是动态需求，而客户需求具有的特征值为 $\{N_{ij} \mid i=1,2,\cdots, m; \forall j \in (1,2,\cdots, n_i)\}$，动态需求未经识别的客户需求特征值为

$$\left\{ N_{ij} \left| \begin{array}{l} i=1,2,\cdots, m, m+1, m+2,\cdots, m+x; \\ j=\left\{ \begin{array}{ll} \forall j \in (1,2,\cdots, n_i, n_i+1, n_i+2,\cdots, n_i+y_i), & \text{如果 } i \leqslant m, \text{且 } n_i \text{ 有特征值} \\ j \in (1,2,\cdots, n_i), & \text{否则} \end{array} \right. \end{array} \right. \right.$$

令 $G=\{N_1,N_2,\cdots,N_m,N_{m+1},N_{m+2},\cdots,N_{m+x}\}$，$H=\{N_1,N_2,\cdots,N_m\}$，构建 $m\times(m+x)$ 阶矩阵 $T$，$t_{ij}$ 为矩阵元素，其取值由专家评价得到：

$$t_{ij}=\begin{cases}0, & \text{需求特征 } N_i \text{ 与 } N_j \text{ 无关联}\\ 1, & \text{需求特征 } N_i \text{ 与 } N_j \text{ 有关联}\end{cases}$$

**定义 6-6** $S$ 为一有限集合，$|S|$ 表示集合 $S$ 的元素个数，称为秩数，由此可得下面定义：

(1) $S_H(N_j)$ 表示集合 $H$ 中的元素与集合 $G$ 中的元素 $N_j$ 有关联的元素集合，则 $|S_H(N_j)|$ 表示集合 $H$ 中的元素与集合 $G$ 中的元素 $N_j$ 有关联的元素个数，可表示为 $|S_H(N_j)|=\sum\limits_{i=1}^{m}t_{ij}$；

(2) $N_j$ 与 $N_k$ 为集合 $G$ 中的元素，则 $|S_H(N_j)\bigcap S_H(N_k)|$ 表示集合 $H$ 中同时与 $N_j$ 和 $N_k$ 都有关联的元素个数。

$N_j$ 对 $N_k$ 的亲和度可表示为

$$R(N_j,N_k)=|S_H(N_j)\bigcap S_H(N_k)|/S_H(N_j) \tag{6-2}$$

特殊情况集合 $H$ 中与 $N_j$ 和 $N_k$ 相关联的元素都不存在时，$N_j$ 和 $N_k$ 的亲和度为 0；如果集合 $H$ 中与 $N_j$ 和 $N_k$ 相关联的元素都相同，则 $N_j$ 和 $N_k$ 的亲和度为 1。一般情况下亲和度在 $(0,1)$ 区间。

设 $R=(r_{ij})_{(m+x)\times(m+x)}=\begin{bmatrix}r_{11} & r_{12} & \cdots & r_{1(m+x)}\\ r_{21} & r_{22} & \cdots & r_{2(m+x)}\\ \vdots & \vdots & & \vdots\\ r_{(m+x)1} & r_{(m+x)2} & \cdots & r_{(m+x)(m+x)}\end{bmatrix}$，用来表示集合 $G$

中的任意两个元素之间的亲和度矩阵，简称亲和度矩阵，其中 $r_{ij}=R(N_i,N_j)$。

以上为客户需求特征的亲和度分析过程，客户需求特征值的亲和度分析过程类似。

### 6.4.2 动态需求的确认

客户需求亲和度分析之后，即可在此基础上进行动态需求确认。分别从客户需求特征和客户需求特征值两个层次进行亲和度分析，根据客户需求特征 $\{N_i|i=1,2,\cdots,m\}$ 及客户需求特征取值 $\{N_{ij}|i=1,2,\cdots,m;\forall j\in(1,2,\cdots,n_i)\}$ 中的信息，确认需求特征衍生型和需求特征值衍生型动态需求。动态客户需求确认的过程不能忽略客户的参与。

(1) 客户需求特征亲和度分析显示，集合 $\{N_j|j=m+1,m+2,\cdots,m+x\}$ 中的客户需求特征 $N_j$ 对集合 $\{N_i|i=1,2,\cdots,m\}$ 中的需求特征 $N_i$ 的亲和度不满足要求，这种情况下，可确认 $N_j$ 为需求特征衍生型动态客户需求。

（2）根据客户需求特征亲和度分析，集合 $\{N_j|j=m+1,m+2,\cdots,m+x\}$ 中的客户需求特征 $N_j$ 对集合 $\{N_i|i=1,2,\cdots,m\}$ 中的需求特征有满足亲和度要求的 $N_i$ 存在，此时需要与客户进行交互，把需求特征 $N_i$ 推荐给客户，若客户不满意，则重新进行亲和度分析，并选择新的满足亲和度要求的需求特征。遍历所有满足亲和度要求的需求特征之后客户仍不满意，则可确认 $N_j$ 为动态需求；若客户对推荐的需求特征 $N_i$ 满意，则继续进行客户需求特征值亲和度分析。根据分析结果，分为两种情况：

① 若客户需求特征值 $\{N_{ij}|j=1,2,\cdots,n_i\}$ 中有满足亲和度要求的需求特征值 $N_{ij}$ 存在，则该客户需求特征不是动态需求。

② 若客户需求特征值 $\{N_{ij}|j=1,2,\cdots,n_i\}$ 中找不到满足亲和度要求的需求特征值，这时如果企业条件允许，则可确认该项客户需求特征值为客户需求特征值衍生型动态需求；如果企业技术条件不允许，则从相应的需求特征值 $\{N_{ij}|j=1,2,\cdots,n_i\}$ 中选取一个相近的值推荐给客户，如果客户满意，则该项需求确认为非动态需求，如果客户不满意，则终止与客户的交互。

动态客户需求确认的交互过程如图 6-6 所示。

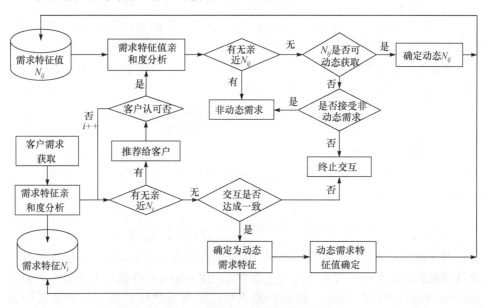

图 6-6　动态客户需求识别过程

需求特征衍生型动态需求实际上是对客户需求的第一层次需求特征 $\{N_i|i=1,2,\cdots,m\}$ 数目上的扩展。动态需求由原先的 $x$ 个，经过动态需求的识别，变成现在的 $p$ 个。由此可将动态需求特征表达为 $\{N_{m+1},N_{m+2},\cdots,N_{m+p}\}$。相应的每个需求特征衍生型动态需求的需求特征也可能有 $n_i(i=m+1,m+2,\cdots,m+p)$ 种可

能的取值。

经过客户需求的识别和表达,客户需求特征可表示为

$$\{N_i \mid i=1,2,\cdots,m,m+1,m+2,\cdots,m+p\}, \quad 1 \leqslant p \leqslant x$$

将客户需求特征值表示为

$$\left\{ N_{ij} \,\middle|\, \begin{matrix} i=1,2,\cdots,m,m+1,m+2,\cdots,m+p; \\ j=\begin{cases} \forall j \in (1,2,\cdots,n_i,n_i+1,n+2_i,\cdots,n_i+q_i),\text{如果 } i \leqslant m \text{ 且 } N_i \text{ 有特征值} \\ j \in (1,2,\cdots,n_i), \qquad\qquad\qquad\qquad\qquad \text{其他} \end{cases} \end{matrix} \right\},1 \leqslant q \leqslant y$$

## 6.5　动态客户需求映射

### 6.5.1　动态客户需求的 CN-FR 映射

#### 1. 基于历史数据的 CN-FR 关联规则挖掘

基于历史数据的 CN-FR 关联规则挖掘是指在历史数据中挖掘产品族中的客户需求和功能之间的关联。该产品交易数据库为 $BD\langle N^*, A^* \rangle$,CN-FR 映射关联关系用关联规则蕴含式 $N_{ij} \Rightarrow A_{kf}$ 来表示。设 $I = \{i_1, i_2, \cdots, i_r\}$ 是交易数据库 $BD\langle N^*, A^* \rangle$ 中的 $r$ 个不同项目的组合,每一个交易 $T$ 都是 $I$ 中的一组项目集合,那么有 $N_{ij} \subseteq I, N_{pq} \subseteq I$,而且 $N_{ij} \cap N_{kf} = \varnothing$。

**定义 6-7**　规则 $N_{ij} \Rightarrow A_{kf}$ 在数据库 $BD\langle N^*, A^* \rangle$ 中的支持度 support 指 $BD\langle N^*, A^* \rangle$ 中包含 $N_{ij}$ 和 $N_{kf}$ 的交易数与 $BD\langle N^*, A^* \rangle$ 中所包含的交易数之比:

$$\text{support}(N_{ij} \Rightarrow N_{kf}) = \frac{T : N_{ij} \Rightarrow N_{kf} \subseteq T, T \subseteq DB}{T \subseteq DB} \tag{6-3}$$

**定义 6-8**　规则 $N_{ij} \Rightarrow A_{kf}$ 在数据库 $BD\langle N^*, A^* \rangle$ 中的可信度 confidence 是指 $BD\langle N^*, A^* \rangle$ 中包含 $N_{ij}$ 和 $A_{kf}$ 的交易数与 $BD\langle N^*, A^* \rangle$ 中包含 $N_{ij}$ 的交易数之比:

$$\text{confidence}(N_{ij} \Rightarrow N_{kf}) = \frac{T : N_{ij} \Rightarrow N_{kf} \subseteq T, T \subseteq DB}{T : X \subseteq T, T \subseteq DB} \tag{6-4}$$

首先设定一个最小支持度 minsup 和最小可信度 minconf 阈值,运用 Apriori 算法搜索到数据库中所有支持度大于最小支持度 minsup、可信度大于最小可信度 minconf 的强规则 $N_{ij} \Rightarrow A_{kf}$。将客户需求与功能集合之间的关联规则关系用如图 6-7所示的形式描述。客户需求和功能需求都根据其模型分为两层。在矩阵中 $r$ 值可通过二者有无关联规则来确定:

$$r_{ijpq} = \begin{cases} 0, & N_{ij} \Rightarrow A_{kf} \text{不是强规则} \\ 1, & N_{ij} \Rightarrow A_{kf} \text{是强规则} \end{cases}$$

$$i=1,2,\cdots,m; j=1,2,\cdots,n_i; k=1,2,\cdots,n; f=1,2,\cdots,n_f$$

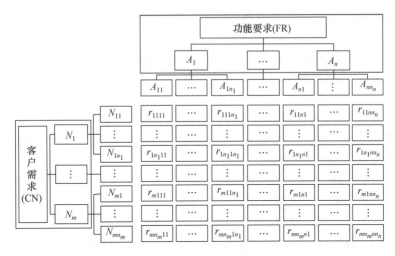

图 6-7　CN-FR 映射关系图

## 2. 需求特征值衍生型动态客户需求 CN-FR 映射

需求特征值衍生型动态需求是由产品族已识别且映射的客户需求衍生的,是相应客户需求特征的动态取值。由图 6-7 可知,从客户需求的第二层子需求 $N_{ij}$ 与功能需求的第二层子功能 $A_{kf}$ 之间的映射关系,可以推测出第一层功能需求 $A_k$ 和第一层需求特征子需求 $N_i$ 之间的映射关系。若某项客户需求特征 $N_i$ 的取值 $N_{ij}$ 与功能需求的某一功能 $A_k$ 的取值 $A_{kf}$ 存在确定的映射关系,那么客户需求特征 $N_i$ 与功能需求 $A_k$ 也将存在确定的映射关系。因此,对于客户需求特征 $N_i$ 的动态取值 $\{N_{i(n_i+1)}, N_{i(n_i+2)}, \cdots, N_{i(n_i+p_i)}\}$ 到功能需求取值的映射,首先应找到与 $N_i$ 有确定映射关系的 $A_k$,$A_k$ 所具有的取值 $\{N_{k1}, N_{k2}, \cdots, N_{kn_k}\}$ 可能满足需求特征 $N_i$ 的动态取值的部分取值,即客户需求 $N_i$ 的部分动态取值与功能需求 $A_k$ 的现有取值之间存在映射关系,而剩下部分需要对 $A_k$ 的取值进行动态获取。假设 $\{N_{i(n_i+1)}, N_{i(n_i+2)}, \cdots, N_{i(n_i+p_i)}\}$ 中有 $\lambda_i (1 \leqslant \lambda_i \leqslant p_i)$ 个取值不能被功能需求 $A_k$ 的现有取值所满足,当功能需求 $A_k$ 与多个需求特征之间存在映射关系时,$A_k$ 的动态取值最多可以取到 $\sum \lambda_i$ 个,而这 $\sum \lambda_i$ 个取值之间可能重复,因此,要对 $A_k$ 的动态取值进行合并同类项,最后得到 $\lambda_k \left(1 \leqslant \lambda_k \leqslant \sum \lambda_i\right)$ 种动态取值,动态获取后 $A_k$ 的取值可表示为 $\{A_{k1}, A_{k2}, \cdots, A_{kn_k}, A_{k(n_k+1)}, \cdots, A_{k(n_k+\lambda_k)}\}$,从而在产品族现有的 CN-FR 映射框架下实现需求特征衍生型动态需求 $\{N_{i(n_i+1)}, N_{i(n_i+2)}, \cdots, N_{i(n_i+p_i)}\}$ 到功能需求 $\{A_{k1}, A_{k2}, \cdots, A_{kn_k}, A_{k(n_k+1)}, \cdots, A_{k(n_k+\lambda_k)}\}$ 之间的映射。

## 3. 需求特征衍生型动态需求 CN-FR 映射

需求特征衍生型动态需求实际是全新的客户需求,是未经产品族识别的需求。

因此,该类动态需求向功能的映射相当于全新产品族开发过程中的需求到功能的映射。

客户对产品的需求包括产品的功能、性能、价格、交货期、结构、材料、售后服务等方面。进行 CN-FR 映射就是找到满足客户需求的相应的功能,而对于运输方式、售后服务、交货期等直接要求,可以通过提高装配性能、改进加工、改进材料、提高零部件性能等手段就能实现。因此,进行 CN-FR 映射的第一步就是对客户需求意图进行分析,如果客户需求属于以上几种之一,那么直接施以相应的手段即能满足客户需求。

对于产品功能、材料、性能、结构这类需求,客户的要求是一种新的需求类型,这时由于客户需求的表达形式是模糊的、不确定的,需要设计者与客户反复磋商才能了解客户的真实需求意图,然后根据其意图对功能需求原理进行分析及确定。对功能需求原理进行分析确定的过程不仅受客户需求的影响,还受企业内部技术的影响。因此,功能需求原理分析确定的过程是客户与设计人员交互的过程,即要满足客户需求,又要是企业技术所能及的。在保证功能需求是针对客户需求而确定的基础上,进行功能原理分析和确定,同时为了设计参数等后续的映射的实现,确定的功能必须是可测量与控制的,可测量与控制的部分即可作为该功能原理对应的动态需求可选值,从而实现了动态需求特征到新功能需求的映射,并对新功能需求进行了可选值挖掘。

这个过程从知识表达的角度看,就是对需求特征衍生型动态需求 $\{N_{m+1},$ $N_{m+2},\cdots,N_{m+p}\}$ 进行功能原理分析之后,确定实现这些动态需求的功能需求,而由于功能需求定义为最小的功能单元,即一个功能原理可能对应多个客户需求,所以最后确定的功能原理数 $\mu$ 应满足 $1\leqslant\mu\leqslant p$。相应的功能需求可表示为 $\{A_p\,|\,p=$ $1,2,\cdots,n,n+1,n+2,\cdots,n+\mu\}$,功能需求的取值可表示为

$$\begin{cases} A_{pr} \end{cases} \bigg| \begin{cases} p=1,2,\cdots,n,n+1,\cdots,n+\mu; \\ r=\begin{cases} 1,2,\cdots,n_p,n_{p+1},\cdots,n_p+\lambda_p; & p\leqslant n \text{ 且 } A_p \text{ 对应动态需求} \\ 1,2,\cdots,n_p; & \text{其他} \end{cases} \end{cases}$$

### 6.5.2　基于动态需求的 FR-DP-M 映射

#### 1. 功能需求耦合度分析

功能需求之间的关系由于信息、能量、物料的流动会产生耦合关系,耦合与否主要取决于两者之间的信息流、能量流、物料流及其之间的流进流出关系。耦合度的三个耦合因素及其关系设定如下:

(1) 信息流。作为同一产品上的各功能需求,功能需求和功能需求之间必定要建立连接,那么控制信息的流动是其重要的组成部分。其关系可分为流进-流出、流出-流进、流出-流出、流进-流进。

（2）能量流。一个功能要实现必须要有能量驱动，包括力的传递、电的传递等，那么对于两项功能需求之间的关系为流进-流出、流出-流进、流出-流出、流进-流进。

（3）物料流。功能实现必须要有介质为基础，无论能量还是信息，其作用对象都是作为物料的介质。两种功能之间必定存在物料的交流，其关系为流进-流出、流出-流进、流出-流出、流进-流进。

对于功能需求集合 $\{A_p \mid p=1,2,\cdots,n,n+1,n+2,\cdots,n+\mu\}$ 中的 $n+\mu$ 个功能之间的耦合度，可以用一个 $(n+\mu)\times(n+\mu)$ 的矩阵 $R$ 来表示，即

$$
R=\begin{bmatrix}
r_{11} & r_{12} & \cdots & r_{1(n+\mu)} \\
r_{21} & r_{22} & \cdots & r_{2(n+\mu)} \\
\vdots & \vdots & & \vdots \\
r_{(n+\mu)1} & r_{(n+\mu)2} & \cdots & r_{(n+\mu)(n+\mu)}
\end{bmatrix}
$$

$$
r_{ij}=\begin{cases}
\dfrac{\displaystyle\sum_{l=1}^{z}\sum_{k=1}^{s}c_{lk}^{ij}\cdot m_{lk}^{ij}}{1+\displaystyle\sum_{l=1}^{z}\sum_{k=1}^{s}c_{lk}^{ij}\cdot n_{l}^{ij}}, & i\neq j \\
1, & i=j
\end{cases}
$$

式中，$c_{lk}^{ij}$ 为第 $i$ 个对象和第 $j$ 个对象之间的第 $l$ 个因素中第 $k$ 个关系的个数；$m_{lk}^{ij}$ 为第 $i$ 对象和第 $j$ 个对象之间的第 $l$ 个因素中第 $k$ 个关系的权重；$s$ 表示第 $l$ 个因素中的关系个数；$z$ 表示因素个数；$n_{l}^{ij}$ 为第 $l$ 个因素的权重。各因素及关系的权重可根据经验由设计人员进行配置。

**2. 动态需求对应的功能 FR-DP-M 映射**

要完成相应的功能需求-设计参数-模块的映射，可从两种不同类型的动态需求分别着手。现有的产品族模块的确定方法是根据功能需求耦合程度，将耦合度大的第一层子功能划分为一个模块 $i$ 的子功能集 $\mathrm{FRs}^{i}$，再由方程：

$$
\begin{Bmatrix}
\mathrm{FRs}^{1} \\
\mathrm{FRs}^{2} \\
\vdots \\
\mathrm{FRs}^{g}
\end{Bmatrix}=\begin{bmatrix}
A^{1} & 0 & \cdots & 0 \\
0 & A^{2} & \cdots & 0 \\
\vdots & \vdots & & \vdots \\
0 & 0 & \cdots & A^{g}
\end{bmatrix}\begin{Bmatrix}
\mathrm{DPs}^{1} \\
\mathrm{DPs}^{2} \\
\vdots \\
\mathrm{DPs}^{g}
\end{Bmatrix}
\tag{6-5}
$$

即 $\{\mathrm{FRs}^{i}\}=[A^{i}]\{\mathrm{DPs}^{i}\}$ 映射到设计参数 $\mathrm{DPs}^{i}$，而由 $\mathrm{FRs}^{i}$ 和 $\mathrm{DPs}^{i}$ 规定了模块 $i$。其中设计矩阵 $A^{i}$ 一般为三角矩阵。

对于客户需求特征值衍生型的动态需求映射而来的功能需求 $\{A_{pq} \mid p=1,2,\cdots,$ $n; \forall q=n_p+1,\cdots,n_p+\lambda_p\}$ 向设计参数的映射，实际是在其对应的现有产品族第一

层子功能需求 FR-DP 映射的基础上对实现 $A_p$ 的设计参数 $DP_p$ 的下一级对应和 $A_{pq}$ 的分解,针对 $\{A_{pq}\,|\,p=1,2,\cdots,n;\forall q=n_p+1,\cdots,n_p+\lambda_p\}$ 部分进行对应的扩展,以得到 $\{A_{pq}\,|\,p=1,2,\cdots,n;\forall q=n_p+1,\cdots,n_p+\lambda_p\}$ 相应的技术解决方案和设计参数。而对于需求特征衍生型的动态需求,由于 FR-DP 映射中子功能需求集的划分仅考虑了第一层子功能需求,对于动态需求对应的功能 $\{A_{n+1},A_{n+2},\cdots,A_{n+\mu}\}$,根据耦合度分析,在现有产品族 $\{A_1,A_2,\cdots,A_n\}$ 功能划分 FRs 的基础上进行确认。判别 $\{A_{n+1},A_{n+2},\cdots,A_{n+\mu}\}$ 中元素是否可以归入现行的各组 FRs。假设 $\{A_{n+1},A_{n+2},\cdots,A_{n+v}\}(1\leqslant v\leqslant\mu)$ 中的各元素可以归入现行的各组 FRs 中,而 $\{A_{n+v+1},A_{n+v+2},\cdots,A_{n+\mu}\}$ 中元素不能归入现行的各组 FRs。对于 $\{A_{n+1},A_{n+2},\cdots,A_{n+v}\}$,根据现有的模块规划 $M_i=\{FRs^i;DPs^i\}$ 把第二层功能需求 $\{A_{pq}\,|\,p=n+1,n+2,\cdots,n+v;\forall q=1,2,\cdots,n_q\}$ 的相应设计参数归入现有的各组 FRs,这样就可以在现有产品族的设计矩阵 $[A^i]$ 下保证设计的独立公理原则,再对模块进行相应的调整,就是该需求特征衍生型动态需求的模块;对于 $\{A_{n+v+1},A_{n+v+2},\cdots,A_{n+\mu}\}$ 中的元素,不能归入 FRs,根据 $\{A_{n+v+1},A_{n+v+2},\cdots,A_{n+\mu}\}$ 中的元素的耦合程度,对其功能需求进行划分,将耦合度大的划分为一个特定模块的子功能集合 FRs,再对相应的设计参数进行划分,将其划分到一个特定模块的子设计参数集合 DPs,从而使得该部分的设计矩阵为对角矩阵,并且子功能需求 FRs 及其对应的子设计参数集 DPs 确定的模块就是新的模块。

采用 6.5.1 节的方法,同样可得到需求特征衍生型动态需求与模块之间的映射关系如图 6-8 所示。

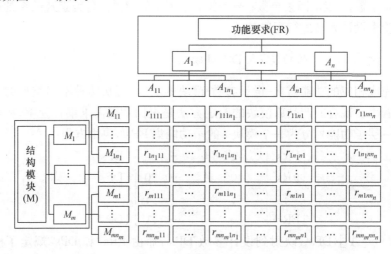

图 6-8　M-FR 映射关系图

图中 $r_{ikjl}\,(i=1,2,\cdots,m;k=1,2,\cdots,n_m;j=1,2,\cdots,n;l=1,2,\cdots,n_n)$ 表示模

块 $M_i$ 的第 $k$ 个参数与功能需求 $A_j$ 的第 $j$ 个功能特征的关系情况,

$$r_{ijpq} = \begin{cases} 0, & A_{jl} 与 M_{ik} 的关联可忽略 \\ 1, & A_{jl} 与 M_{ik} 关联 \end{cases}$$

### 6.5.3　定制模块与通用模块的确定

对于 $\{A_{n+v+1}, A_{n+v+2}, \cdots, A_{n+\mu}\}$ 中的元素,进行模块划分之后,还要对其进行定制模块与通用模块划分,其划分方法以定制度确定。模块的定制度 CD 的定义为

$$\mathrm{CD}_i = w_1 \mathrm{EI}_i + w_2 \mathrm{CI}_i + w_3 \Pi_i, i = 1, 2, \cdots, n+h \tag{6-6}$$

式中,$\mathrm{CD}_i$、$\mathrm{EI}_i$、$\mathrm{CI}_i$ 和 $\Pi_i$ 分别为模块的定制度、效果指数、成本指数和影响指数;$w_1$、$w_2$ 和 $w_3$ 分别为 $\mathrm{EI}_i$、$\mathrm{CI}_i$ 和 $\Pi_i$ 的权重,$w_1 + w_2 + w_3 = 1$;$\mathrm{CD}_i, \mathrm{EI}_i, \mathrm{CI}_i, \Pi_i \in [0, 1]$。

#### 1. 效果指数

效果指数 $\mathrm{EI}_i$ 表示定制 FR 对客户满意的相对效果,用来描述客户对定制模块的预期相对满意程度。对于改进的产品族模块库中 $\{M_1', M_2', \cdots, M_n', M_{n+1}, \cdots, M_{n+h}\}$ 的模块 $i$,满足 $u_i$ 个第一层功能需求,这是由于第一层子功能需求可能存在多个不同的取值,即对应着多个第二层功能需求。对于通用模块只能在其所满足的第一层子功能需求的取值中确定一个值作为模块的取值;对于定制模块可有多个选择以满足客户的差异化要求,而不同客户对不同功能需求的取值与个性化取值的同一度的期望值也不同。所以,考虑模块功能的预期定制效果是必要的。EI 值可以通过两两比较各模块的各 FR 预期定制效果 CE 来获得。如果认为模块 $i$ 的 $\mathrm{FR}_{ij}$ 预期效果比模块 $k$ 的 $\mathrm{FR}_{kl}$ 好,则取

$$\mathrm{CE}_{ijkl} = 1, \mathrm{CE}_{klji} = 0, i \neq k; i, k = 1, 2, \cdots, n+h; j = 1, 2, \cdots, u_i; l = 1, 2, \cdots, u_k$$

于是模块 $i$ 的 $\mathrm{EI}_i$ 值可由下面式子决定:

$$\mathrm{EI}_i = \frac{1}{u_i} \sum_{j=1}^{u_i} \left( \frac{\displaystyle\sum_{\substack{k=1 \\ k \neq i}}^{n+h} \sum_{l=1}^{u_k} \mathrm{CE}_{ijhl}}{\displaystyle\sum_{\substack{k=1 \\ k \neq i}}^{n+h} u_k} \right), \quad i = 1, 2, \cdots, n+h \tag{6-7}$$

$$0 < \mathrm{EI}_i \leqslant 1$$

$\mathrm{EI}_i$ 越大,表示模块 $i$ 采取定制方式时,从整个客户域分析预期客户的感受效果越好。

#### 2. 成本指数

企业始终追求的目标是低成本,模块的定制属性的确定需要考虑到模块通用

化或定制化在成本上的差别。成本指数 $CI_i$ 是分析模块定制化相对于通用化所增加的绝对成本和相对成本，从而分析模块定制属性确定的成本因素。成本指数 $CI_i$ 的确定公式为

$$CI_i = 1 - \left[ \frac{C_{DT_i}}{C_{DT_{max}}} \left( 1 - \frac{C_{TM_i}}{C_{DM_i}} \right) \right], i = 1, 2, \cdots, n+h \qquad (6\text{-}8)$$

$$0 < CI_i \leqslant 1$$

式中，$CI_i$ 为定制成本指数；$C_{TM_i}$ 为模块 $i$ 的通用化成本；$C_{DM_i}$ 为模块 $i$ 的定制化成本；$C_{DT_i} = C_{DM_i} - C_{TM_i}$，$C_{DT_{max}} = \max\limits_{i} \{C_{DT_i}\}$。这些参数中 $C_{TM}$ 较固定，$C_{DM}$ 可能会因定制选择的材料、工艺等有所不同。$C_{DM}$ 选用最大的模块定制成本。$CI_i$ 越大，表示模块定制化与通用化相比多支付的成本的经济性越高。

### 3. 影响指数

尽管产品的模块之间所满足的功能是相互独立的，但模块与模块之间的相互影响关系是存在的，分析模块定制属性时必须考虑。模块之间存在着两方面的关系，即输入影响（$\Pi R$）和输出影响（$\Pi C$），影响的变化方位可用 9631 等级制度来表述：9 表示极大的影响，1 表示极小的影响，6 和 3 表示中间值。

（1）输入影响指数表征该模块的设计参数受到其他模块设计参数变化的影响，即模块随其他模块的变化而发生变化的敏感程度。标记模块 $i$ 的设计参数 $DP_{ik}$ 受模块 $j$ 的设计参数 $DP_{jl}$ 变化的输入影响指数为 $R_{jlik}$，定义模块 $i$ 的输入影响指数 $\Pi R$ 为

$$\Pi R_i = \frac{\sum\limits_{k=1}^{v_i} \sum\limits_{j=1}^{n+h} \sum\limits_{l=1}^{v_j} R_{jlik}}{\sum\limits_{i=1}^{n+h} \sum\limits_{k=1}^{v_i} \sum\limits_{j=1}^{n+h} \sum\limits_{l=1}^{v_j} R_{jlik}} \qquad (6\text{-}9)$$

$$k = 1, 2, \cdots, v_i; l = 1, 2, \cdots, v_j; i, j = 1, 2, \cdots, n+h$$

（2）输出影响指数表征该模块的设计参数的变化对其他模块设计参数的影响，即模块的变化对其他模块变化的要求。标记模块 $i$ 的设计参数 $DP_{ik}$ 的变化对模块 $j$ 的设计参数 $DP_{jl}$ 的输出影响为 $C_{ikjl}$，定义模块 $i$ 的输出影响指数 $\Pi C$ 为

$$\Pi C_i = \frac{\sum\limits_{k=1}^{v_i} \sum\limits_{j=1}^{n+h} \sum\limits_{l=1}^{v_j} C_{ikjl}}{\sum\limits_{i=1}^{n+h} \sum\limits_{k=1}^{v_i} \sum\limits_{j=1}^{n+h} \sum\limits_{l=1}^{v_j} C_{ikjl}} \qquad (6\text{-}10)$$

$$k = 1, 2, \cdots, v_i; l = 1, 2, \cdots, v_j; i, j = 1, 2, \cdots, n+h$$

（3）定制影响指数是根据模块的输入影响指数 $\Pi R$ 和模块的输出影响指数 $\Pi C$，得到的：

$$\Pi_i = \frac{\Pi R_i}{\Pi R_i + \Pi C_i}, \quad i = 1, 2, \cdots, n + h \tag{6-11}$$

$$0 < \Pi C_i < 1$$

$\Pi$ 越大，表明该模块受其他模块变化的输入影响越大，而自身变化对其他模块的输出影响越小，模块与模块的相互关系对定制的适合度越高。

### 4. 影响指数权重

$w_1$、$w_2$ 和 $w_3$ 分别为 $EI_i$、$CI_i$ 和 $\Pi_i$ 的权重，分别代表 $EI_i$、$CI_i$ 和 $\Pi_i$ 的重要性。通过比较 $EI_i$、$CI_i$ 和 $\Pi_i$ 的两两判断矩阵 $B$ 来确定权重，矩阵 $B$ 如式（6-12）所示。$b_{ij}$ 是产品决策者关于对象 $i$ 和对象 $j$ 的相对重要度的度量，$b_{ij}$ 采用九刻度比较法，可以取 $9, 8, 7, 6, 5, 4, 3, 2, 1, 1/2, 1/3, 1/4, 1/5, 1/6, 1/7, 1/8, 1/9$ 等 17 个值。

令 $w_i = \sqrt[3]{\prod_{j=1}^{3} b_{ij}} \Big/ \sum_{i=1}^{3} \sqrt[3]{\prod_{j=1}^{3} b_{ij}}$，就可以计算出权重 $w_1$、$w_2$ 和 $w_3$。$\sum_{i=1}^{3} w_i = 1$。从 $EI$、$CI$ 和 $\Pi$ 三个方面综合考虑模块适合于定制的程度，最终用式（6-6）确定模块的定制度实现对模块的划分。

$$B = \begin{bmatrix} b_{11} & b_{12} & b_{13} \\ b_{21} & b_{22} & b_{23} \\ b_{31} & b_{32} & b_{33} \end{bmatrix} \tag{6-12}$$

## 6.6　新增模块与原产品族的融合

动态融合是将新增的模块添加到原有产品族中的过程。采用本体融合 Merging 算法，将新增模块与原有产品族结构融合生成新的产品族模型，并保证模型元素语义关联以及约束的完整性。本体融合是本体操作的基本功能，它针对不同本体概念、结构融合的问题，首先将相同的概念进行合并，然后根据本体概念的原有关联以及合并后概念之间的引申关联重新建立本体之间的关联，最后确定本体概念中的约束关系，建立合成后的新的本体模型。具体操作如图 6-9 所示，其中 $A$ 为原有模块模型，$A_1$，$A_2$，$A_{11}$，$A_{12}$ 为其模块，$a_{2\text{-}1}$，$a_{11\text{-}1}$，$a_{12\text{-}1}$，$a_{12\text{-}2}$ 为其对应模块的属性值；$B$ 为动态需求对应的新模块元素，$B_1$，$B_2$，$B_{11}$，$B_{12}$ 为其模块，$b_{2\text{-}1}$，$b_{11\text{-}1}$，$b_{12\text{-}1}$ 为其模块对应的属性值，并且新模块 $B_2$ 与原有模块 $A_2$ 结构相同，即 $B_2$ 为动态特征值，其他模块为动态特征。那么两者融合、添加约束规则之后如图 6-9 右侧所示，其过程可用形式化语言描述如下。

Merging($G_1,G_2,\cdots,G_n$)

输入:$n$ 个要合并的本体结构图 $G_1,G_2,\cdots,G_n$。

输出:$G_1,G_2,\cdots,G_n$ 合并生成的新的本体结构图 $G$。

```
begin
    C=∅;
    Re=∅
    for i=1 to n do
        for ci∈CI do
            if ci∉C then
                C=C+ci;
            end if
        end for
        Re=Re∪Rei;
        Ru=Ru∪Ri;
    end for
    G=C∪Re∪Ru;
    return G;
end
```

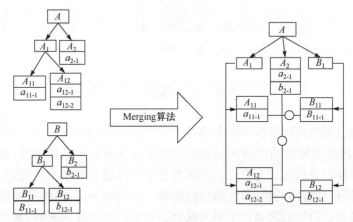

图 6-9　融合操作

## 6.7　本章小结

本章在深入分析需求特点的基础上,将变化的客户需求充分体现到产品族中,从个性化需求预测和需求进化两个方面获取客户群的动态需求,通过建立个性化需求预测系统和需求进化系统对动态需求进行预测,并对动态需求加以识别,将新的需求映射为模块结构,确定定制模块和通用模块,并将其融合到原有的产品族中;弥补了静态产品族开发模式的不足,对可能遇到的需求进行提前准备,形成完善的应变机制,为产品族建模提供依据,从而实现了产品族的不断完善,提高了产品族的全面性,为后续产品配置设计奠定了基础。

# 第7章 个性化需求驱动的产品配置设计

## 7.1 引 言

产品族是实现大批量定制的重要使能技术。产品配置是一种有效联系客户个性化需求与定制产品的手段。面对客户的个性化需求,本章通过需求预测建立客户需求本体模型和产品族的本体模型,为产品配置模型的自动获取奠定基础;将面向订单的客户需求概念属性与预测的客户需求本体模型匹配,通过相似度计算的方法获得面向客户订单需求的本体模型;采用本体映射规则确定规则匹配的输入关系对,在规则库的基础上进行规则匹配,并通过端口连接形成产品模型;最后采用层次分析法对方案进行评价,选取最优方案,实现产品配置的自动获取。

## 7.2 产品配置概念、原理与方法

### 7.2.1 产品配置概念

Freeman 和 Newell 于 1971 年首次提出了产品配置设计的思想。他们首先利用功能推理的方法来细化设计,认为设计应分为识别问题和选择问题。识别是指利用组件的结构和行为知识说明要设计对象的功能,选择是挑选那些可以组合在一起并能实现所希望功能的组件。

产品配置问题的研究从 20 世纪 80 年代开始就逐步受到了广泛的关注,但对于配置的定义还没有达成共识。因此,下面给出几个具有代表性的定义。

第一种定义:将产品配置任务描述为一个输入输出系统,其输入包括一个固定的、预定义的构件集合、配置需求定义集合和进行优化选择的规则集。产品配置任务的输出是一个或多个满足需求定义、优化选择规则的配置结果。

第二种定义:针对产品配置的工作过程进行分析,将产品配置非形式化地描述为"使用一组预先确定的组件,并对这些组件之间的组合关系进行约束,从而设计个体产品"。

第三种定义:从配置任务构成入手,将配置过程中的任务进行分解,说明配置过程应包括的活动,产品配置定义为

$$Configuring = Selecting + Associating + Evaluating$$

其中,Selecting 表示选择组件;Associating 表示建立组件之间的关系;Evaluating 表示对配置过程中的兼容性测试和对需求的满足性测试。

　　第四种定义:认为产品配置是指在产品所有的可配置对象中,根据客户需求通过取各对象域中的不同域值进行组合,并满足预先定义的对象间的所有约束,从而生成各种不同的产品配置。

　　国内学者将产品配置过程描述为一个根据预定义的部件集和部件之间的相互约束关系,按照某种确定的有效性规则,通过配置问题求解使产品属性与用户需求逐级匹配,最终组合形成现实产品的过程。

　　总结上述产品配置的概念,从宏观与微观两个角度对产品配置进行定义:从宏观意义上讲,产品配置是指从预定义的部件集合中选择部件,并将部件以一定的约束规则进行组合,最终得到一个客户满意的产品的过程;从微观意义上讲,产品配置是指客户需求按照约束规则逐步向产品族匹配映射的过程,从而得到产品配置模型的过程。同时产品配置过程需要使用一定的产品配置方法以及相应的产品配置系统来完成。

　　从设计的角度分析,产品配置可以归为第三类设计——变型设计,即在已知对象的组成结构、规范和性质的情况下,按照一定的方法并遵循一定的约束规则找出满足设计规范的结果的过程。从人工智能(AI)的角度分析,产品配置系统相当于一个专家系统,它是将专家对产品的配置知识存储于知识库中,并采用一定的产品配置方法,将客户需求输入系统中,对知识库中的知识进行推理,从而得到相应的配置结果,并反馈给客户。

### 7.2.2　产品配置原理

　　产品设计是整个企业生产活动的基础,而配置设计是产品设计的关键环节,是实现客户定制化产品的核心。自 1996 年 Mitchell 提出了大批量定制设计(design for mass customization,DFMC)的概念以来,国内外学者开始致力于面向大批量定制的理论和技术研究。1997 年,Anderson 和 Pine 提出了大批量客户化定制产品设计方法的基本框架和思想。目前大批量定制的研究成果已经在一些企业中开始实施,并发挥了其优势作用,它将逐步奠定大批量定制生产模式的基础。

　　产品配置作为大批量定制的一个重要组成部分,是实现产品快速定制的核心技术和使能手段。产品配置的基础是模块化和标准化,在此基础上,通过模块间的合理匹配和快速变型,便可以快速地为客户提供个性化产品。因此,产品配置的有效运用和实施对大批量定制实现具有重要的作用。图 7-1 是基于大批量定制的产品配置设计过程。

　　产品配置是受客户群驱动的一种设计方法,产品族的开发与建立则是产品配置设计的基础。因此,在客户群与产品族的基础上进行产品配置,是成功实施大批量定制的关键技术。首先,企业的设计人员根据市场调查、预测新的客户群和进行

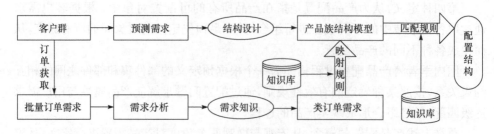

图 7-1　基于大批量定制的产品配置设计过程

新的市场定位,经过合理化的预测需求分析后,便可以针对可能出现的新产品和客户群来确定产品的基本结构。然后,根据结构设计的要求来设计产品族的结构模型。为了适应不断变化的市场以及客户需求的动态多样性,企业的设计人员要不断地对需求进行预测以及时更新产品族模型。客户订单是产品配置的源头,为了实现大批量定制的生产方式,企业对一段时间内获取的大批量订单进行集中分析,并应用聚类知识将需求相似的订单聚为一类,形成聚类订单。为了将需求转化成配置模型,此时,需要将类订单中的需求向产品族结构模型进行映射,以找到适合需求的功能模块以及零部件,最后通过匹配规则将模块和零部件进行组装,形成满足客户需求的产品配置模型结构。

### 7.2.3　产品配置方法

大批量定制环境下的产品配置的一个重要目标是以尽可能少的技术多样性去实现尽可能多的功能多样性,以产品族作为配置基础实现产品配置知识的共享和重用,准确、快速、低成本地进行设计活动,从而适应动态变化的客户需求,因此,产品配置应该是一个多目标的规划过程。

#### 1. 基于特征匹配的产品配置

特征是含有特定的设计和制造内涵的信息集合,是以形状特征为载体,由尺寸公差、约束及其他非几何属性共同构成的信息集合。基于特征匹配推理的产品配置首先需要建立包含零部件特征信息的产品主结构,并根据客户需求以特征匹配为原则,来实现产品的配置方案生成。由于特征匹配推理过程具有简单、快速的特点,但是其灵活性较差,所以该方法只有在产品具有少数离散选项的情况下适用。

#### 2. 基于规则的产品配置

基于规则的配置方法遵循"if 条件 then 结果"的形式,采用前向推理方法驱动客户逐步地得到一个有效的产品配置方案,产品配置系统大多采用基于规则的产品配置方法。最早的基于知识规则的配置系统 Rl/XCON,其数据库包含大约 31000 个零件、17500 条配置规则,并且每年大约有 40% 的规则发生变化。由于规则具有关联性,当配置知识发生变化,需要修改以规则表示的知识库时,修改工作量较大且复杂。目前的方法包括建立约束满意问题方式模型,将产品族组成信息、配置规则、约束及其映射关系表示成语义模型,提高了规则配置的灵活性;或采用规则定制与逻辑推理分离的方法来支持面向产品族群、规则驱动的产品配置;或将配置规则分为结构映射规则、需求约束校验规则和结构约束校验规则,用以表达产品配置规则,完成基于规则推理的产品配置,此方法通过层层规则的约束方法达到了配置的准确性但是配置效率较低;或将配置模型描述成模型树,在规则集的驱动下逐渐拓展树的分枝,寻找满足要求的模型树,该方法适用于较少的零部件情形,当零部件较多时降低了配置的智能化程度;或针对不同层次的客户需求建立合适产品配置设计的规则,并进行逐层搜索,该方法有效地缩小了配置求解空间的同时降低了配置求解效率。由于基于规则的配置方法在知识的获取与维护方式、一致性检验、模块化和适应性等方面存在问题,在产品配置过程中单独作为配置知识表达和推理的形式有一定的局限性。

### 3. 基于实例的产品配置

基于实例的推理是一种基于历史经验的问题解决机制,已被广泛应用于多种智能领域,即数据挖掘、智能诊断和图像识别等领域,在产品的设计领域也得到了广泛应用。基于实例推理的产品设计原理是将经验知识按一定组织方式存储在实例库中,利用检索实例库来得到相似实例,再对其进行重用或修正重用,从而获得当前问题的解;基于实例的产品配置方法以历史客户需求的产品配置实例为基础,通过寻找和调整匹配案例的配置来获得现行问题的配置方案,同时在产品配置中将产品结构特征树和实例推理(case-based reasoning,CBR)技术相结合,生成满足客户订单需求的新产品物料清单(bill of material,BOM),降低产品开发成本,该方法适合于少量标准化产品的配置,当已有案例较多、搜索案例较费时,匹配变得困难,往往得不到最佳的配置方案,影响配置的效率。

### 4. 基于模型的产品配置

基于模型的配置前提是必须构建一个良好的产品族通用模型,以系统模型为基础,将配置问题描述成功能-原理-结构信息的映射,实现知识和应用过程的分离,这种方法的显著特点是不依赖已有的配置经验,具有多样性的推理策略和问题求解能力,并具有良好的完整性和通用性。基于模型的配置方法提高了鲁棒性、可重用性和可组合性,能够大大提高配置效率。基于模型的产品配置方法又可进一步分为基于逻辑、基于约束、基于连接、基于资源和面向对象等方法。

# 7.3　产品配置管理

要成功地实施产品配置管理,使配置产品成为企业之间有竞争力的武器,就要抛弃传统的管理思想,把产品配置设计过程看做一个整体功能过程,形成集成化产品配置管理体系。产品配置设计的目的是根据客户的需求,最终确定出该定制产品的结构和物料清单。为了使产品配置设计能更快速、有效、准确和动态地适应产品模型的演化,需要对产品配置设计过程进行管理。

## 7.3.1　产品配置管理概念与内容

### 1. 产品配置管理概念

产品配置管理(product configure management,PCM)是产品数据管理的核心模块之一,它可以有效地提高设计的重用性和效率,方便系列产品的管理。产品配置管理是对产品结构管理的扩展,它能够很好地满足对产品多样性管理的要求。产品配置管理充分地体现了一种设计的方法学:对一个产品的设计首先是对其功能进行分解,然后选择实现这些功能的部件,最后对各个部件进行具体的设计。产品配置管理的目的是提供这样一种能力:根据客户提出的需求,从产品族中选配出完全或部分满足客户需要的零部件及其产品结构。

产品配置管理以庞大的数据库为底层支持,以物料清单为其组织核心,把定义最终产品的所有工程数据和文档联系起来,实现对产品数据的组织、控制和管理,并在一定目标或规则的约束下,向客户或应用系统提供产品结构,同时也为其他许多系统(如 ERP、CRM 等)提供基本的信息服务。

产品配置管理的主要功能是在产品结构管理的基础上,对单一产品定义的不同方面进行管理,对各种不同工作阶段产生的与产品结构有关的数据进行管理,以使相关人员了解组成产品零部件间的相互关系、零件基本数据之间的关系、产品文档数据与产品工作流之间的关系等重要信息。

综上所述,产品配置管理是对产品配置的整个过程进行管理,包括客户需求、产品族、配置规则和 BOM 表等,通过对配置过程的管理来实现产品配置的整个过程。

### 2. 产品配置管理内容

产品配置设计过程管理包括以下内容,如图 7-2 所示。

(1) 建立和维护客户订单。企业应该及时对接到的客户订单进行分析处理,这是进行产品配置的首要任务,也是最终任务。在对订单处理完成后,还应对订单进行归档处理,以方便进行与客户的联系与沟通。

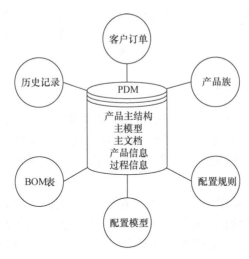

图 7-2　产品配置管理内容

（2）建立和维护产品族。产品族是实现产品配置的前提条件。对于产品族内的零部件进行增添、删除和功能扩展时，要尽量使零部件之间的接口标准化，最好使零部件的接口保持不变；对新增的零部件则应尽可能地使接口简单、规范。

（3）建立和维护产品的配置模型。产品配置模型是产品配置的模板，将产品配置模型实例化的过程就是客户定制化的过程。因此在产品族的基础上，可以创建不同类型的产品模型。随着技术的进步，产品的功能也在改变，因此在产品的功能进行扩展或改进时，需要对产品的配置模型进行维护。

（4）建立和维护产品的配置规则。产品配置规则是产品对象的知识表示，表达了实例化产品模型时的约束条件。在零部件进行增添和删除时，配置规则也需要进行及时更新。同时，产品配置规则的表示应简洁、易于维护，并便于保证规则的一致性。

（5）建立和维护产品 BOM 表的一致性。在生产制造中，企业需要随时获得最新的产品信息，包括各类物料清单、设计工艺、生产计划、物资供应等。然而，不同部门对 BOM 表的要求不一致，但相互之间还必须保持一定的统一性。因此，在产品配置系统中必须提供能自动生成各类 BOM 表的工具。

（6）建立和维护产品的历史记录，即版本管理。在生产制造过程中，产品经常会由于各种因素发生更改，产品配置系统不仅要保存当前有效的数据，还要记录产品演变的整个历程。因此，在产品配置管理中，要完整地保存产品数据的全部版本，同时还要建立一套完整的有效性规则，以方便管理。

（7）产品配置设计过程管理。产品配置设计过程不同于一般的产品设计过程，作为一种常规的设计方法而非创新设计，产品配置设计不存在概念设计、结构设计等过程。对它的研究主要集中在产品配置的流程管理,以及配置中需要新设计的零部件的详细设计过程管理,包括对产品配置设计过程进行建模以及对设计项目和任务进行合理的分解、执行和提交等。

### 7.3.2　产品配置管理计划

管理计划是指导企业计划期内生产活动的纲领性方案,是企业生产管理的主要依据,配置管理是进行配置的关键。制造企业实行配置管理计划可以有效地提高工作效率,合理地调度配置公司资源,进一步落实目标责任制,提高管理决策的科学性。

计划是管理者在特定时间段内为实现特定目标体系所做出的统筹性策划安排。任何一项经营活动只要有了"计划",就说明企业的经营活动在执行前经过全面的分析、系统的筹划,从而确保了企业经营活动结果是可预测、可控制的。反之,没有计划的经营活动是盲目的,其经营活动的结果也将是不可预测的、不可控制的。

在市场经济条件下,制造企业间的竞争异常激烈,企业要生存、要发展、要保持可持续发展的态势,任何一项经营活动都必须处于计划性的状态,其经营效果必须处于可控状态下。换言之,计划是企业经营决策者意志和理念的具体体现。因此,计划是企业经营活动的基础,经营决策者为实现自己的意志和理念必须要不断地夯实和巩固这个基础,不断提高计划的科学性。

在产品配置管理计划中,计划的编制是基础,审计是手段,执行是保障,考核是结论。制造企业要想不断提高生产效益和效率,首先要确保管理计划水平的不断提高,而管理计划审核体系中的四个基本环节的工作质量不断提升,又是确保计划管理水平提升的基础条件。因此,提高管理计划编制的科学性、计划审核的独立性、计划执行的有效性和计划考评的公正合理性是非常重要的。

### 7.3.3　产品配置管理标准

管理标准是对企业中重复出现的管理业务工作所规定的各种标准的程序、职责、方法和制度等。它是组织和管理企业生产经营活动的手段。

制定管理标准的目的是为合理组织、利用和发展生产力,正确处理生产、交换、分配和消费中的相互关系及科学地行使计划、监督、指挥、调整、控制等行政与管理机构的职能。

管理标准可以分为两类:

(1) 生产组织标准,它是为合理组织生产过程和安排生产计划而制定的,包括生产能力标准、资源消耗标准,以及对生产过程进行计划、组织、控制的方法、程序和规程等。

（2）管理业务标准,如计划供应、销售、财务等,依据管理目标和相关管理环节的要求,对其业务内容、职责范围、工作程序、工作方法和必须达到的工作质量、考核奖惩办法所规定的准则。

在产品配置管理标准中,要做到以下两点:

（1）产品配置管理的数据标准化。产品模型数据交换标准(standard for exchange of product model data)是 ISO 颁布的产品数据交换的国际标准,按其标准建立的产品配置管理将有助于系统之间的数据交换和共享。

（2）产品配置管理体系结构的分布化、网络化。现代信息的共享和快速传输的特点,对于跨部门和跨地域产品数据的共享的要求,使得产品配置管理系统具有分布式的架构的需求。创建基于 Web 的 B/S 结构的产品配置管理系统,客户端采用普通的浏览器,这样将大大减少系统的安装、维护和升级等的工作量,便于产品结构数据的共享和企业间的协同工作,为制造企业的产品配置管理提供必要的条件。

### 7.3.4　产品配置管理功能

产品配置管理能够使企业的各个部门在产品的整个生命周期内共享统一的产品配置,并且对应不同阶段的产品定义,生成相应的产品结构视图和产品信息。产品配置管理具备的基本功能如下:

（1）对产品数据资源及其使用权限进行集中管理。在生产制造企业中,产品数据资料非常庞大,而且种类也极其繁多,并且各种不同类型的数据之间相互关联,为了保证各部门数据的准确和产品各部分之间清晰的关系,就必须对产品数据资源及其使用权限进行集中管理。

（2）统一管理产品生命周期内的全部数据。因为在设计制造及维修服务过程中,产品数据经常会根据需要发生各种各样的更改。而产品配置管理系统不仅要保证当前数据的有效性,而且还要将整个产品演变过程的所有信息记录下来。因此,产品配置管理系统不仅要完整地保存产品内数据的全部版本,而且还要建立一套完整的有效性规则。

（3）要保证各部门产品物料清单的一致。在生产制造过程中,各个部门需要及时获取最新的产品信息,即产品的各类物料清单以及时进行生产。因此,在建立产品配置管理系统时,必须能提供自动生成各类物料清单的工具,并能随时更新,从而保证在任何时候各部门产品物料清单的一致性。

（4）提供给客户满意的产品配置信息。完全进行客户化定制虽然可以完全满足客户的需求,但是使配置变得非常复杂,不仅降低了速度也使得成本大大提高。通用产品系列和个性化配置工具使企业能提供定制解决方案,多种解决方案的评估可以快速、低成本地得到客户最满意的配置产品。

（5）有灵活的产品数据配置功能。在实际生产制造中，企业为了降低成本，就必须使零件能够被灵活地替代，并且尽量选择标准件，或者根据实际情况，尽量选择低成本的替代品来满足实际需要。然而通过个性化配置，能够加快定制产品的开发进度，大大缩短了产品交货时间，改进了产品的解析过程。其目标是能够通过最少的零件数配置出最多的产品类型。

# 7.4　产品配置设计

## 7.4.1　产品配置设计流程

大批量定制的关键技术问题之一是如何组织产品和设计，以大批量生产的效益来满足客户个性化的需求，产品配置设计正是解决这一问题的关键技术。产品配置的目标是满足用户的个性化需求，而用户需求域和产品结构域的产品描述形式不同。因此正确表达和理解用户需求，并快速正确地转换成产品配置模型，是求解产品配置问题的前提。本体论是描述不同知识域之间关联的有效工具。本章在客户需求本体模型及产品族结构本体模型的基础上，将本体和规则相结合，实现订单需求的自动配置。其流程如图 7-3 所示。在已有产品的基础上，当产品进入适合大批量定制生产模式的生命周期阶段时，总结并预测客户需求，建立客户需求数据库，根据已有产品结构以及获取的预测需求设计产品族结构模型，并建立预测需求的本体模型以及产品族结构的本体模型。把设计产品族时需求与结构之间的知识映射关系描述成映射规则，并存储到知识库中。当订单到达之后，在预测需求中找到与订单需求对应的需求，根据预测需求本体模型建立时的知识表达过程，将本体模型中对应的节点及关联节点之间的关联关系提取出来，形成订单需求的本体模型。根据产品族本体模型中的各节点之间的关系描述配置规则，根据映射规则及配置规则实现配置本体的自动获取，最后将配置本体实例化。

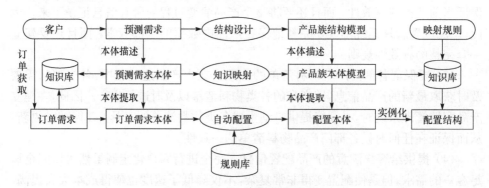

图 7-3　产品自动配置流程

### 7.4.2　映射规则知识表达

映射规则描述的是预测客户需求本体及产品族结构本体之间的关联关系。在配置时能将需求的多样化映射到与之相关的可变结构上。产品族是根据预测需求设计的,需求与结构之间的映射关系在建立时就已经确定了,为实现订单需求的自动配置,需要将需求与结构之间的映射关系知识化,并建立相应的数据库。

在产品族结构本体中,产品族可分为五层:功能层、原理层、零部件层、零部件特征层及零部件特征值层。映射规则需要将需求映射为对应的功能、原理、零部件及零部件特征,并根据需求值确定零部件特征值,再根据特征值决定实现该产品的各原理及实现原理的零部件结构,其过程如图 7-4 所示。

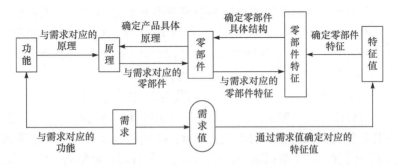

图 7-4　预测需求与产品族之间的映射

图 7-4 的映射过程不是唯一的,但却是最普遍的,也是路径最长的。有时部分需求的实现不需要经过每一个步骤,如减速机订单中的一项需求是"行星减速机",这项需求只需确定减速原理就可满足,不需要确定具体结构尺寸。对于这类需求在此不予讨论。

根据产品配置时的需要,将映射关系分为以下两种:

(1)直接映射,需求本体某层中的一个节点与产品族本体结构某层中一类节点之间存在一一对应的关系。

(2)分散映射,需求本体某层中的一个节点与产品族本体结构某层中一类节点之间存在一对多的映射关系。

以上是需求本体与产品族本体之间的映射关系,但在确定与需求对应的具体产品结构时其意义不同。假设 $\{X_1, X_2, \cdots, X_m\}$ 为组成产品的 $m$ 种不同的功能;$\{X_{i1}, X_{i2}, \cdots, X_{in_i}\}(i=1,2,\cdots,m)$ 为实现功能 $X_i$ 的 $n_i$ 种原理;$\{X_{ij1}, X_{ij2}, \cdots, X_{ijp_{ij}}\}$ $(j=1,2,\cdots,n_i)$ 为实现功能 $X_i$ 下的原理 $X_{ij}$ 的 $p_{ij}$ 个零部件;$\{X_{ijk1}, X_{ijk2}, \cdots, X_{ijkq_{ijk}}\}(k=1,2,\cdots,p_{ij})$ 为实现功能 $X_i$ 下的原理 $X_{ij}$ 的零部件 $X_{ijk}$ 对应的零部件特征;$\{X_{ijkl} \mid (v_1, v_2, \cdots, v_{e_{ijkl}})\}(l=1,2,\cdots,q_{ijk})$ 为零部件特征 $X_{ijkl}$ 具有 $e_{ijkl}$ 个可能取值;$\{N_1, N_2, \cdots, N_g\}$ 为订单的 $g$ 项需求;$V_s(s=1,2,\cdots,g)$ 为订单需求 $N_s$ 的

需求值；$\Lambda(x)$ 为直接映射函数；$\Sigma(x)$ 为分散映射函数。下面分几种情况讨论：

（1）功能层映射。功能层映射是指订单需求与产品功能之间的映射。若为直接映射，则指该项需求只与产品中的某项功能有关，可记为 $\text{Func}|\Lambda(N_g)=X_i$；若为分散映射，则指该项需求与产品族中的多项功能有关，可记为 $\text{Func}|\Sigma(N_g)=E$，$E$ 为集合 $\{X_1,X_2,\cdots,X_m\}$ 的子集，其元素个数大于 1 且不大于 $m$。

（2）原理层映射。原理层映射是指订单需求与对应功能下的原理之间的映射关系。直接映射记为 $\text{Prin}|\Lambda(N_g|X_i)=X_{ij}$，表示需求 $N_g$ 与功能 $X_i$ 下的原理 $X_{ij}$ 具有直接映射关系，与该功能下的其他原理无关。分散映射记为 $\text{Prin}|\Sigma(N_g|X_i)=F$，$F$ 为集合 $\{X_{i1},X_{i2},\cdots,X_{in_i}\}$ 的子集，元素个数大于 1 且不大于 $n_j$，表示需求 $N_g$ 与集合 $F$ 中的原理形成分散映射。

（3）零部件层。零部件层的直接映射或分散映射是指需求与确定的功能、原理下的零部件之间的关系。直接映射记为 $\text{Part}|\Lambda(N_g|X_{ij})=X_{ijk}$，表示需求 $N_g$ 与功能 $X_j$ 的原理 $X_{ij}$ 构成零部件的 $X_{ijk}$ 有关，与构成原理 $X_{ij}$ 的其他零部件无关。分散映射记为 $\text{Part}|\Sigma(N_g|X_{ij})=D$，$D$ 为集合 $\{X_{ij1},X_{ij2},\cdots,X_{ijp_{ij}}\}$ 的子集，其元素个数大于 1 且不大于 $p_{ij}$，表示需求 $N_i$ 与集合 $D$ 中的零部件有关。

（4）零部件特征层。零部件特征是一个决定零部件结构的可变参数集合。需求与零部件特征之间的直接映射可记为 $\text{Feat}|\Lambda(N_g|X_{ijk})=X_{ijkl}$，表示需求 $N_g$ 与特征 $X_{ijkl}$ 是直接映射关系；$\text{Feat}|\Sigma(N_g|X_{ijk})=H$，$H$ 为集合 $\{X_{ijk1},X_{ijk2},\cdots,X_{ijkq_{ijk}}\}$ 的子集，其元素个数大于 1 且不大于 $q_{ijk}$。

（5）零部件特征值层。零部件特征值与需求值之间的映射关系是参数计算的结果。若 $\text{Attr}|\Lambda(V_s|X_{ijkl})=v_{t_{ijkl}}$，表示根据需求值 $V_s$ 计算得到零部件特征 $X_{ijkl}$ 的特征值为 $v_{t_{ijkl}}$；若 $\text{Attr}|\Sigma(V_s|X_{ijkl})=W$，$W$ 为集合 $\{X_{ijkl}|(v_1,v_2,\cdots,v_{e_{ijkl}})\}$ 的子集，元素个数大于 1 且不大于 $e_{ijkl}$，表示 $W$ 中的特征值都能满足需求。

在映射过程中，可能每层都存在分散映射和直接映射，也会存在不同需求与同一个功能、原理或零部件相关的情况，因此对映射关系设定规则如下：

（1）映射时，首先根据设计关系确定 $\text{Func}|\Lambda(N_g)$，若为直接映射，则继续在该功能下进行原理映射，若为分散映射则分别在集合中的各功能下进行原理映射，遵循以上原理，一直映射到零部件结构层。图 7-5 中描述的是需求 $N_2$ 与各产品族之间的映射关系，由图可以看出，$N_2$ 与 $X_{12}$、$X_{372}$ 之间为直接映射，其余为分散映射。

（2）当不同需求与同一功能、原理或零部件相关时，那么最终结果根据需求重要度确定，以需求重要度高的为准，即若存在 $\text{Part}|\Sigma(N_1|X_{ij})=D_1$，$\text{Part}|\Sigma(N_2|X_{ij})=D_2$，其中 $D_1$、$D_2$ 为集合 $\{X_{ij1},X_{ij2},\cdots,X_{ijp_{ij}}\}$ 的子集，且 $D_1\bigcap D_2=\Omega$，$\Omega$ 非空集，$\omega_1$、$\omega_2$ 分别为需求 $N_1$、$N_2$ 的重要度，且 $\omega_1>\omega_2$，则 $\Omega$ 中的元素由需求 $N_1$ 映射得到。若 $\omega_1$、$\omega_2$ 相差不大或相等，则分别根据需求 $N_1$、$N_2$ 映射得到 $\Omega_1$、$\Omega_2$，若 $\Omega_1$、$\Omega_2$ 中的元素相同则结束；若不相同但相差不大，则与客户交互，将 $\Omega_1$、$\Omega_2$ 的元

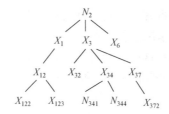

图 7-5　直接映射与分散映射的关系

素调整到同一水平;若相差很大,则说明客户订单不能实现,需调整订单内容。

（3）零部件特征值的确定,应根据相应的零部件特征对应需求的需求值计算得到,可能是精确值,也可能是一个值域。即若需求 $N_g$ 与零部件特征 $X_{ijkl}$ 相关,则需求 $N_g$ 的值 $V_g$ 必与 $X_{ijkl}$ 的特征值有一定的计算关系,可通过该关系得到零部件特征 $X_{ijkl}$ 的特征值或值域。若为值域,应遵循使用资源最小的原则,即可行域中的值应该接近实际情况。例如,要求某一减速机的减速比不小于 10,那么减速比应该大于或等于 10,这时应该选大于且接近于 10 的公称值的减速机,若选取过大则属于资源浪费。

（4）当订单需求 $\{N_1,N_2,\cdots,N_g\}$ 中的各项需求都映射完成之后,若存在冲突,可在客户满意度范围之内进行调整。

### 7.4.3　基于规则的产品配置模型自动获取

1. 规则结构

映射规则确定的是与订单需求相关的产品选配结构,此时得到的结构是分散的,各结构之间能否装配还未确定,需要通过一定的配置规则将其组合起来形成合理结构。客户个性化的需求是通过定制件的选配项的选择来实现的,基于规则的产品配置就是将产品结构中各配置项及选配项之间的关系制定成规则,并根据部分已知的选配项来确定特定关系的定制产品结构。规则驱动的产品配置设计一般过程如图 7-6 所示。

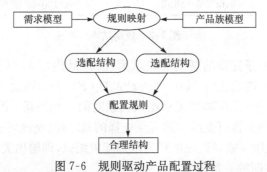

图 7-6　规则驱动产品配置过程

订单通过规则映射,使得客户的需求通过结构的配置来满足,而产品中需要配置的结构称为配置项,如行星减速机的行星架。产品族为了满足不同客户的需要,同一配置项会提供多项选择,这些选择称为选配项,如 $a$ 类行星架、$b$ 类行星架等,在产品族结构中通过不同的零部件特征和特征值来实现选配项的个性化。根据以上定义得到图 7-7 所示的产品结构。产品配置结构是产品族中所有可配置结构及关系的集合。与订单需求具有映射关系的配置项可作为规则匹配的输入关系对。选配项是通过订单需求值计算出配置项特征值而得到的具体结构,是该配置项下能够满足订单要求的选配项,并不是所有选配项的集合。

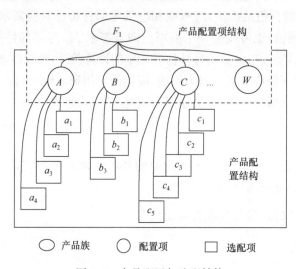

图 7-7　产品配置与选配结构

定义系统中,规则是以两组关系对来实现的,如图 7-8 所示。

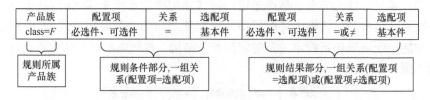

图 7-8　规则结构

由以上可知,一条完整的规则可表示为:in 产品族($F$):if(配置项＝选配项)then(配置项＝或≠选配项)。其中,"in 产品族($F$)"表示该规则只在同一产品族内有效。"if(配置项＝选配项)"表示输入关系对的二元关系。配置项指产品族中的可变结构,选配项为该可变结构的可供选择的基本件,是该可变模块的具体结构集合。"then(配置项＝或≠选配项)"为规则配置结果,即输出关系对,配置项和选配项由"＝"和"≠"两种关系构成。

### 2. 产品配置规则

基于规则驱动的产品配置过程是一个逻辑推理的过程,规则可以理解为一组规范,这组规范如下:

(1) 作用范围,在产品族 $F_1$ 中定义的规则 $R_1$、$R_2$、$R_3$……,其作用范围只能在产品族内,$R_1$、$R_2$、$R_3$……之间可能相互影响。

(2) 传递性,如果存在规则 $R_1(A=a_1,B=b_2)$、$R_2(B=b_2,C=c_1)$、$R_3(D=d_1,B=b_2)$,则具有如下传递关系:

向后传递关系为

$$\left.\begin{array}{l} \mathrm{in}(F_1):\mathrm{if}(A=a_1)\mathrm{then}(B=b_2) \\ \quad\mathrm{if}(B=b_2)\mathrm{then}(C=c_1) \end{array}\right\} \rightarrow \mathrm{if}(A=a_1)\mathrm{then}(C=c_1)$$

向前传递关系为

$$\left.\begin{array}{l} \mathrm{in}(F_1):\mathrm{if}(B=b_2)\mathrm{then}(C=c_1) \\ \quad\mathrm{if}(D=d_1)\mathrm{then}(B=b_2) \end{array}\right\} \rightarrow \mathrm{if}(D=d_1)\mathrm{then}(C=c_1)$$

这两种情况下"≠"关系不具有传递性。

(3) 可逆性,若存在规则 $R_1(A=a_1,B=b_2)$ 和规则 $R_2(C=c_3,B=b_2)$,则关系对 $A=a_1$ 和 $C=c_3$ 之间会相互产生影响($A=a_1,C=c_3$),当存在规则 $R_1$ 时,系统默认同时也存在规则 $R_1'$,即

$$\mathrm{in}(F_1):\mathrm{if}(A=a_1)\mathrm{then}(B=b_2) \rightarrow \exists a_1:\mathrm{if}(B=b_2)\mathrm{then}(A=a_1)$$

如果规则为 $R_1(A=a_1,B\neq b_2)$,则逆向规则为

$$\mathrm{in}(F_1):\mathrm{if}(A=a_1)\mathrm{then}(B\neq b_2) \rightarrow \mathrm{if}(B=b_2)\mathrm{then}(A\neq a_1)$$

(4) 规则不能出现自反性,若存在规则 $R_1(A=a_1,B\neq b_2)$,则可以推出:

$$\left.\begin{array}{l} R_2 \rightarrow \mathrm{if}(A=a_1)\mathrm{then}(B\neq b_2) \\ \mathrm{in}(F_1):\exists R_1 \rightarrow \mathrm{if}(A=a_1)\mathrm{then}(B=b_2) \end{array}\right\} \rightarrow R_2 \notin (F_1)$$

(5) 传递过程中不能出现自反性,若存在 $R_1(A=a_1,B=b_2)$、$R_2(B=b_2,C=c_2)$、$R_3(C=c_2,D=d_2)$、……、$R_i(X=x_2,W=w_2)$,则满足:

$$\left.\begin{array}{l} R_j \rightarrow \mathrm{if}(A=a_1)\mathrm{then}(W\neq w_2) \\ \mathrm{in}(F_1):\mathrm{if}(A=a_1)\mathrm{then}(B=b_2) \\ \quad\mathrm{if}(B=b_2)\mathrm{then}(C=c_2) \\ \qquad\vdots \\ \quad\mathrm{if}(X=x_2)\mathrm{then}(W=w_2) \end{array}\right\} \rightarrow R_j \notin (F_1)$$

给出以上配置规则后,可对产品族中的结构进行规则定制,定制步骤如下:

(1) 确产品族及其结构中的配置件和选配件;

(2) 确定输入关系对中的配置项和选配项;

(3) 确定结果输出关系对中的配置项和选配项;

（4）确定结果部分的关系符号并制定成规则；

（5）检验定制的规则；

（6）规则自反性检验，若矛盾，提示信息并返回修改，若满足，作下一步检验；

（7）规则传递过程中的自反性检验，若满足，保存规则，否则返回。

### 3. 规则匹配流程

规则匹配过程是一个自动推理的过程，以已知配置项和选配项及其关系作为关系输入对，遵循配置规则，通过一系列的推理，得到结果部分的配置项和选配项及其关系。输出结果是关系对集合，集合中所有同一配置项的不同选配项构成配置项的可选域。规则匹配遵循的原则主要有以下几点：

（1）传递性，同前面所述。

（2）可逆性，同前面所述。

（3）规则合并性，当多条规则中的输入部分完全相同，输出部分的配置项分别相同时，其结果部分的选配项可以合并。若存在关于 $A$ 的规则 $R_1(B=b_2, A=a_1)$、$R_2(B=b_2, A=a_2)$、$R_3(B=b_2, A=a_3)$，则有

$$\text{in}(F_1): \left.\begin{array}{l} \text{if}(B=b_2)\text{then}(A=a_1) \\ \text{if}(B=b_2)\text{then}(A=a_2) \\ \text{if}(B=b_2)\text{then}(A=a_3) \end{array}\right\} \rightarrow A\{a \mid (B=b_2), a \in (a_1, a_2, a_3)\}$$

（4）规则的互斥性，当规则的输入配置项不同，结果配置项相同时，则结果为其交集。若存在关于 $A$ 的规则 $R_1(B=b_2, A=a_1)$、$R_2(C=c_2, A=a_2)$、$R_2(W=w_2, A=a_3)$，则有

$$\text{in}(F_1): \left.\begin{array}{l} \text{if}(B=b_2)\text{then}(A=a_1) \\ \text{if}(C=c_2)\text{then}(A=a_2) \\ \text{if}(W=w_2)\text{then}(A=a_3) \end{array}\right\} \rightarrow A\{a \mid (B=b_2), (C=c_2), (W=w_2), a \in \Phi\}$$

（5）规则的互补性，结果部分同一配置项的"="和"≠"关系构成了其选配项的全集，且两种关系之间存在互补性。配置项 $A$ 的选配项为集合 $A\{a \mid (a_1, a_2, a_3, a_4)\}$，即针对 $A$ 的规则有 $R_1(B=b_2, A=a_1)$、$R_2(B=b_2, A=a_2)$、$R_3(B=b_2, A=a_3)$，则以上三条规则的合集与规则 $R_4(B=b_2, A≠a_4)$ 等价，配置项 $A$ 的可选域相同：

$$\text{in}(F_1): \left.\begin{array}{l} R_1 \rightarrow \text{if}(B=b_2)\text{then}(A=a_1) \\ R_2 \rightarrow \text{if}(B=b_2)\text{then}(A=a_2) \\ R_3 \rightarrow \text{if}(B=b_2)\text{then}(A=a_3) \end{array}\right\} \rightarrow A\{a \mid (B=b_2), a \in (a_1, a_2, a_3)\}$$

$$R_4 \rightarrow \text{if}(B=b_2)\text{then}(A≠a_4) \rightarrow A\{a \mid (B=b_2), a \in (a_1, a_2, a_3)\}$$

所以有

$$\{R_1,R_2,R_3\}\leftrightarrow\{R_4\}$$

（6）规则一致性，配置时，选配项的选择顺序对结果部分配置项的可选域无影响。

（7）规则强制性，当规则输入部分相同，结果部分配置项相同，且"="和"≠"两种关系同时存在时，不考虑"≠"关系的规则，例如，$R_1(B=b_2,A=a_1)$，$R_2(B=b_2,A=a_2)$，$R_3(B=b_2,A\neq a_3)$，则 $A$ 的可选域为 $\{a_1,a_2\}$，$R_3$ 可以忽略不计。

$$in(F_1):\left.\begin{array}{l}R_1\rightarrow if(B=b_1)then(A=a_1)\\R_2\rightarrow if(B=b_2)then(A=a_2)\end{array}\right\}\rightarrow A_1\{a\mid(B=b_2),a\in(a_1,a_2)\}$$

$$R_3\rightarrow if(B=b_2)then(A\neq a_3)\rightarrow A_2\{a\mid(B=b_2),a\in(a_1,a_2,a_4)\}$$

所以有

$$\{R_1,R_2,R_3\}=(A_1\bigcap A_2)\rightarrow A\{a\mid(B=b_2),a\in(a_1,a_2)\}$$

这里将结果中的"="关系默认成一种并（$\bigcup$）的关系，没有在规则中出现的选配项是不可选的，例如，配置项 $A\{a_1,a_2,a_3,a_4\}$，若存在规则 $R_1:if(B=b_1)then(A=a_1)$，$R_2:if(B=b_1)then(A=a_2)$，则表示 $a_3$、$a_4$ 都是不可选的。这时加入规则 $R_3:if(B=b_2)then(A\neq a_3)$ 或/和 $R_4:if(B=b_2)then(A\neq a_4)$ 对已有的可选结果集合没有影响，即规则集合 $\{R_1,R_2\}$、$\{R_1,R_2,R_3\}$、$\{R_1,R_2,R_4\}$、$\{R_1,R_2,R_3,R_4\}$ 的可选域相同。

规则匹配是以输入关系对为条件，通过规则推理，输出其他配置项的可选项的过程。规则匹配引擎的推理过程如图 7-9 所示。

图 7-9 中"$i$"是一个循环变量，指当前正在操作的规则，"Rule"用来存储查找出来的规则，具有自增的特点，从规则库中取出合理规则添加到"Rule"中，并投入规则匹配和循环中，直到重复出现或不能继续时结束，即"$i=$Rule. size()"。图 7-9 的推理模型中，整个过程都体现了规则传递性；逆向推理中利用的是规则的可逆性，如"设置匹配条件 then($A\neq a_1$)""从规则库匹配 then($A\neq a_1$)"两个步骤；模型的最后几个步骤是合并性、互斥性、互补性和强制性规则的应用，如"根据结果关系对合并"和"根据条件关系对合并"等步骤；"已经匹配过？"的肯定和否定判断以后的步骤体现了一致性规则。输入关系对 $(A,a)$ 在规则匹配过程中起触发作用，通过推理输出配置项的可选域集合，根据此集合确定其他配置项的选配项可选，从而给客户指出产品配置提示。

### 4. 输出配置方案

对于订单，一项需求可能映射为一项或多项配置项，而每个订单又包含多项需求，即一项订单映射之后会得到多个配置项，这时规则匹配引擎就会出现多项输入

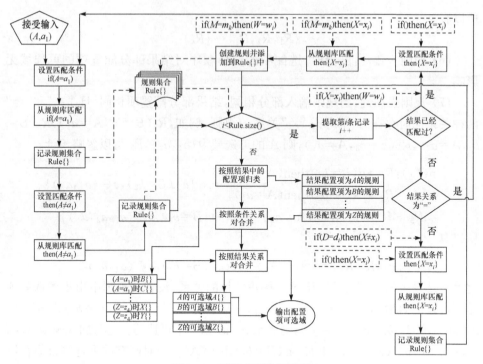

图 7-9　规则匹配推理流程

关系对。不同输入关系对通过匹配之后得到的配置项可选域不尽相同,且一对输入关系对并不能推导出所有配置项的可行域。若订单需求之间是非矛盾需求,那么最终得到的可行域应是每个输入关系对经过匹配之后得到的可行域的并集。所有配置项的可行域确定之后,需要从可行域中整理出一组可装配的结构组合,并通过端口连接属性添加其他结构以形成最终产品,如图 7-10 所示。通过映射规则将

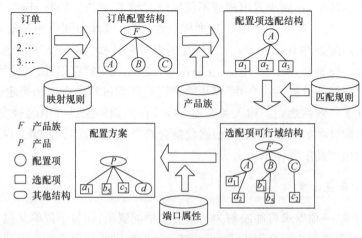

图 7-10　产品配置方案形成过程

订单的需求映射成产品的配置项结构,在产品族数据库中找到配置项对应的选配项,根据匹配规则库对选配项进行可行性划分,最后根据端口属性将配置项的可行性选配项结构和其他结构装配起来形成最终方案。这里形成的最终方案是指满足订单需求的一种或多种可行方案。

# 7.5　基于层次分析法的产品配置评价

## 7.5.1　层次分析法的评价结构

配置方案评价是产品配置设计的关键技术之一,通过订单配置得到的多种产品配置方案如图 7-11 所示。在配置方案评价时,应综合考虑客户和企业的共同利益,一方面要使配置方案达到客户的最佳综合满意度,另一方面要提高企业内部资源的最有效的利用率,降低企业成本,对配置方案进行有效评价,从多个满足要求的方案中选择出整体最优的方案。

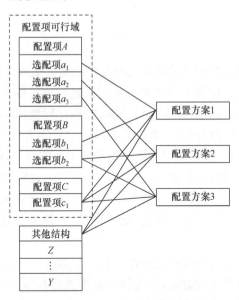

图 7-11　多种可行的配置方案

层次分析法(AHP)作为一种决策过程,采用了相对标度的形式,并充分利用了决策者的经验和判断能力,提供了一种表示决策因素测度的方法。在递阶的层次结构下,根据规定的相对标度-比例标度,依靠决策者的判断,对同一层次有关因素的相对重要性进行两两比较,按照从上到下的合成方案对决策目标进行测度。这个测度的最终结果是以方案相对重要性的权重来表示。层次分析法统一了有形与无形、可定量与不可定量等评价诸多因素,它不仅可以作为决策的依据,而且也可以对决策结果进行评价。利用层次分析法实现对产品配置方案的评价,为客户提供满意的产品配置方案,同时兼顾企业的利益。图 7-12 是建立的减速机产品配置方案评价的层次结构模型。

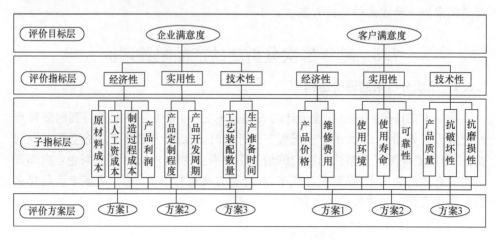

图 7-12　配置方案评价层次结构模型

建立的产品配置方案的评价结构模型是对配置方案从企业和客户两个角度考虑,分别从经济性、实用性和技术性等三个方面进行比较排序。从企业角度考虑,经济性指产品的原材料成本、工人工资成本、制造过程费用和产品利润;实用性指企业的生产效率高,体现在配置方案上是产品的定制度高和产品的开发周期短;技术性指产品的可制造性,针对配置方案企业具备的生产能力,可以通过企业工艺装备的数量和生产准备时间进行衡量。从客户角度考虑,经济性包含产品的价格和产品在后续使用中出现故障时的维修费用,实用性包括产品的使用环境、可靠性以及使用寿命,技术性是指产品的质量、抗破坏能力、维修方便以及产品的可操作性等。

通过建立三标度层次分析产品配置方案评价模型,对优先关系矩阵进行转换,使判断矩阵满足一致性检验要求,以达到企业满意度和客户满意度双目标作为综合目标评价同一产品的若干配置方案。

### 7.5.2　层次分析法的评价过程

根据所建立的产品配置方案层次结构模型,产品具体评价过程如下:

第 1 步　建立产品方案层次结构模型。将最上层的产品作为目标层,第二、三层为指标层,设计方案为方案层,构建产品配置方案评价的层次结构。结合评价指标的分析可以得到由三标度层次分析法建立的层次结构模型。

第 2 步　建立三标度优先关系矩阵。首先各位专家根据递阶层次结构逐层构造出每一层次上各元素之间重要性程度的三标度优先关系矩阵。1～9 比率标度含义如下:1 表示两个元素相比,具有同样的重要性;2 表示两个元素相比,一个元素比另一个稍微重要;5 表示两个元素相比,一个元素比另一个元素明显重要;7 表示两个元素相比,一个元素比另一个元素强烈重要;9 表示两个元素相比,一个元素比另一个极端重要;2、4、6、8 为上述相邻判断的中值。由此得出的矩阵称为优先关系矩阵,它表示各因素之间对于上一层某因素的重要性或好坏关系。

采用层次分析法构建判断矩阵的方法,根据产品配置设计评价的层次结构模型,构建评价模型的判断矩阵如下列公式所示,$x_i/y_i$ 定义为同层之间的相对重要程度。

$$A-B=\begin{bmatrix} 1 & B_1/B_2 & B_1/B_3 \\ B_2/B_1 & 1 & B_2/B_3 \\ B_3/B_1 & B_3/B_2 & 1 \end{bmatrix}$$

$$B_1-C_{(1-4)}=\begin{bmatrix} 1 & C_1/C_2 & C_1/C_3 & C_1/C_4 \\ C_2/C_1 & 1 & C_2/C_3 & C_2/C_4 \\ C_3/C_1 & C_3/C_2 & 1 & C_3/C_4 \\ C_4/C_1 & C_4/C_2 & C_4/C_3 & 1 \end{bmatrix}$$

$$B_2-C_{(5-6)}=\begin{bmatrix} 1 & C_5/C_6 \\ C_6/C_5 & 1 \end{bmatrix}$$

$$B_3-C_{(7-8)}=\begin{bmatrix} 1 & C_7/C_8 \\ C_8/C_7 & 1 \end{bmatrix}$$

$$C_j-D=\begin{bmatrix} 1 & D_1/D_2 & \cdots & D_1/D_m \\ D_2/D_1 & 1 & \cdots & D_2/D_m \\ \vdots & \vdots & & \vdots \\ D_m/D_1 & D_m/D_2 & \cdots & 1 \end{bmatrix}, \quad j=1,2,\cdots,8$$

在如图 7-12 所示的企业满意度评价中,以子指标层产品成本为例。与产品成本有关的下一层次有三个因素分别为方案 1、方案 2 和方案 3,则方案层的优先关系矩阵为 $A=(a_{ij})_{3\times3}$。

**第 3 步** 对产品配置方案层次结构模型中各层元素进行层次单排序。使用一致性判断矩阵去推算各层次上各因素的重要次序,并对权重指标归一化处理,采用根法进行层次单排序。

假设产品配置方案评价的层次结构模型共为 $l$ 层,这里 $l=4$,有 $m$ 个备选方案,又设第 $l$ 层上共有 $n_l$ 个元素与其上一层即第 $l-1$ 层上的子指标 $B$ 有联系,根据公式:

$$\overline{w_i^l} = \frac{\sqrt[m]{\prod_{j=1}^{m} r_{ij}}}{\sum_{i=1}^{m} \sqrt[m]{\prod_{j=1}^{m} r_{ij}}}, \quad i, j = 1, 2, \cdots, m \tag{7-1}$$

$$\overline{w^l} = (\overline{w_1^l}, \overline{w_2^l}, \cdots, \overline{w_{n_l}^l})^{\mathrm{T}} \tag{7-2}$$

可以分别计算出第 $l$ 层上 $n_l$ 个元素与第 $l-1$ 层上的某个元素为指标的单排序向量 $\overline{w^l}$。

第 4 步　产品配置层次结构模型中各层元素对目标层的总排序。由于在图 7-11 中有两个总目标,即客户满意度和企业满意度,所以最终的排序结果有两种。总排序的过程如下:

第 $l$ 层上各元素对目标层的总排序 $w^l$ 为

$$w^l = S^l S^{l-1} \cdots S^3 w^2 = (w_1^l, w_2^l, \cdots, w_{n_l}^l)^{\mathrm{T}} \tag{7-3}$$

$$S^l = \begin{bmatrix} s_{11}^l & s_{12}^l & \cdots & s_{1n_{l-1}}^l \\ s_{21}^l & s_{22}^l & \cdots & s_{2n_{l-1}}^l \\ \vdots & \vdots & & \vdots \\ s_{n_l 1}^l & s_{n_l 2}^l & \cdots & s_{n_l n_{l-1}}^l \end{bmatrix} \tag{7-4}$$

$$s_j^l = (s_{1j}^l, s_{2j}^l, \cdots, s_{n_l j}^l), \quad j = 1, 2, \cdots, n_{l-1}$$

$s_j^l$ 为第 $l$ 层 $n_l$ 个元素对第 $l-1$ 层第 $j$ 个元素为指标的单排序向量,可由 $\overline{w^l}$ 构造出来,其中不受第 $j$ 个元素支配的元素权重取零。$w^2$ 为第二层元素对目标的单排序向量;$l$ 为结构模型层次数;$w_j^l$ 为 $l$ 层第 $j$ 个元素对目标层的总排序权重。

第 5 步　进行一致性检验。考虑到人对重要度矩阵的主观评价可能会有较大的误差,在求出特征向量后,应进行一致性检验,为此要进行重要度矩阵 $C$ 的最大特征值 $\lambda_{\max}$ 的计算:

$$\lambda_{\max} = \frac{1}{n} \sum_{i=1}^{n} \frac{(CW^{\mathrm{T}})_i}{w_i} \tag{7-5}$$

一致性指数 CI 为

$$\mathrm{CI} = \frac{\lambda_{\max} - n}{n-1} \tag{7-6}$$

随机一致性比率 CR 为

$$\mathrm{CR} = \frac{\mathrm{CI}}{\mathrm{RI}} \tag{7-7}$$

式中,$\lambda_{\max}$ 为判断矩阵的最大特征根;$n$ 为判断矩阵的阶数;RI 为平均随机一致性指数,取值如表 7-1 所示。

表 7-1　RI 取值

| 重要度矩阵阶数 $n$ | 3 | 4 | 5 | 6 | 7 | 8 | 9 |
|---|---|---|---|---|---|---|---|
| RI | 0.58 | 0.90 | 1.12 | 1.24 | 1.32 | 1.41 | 1.45 |

当 CR≤0.10 时,重要度矩阵有满意的一致性;当 CR>0.10 时,应对重要度矩阵中的评分重新修正,直到矩阵的一致性满足要求。

利用上述步骤可得出若干种产品配置方案对企业满意度总目标的总排序,同样再重复上述计算可得出这些配置方案对客户满意度总目标的总排序。若对于这两个目标,产品配置方案的排序是一致的,则目标权值最大的方案为最优方案;若两目标的排序不一致,则由企业和客户进行协商来决定采用哪种产品配置方案。

# 7.6　本 章 小 结

本章研究了大批量定制环境下以产品族本体和客户需求本体为基础的面向客户订单需求的产品配置方法,首先对客户订单进行了本体获取,将客户订单转换成本体模型;为快速配置出满足客户订单的产品,提出了本体映射和规则匹配相结合的产品配置过程,通过订单和产品族的本体映射,确定了产品配置结果中的相关结构,并以此为输入关系对,在规则库中进行匹配,并根据端口属性将最终的可行结构和固定结构进行装配;采用层次分析方案对产品配置设计方案进行评价,综合了企业和客户两个主体的满意度。

# 第8章 基于库存策略的生产排程

## 8.1 引　言

生产排程是生产计划的基础,是大批量定制下的产品设计制造规划的另一主要内容。针对批量订单的配置设计结果中的相似零部件,确定每一类零部件在制造企业中的加工顺序、开工时间以及设备的占用情况。生产排程结果对成本、交货期和个性化具有直接影响,因此需要对制造商生产成本、交货期和个性化与生产排程之间的关系进行研究。本章从订单需求出发,基于库存策略,建立以成本和交货期为目标,以个性化为约束的生产过程解耦点定位模型,在对该定位模型求解的基础上,研究按订单制造和按订单装配两种情形下的生产排程问题,依据生产过程解耦点的位置将每类生产排程问题划分为生产排程之前和之后两部分,针对各部分的特点设计相应的算法。

## 8.2　生产过程解耦点定位模型

大批量定制生产方式为解决大批量生产的单品种、低成本和短交货期与定制生产的多品种、高成本和长交货期的统一提供了可行的解决方案,其中客户订单分离点是该解决方案中的关键难题。

### 8.2.1　生产过程解耦点概念的提出

在传统的制造系统中,当产品质量一定时,交货期、成本和个性化是三个高度相关的优化目标。但通常情况下这三个目标很难同时优化:提高了产品的个性化程度,则成本提高,交货周期延长;缩短了周期,则成本提高,个性化程度降低。所以,交货期、成本和个性化构成了一个紧密耦合的三角关系,如图 8-1 所示。

生产过程解耦点(production process decoupling point, PPDP)的含义是:企业生产活动中由基于预测的库存生产转向响应客户需求的定制/订单生产的转换点。在大批量定制生产方式中,前端是基于预测的库存生产,采用大批量生产方式生产;后端是响应客户的个性化需求的定制生产,采用定制生产方式,多数文献把这个分界点称为客户订单分离点或者客户定制点,通过引入"解耦"的思想(数学中解耦是指使含有多个变量的数学方程变成能够用单个变量表示的方程组,即变量不

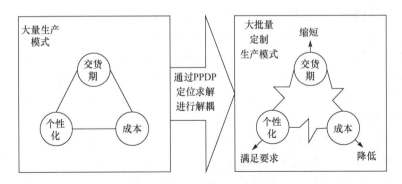

图 8-1　"神秘三角"的解耦

再同时共同直接影响一个方程的结果,从而简化分析计算),将其定义为生产过程解耦点,不仅强调了这个分界点的位置处于供应链的核心环节——制造商的生产活动中,而且体现出该转换点定位的作用——实现成本、时间和个性化需求三个目标的解耦。根据生产过程解耦点的定义,生产过程解耦点是按库存生产与按订单生产的转换分离点,也就是生产由"共性"加工部分转向"个性"加工部分的分离点。延迟策略的本质是将生产过程解耦点往后推迟,即在制造商的生产过程中尽可能地把定制活动推迟,直至接到确定的订单或者更为准确的信息,增加"共性"生产部分的比例。建立以成本、时间为目标,以个性化程度为约束的生产过程解耦点定位的模型,是解决"神秘三角"问题,实现成本、交货期和个性化解耦的关键。

### 8.2.2　生产过程解耦点定位的多目标数学模型

已有的相关模型大都以成本作为目标,以交货期和个性化要求作为约束条件,起不到三个目标整体解耦的目的。以成本和时间为目标,以满足客户要求的个性化程度作为约束,建立生产过程解耦点定位的多目标模型。该模型立足于大批量定制生产方式下制造企业的生产系统,在综合考虑了制造商自身的成本以及由制造商承担的供应链上其他环节成本的基础上,以成本最低和交货期最短为目标求解最适当的生产过程解耦点位置。

1. 模型的前提假设及符号说明

在建立生产过程解耦点定位模型之前,需要对模型作如下相应的假设:

(1) 设生产过程解耦点定位于生产系统中,模型的总成本为由制造商承担的自身成本、采购商成本、销售商成本和第三方物流企业成本。

(2) 采购件采用周期订货的 $(T,S)$ 库存补给策略,即固定的检查周期 $T$、固定的订货提前期及最大库存量 $S$。

(3) 假设制造商的成本包括投资成本、加工成本、通用化半成品库存成本、在制品持有成本和客户等待成本，由于大批量定制方式下的生产系统不存在成品库存，客户必须等待一定的交货期才能获得定制化的产品，但并非所有的客户都愿意等待一定的时间来获得定制化的产品，所以为了保持一定的市场占有率以保持竞争优势，实施大批量定制的企业通过降低产品售价所导致的损失就被视为制造商的客户等待成本。

(4) 假设由制造商承担的第三方物流企业的成本主要包括库存保管成本、包装成本、搬运成本、运输成本以及流通加工成本，其中流通加工成本指为保存或改变物品的形状和性质而进行的活动，主要是一些辅助性的作业，且其加工的目的是提高物流系统的效率。

(5) 设此模型研究 $N$ 种产品的差异化点已经通过对订单的分析获取，分别为 $q_1, q_2, \cdots, q_N$，在该生产系统中仅有一个生产过程解耦点的情形。

(6) 设 $D_1$ 为通用化制造中心接收到的半成品的需求量，$D_{2i}$ 为差异化阶段中定制化制造中心 $i$ 接收到的客户需求量，是一个均值为 $\lambda_{2i}$，方差为 $\sigma_{2i}^2$ 的随机变量。

模型中的参数及与生产过程解耦点定位有关的函数有：采购件的订货成本和采购成本为 $c_1(p)$ 和 $c_2(p)$；采购件的订货周期和订货提前期分别为 $T_1$ 和 $T_2$；通用化阶段半成品的单位平均制造成本为 $c_3(p)$，定制化制造中心 $i$ 在第 $j$ 步的单位平均生产成本为 $c_{4ij}(p)$，定制化制造中心 $i$ 在第 $j$ 步的在制品数量为 $\varepsilon_{2ij}(p)$，单位在制品持有成本为 $\alpha_{2ij}(p)$；定制化制造中心 $i$ 在第 $j$ 步的单位时间等待成本为 $o_{2ij}(p)$，期望生产时间为 $\mathrm{ET}_{2ij}(p)$；通用化制造中心的在制品数量为 $\varepsilon_1(p)$，单位平均在制品持有成本为 $\alpha_1(p)$；通用化半成品的单位平均库存成本为 $h_1(p)$，通用化半成品的期望库存量为 $\mathrm{EI}_1(p)$；定制品的订货成本和销售成本为 $c_{5i}$ 和 $c_{6i}$；采购件的库存保管成本、运输成本、包装成本、搬运成本和流通加工成本分别为 $c_7(p)$、$c_8(p)$、$c_9(p)$、$c_{10}(p)$ 和 $c_{11}(p)$。通用化制造中心和定制化制造中心的平均生产率为 $P_1(p)$ 和 $P_{2ij}(p)$。

### 2. 基于准时化生产的库存策略

准时化生产(just in time, JIT)，是一种面向企业内部的生产管理方法，其核心思想就是严格按照客户需求准时生产产品，以需求拉动生产，尽量压缩原材料、在制品及产成品的库存，消除浪费，降低成本，提高效率，即在必要的时间，按必要的数量生产必要的产品，不过多、过早地生产暂不需要的产品。准时化思想在供应链管理中的应用主要表现在准时采购、准时生产和准时供货三个方面。准时化生产思想在大批量定制中的作用在于使通用化阶段的库存生产的库存量最小化。

大批量定制的库存策略一般分为两种：集中型库存策略和分散型库存策略。在集中型库存的大批量定制中，整个生产系统的库存设在第 $p$ 阶段之后，第 $p+1$ 阶段之前,如图 8-2 所示,第 $1 \sim p$ 阶段采用推动式的大批量生产方式,第 $p+1 \sim N$ 阶段则采用客户订单拉动的定制生产方式,企业采用集中型库存策略的库存量的公式为 $\mathrm{EI}_1 = \sum_{i=1}^{N} \lambda_{2i}/2 + a\sigma \sqrt{\sum_{j=1}^{M} t_j}$。

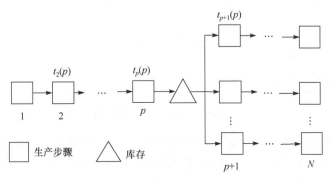

图 8-2　集中型库存策略

　　与集中型库存策略不同,在分散型库存策略中,解耦点之前的各生产阶段都设有库存,如图 8-3 所示。企业采取分散型库存策略的库存量公式为 $\mathrm{EI}_2 = \sum_{i=1}^{N} \lambda_{2i}/2 + a\sigma \sqrt{\lambda_{2i} t_{ij}(p)}$。

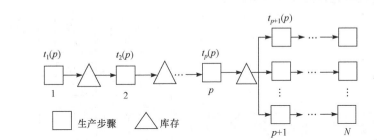

图 8-3　分散型库存策略

### 3. 集中型库存的多目标生产过程解耦点定位模型

　　为了使所建立的生产过程解耦点定位模型更全面,需明确制造商在整个供应链系统中的位置及与其他环节的关系。供应链是贯穿核心企业产品的原材料以及零部件采购、产品的生产、销售直至运输给客户的过程,这个过程包含采购、生产、销售和物流四个关键环节,其中还有订单的分析、库存和售后服务等。因此,设该供应链系统由 $Y_1$ 个原材料供应商、$L$ 个零件供应商、$B$ 个部件供应商、一个制造商、$X$ 个销售商、一个物流企业和 $Y_2$ 个客户组成,其中 $X$ 个销售商属于同一层次的销售代理,制造商是基于订货生产的核心企业,供应链系统中所有的物流服务都外包给专业的物流企业来完成,供需双方均不承担物流活动,该物流企业一般称为第三方物流企业。制造商与供应链其他环节的关系如图 8-4 所示。

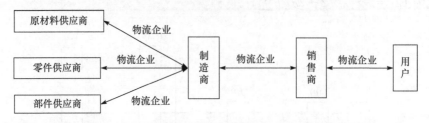

图 8-4　制造商与供应链其他环节的关系

设制造商生产同一产品族下的 $N$ 种定制化产品,每种产品都要经过总生产步骤为 $M$ 步的两个阶段,以实现定制化产品的延迟生产,其中阶段 1 是由通用化半成品生产中心构成的通用化阶段,阶段 2 是由 $N$ 个定制化生产中心组成的差异化阶段。对于集中型库存的模型,两阶段之间存在一个集中库存点,用来存放通用化的半成品。$p$ 为生产过程解耦点的工序位置,$q$ 为开始对产品进行个性化加工的工序位置,$N$ 种定制化产品存在 $N$ 个个性化加工点,则 $q=\min\{q_i\},i=1,2,\cdots,N$,每一步的提前期为 $t_j(p)(j=1,\cdots,M)$,$r_j(p)$ 表示以 $p$ 为区分点时第 $j$ 步的节拍。生产过程模型如图 8-5 所示。

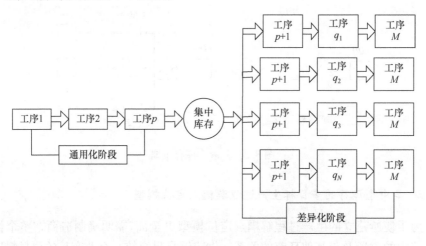

图 8-5　制造商内部的过程模型

目标 1:生产系统的总成本 $Z$ 包括制造商成本 $Z_2$、由制造商承担的供应商成本 $Z_1$、销售商成本 $Z_3$、第三方物流企业成本 $Z_4$,则实施大批量定制的生产系统的成本模型为

$$\min Z(p) = Z_1(p) + Z_2(p) + Z_3(p) + Z_4(p) \tag{8-1}$$

由于按订单生产型供应链的核心企业是制造商,生产系统中的生产过程解耦点 $p$ 的位置变动会影响供应链上各个环节成本的变动,所以供应商成本、制造商成本、销售成本和第三方物流企业成本都是与 $p$ 有关的函数。

相关成本分析如下:

(1) 由制造商承担的供应商成本 $Z_1(p)$ 主要包括采购件订货成本 $Z_{11}(p)$ 和采购成本 $Z_{12}(p)$,即

$$
\begin{aligned}
Z_1(p) = & \left[ \sum_{y=1}^{Y} c_{1y}(p) + \sum_{l=1}^{L} c_{1l}(p) + \sum_{b=1}^{B} c_{1b}(p) \right] \\
& + \left[ \sum_{y=1}^{Y} c_{2y}(p) \cdot (T_{1y} + T_{2y}) + \sum_{l=1}^{L} c_{2l}(p) \cdot (T_{1l} + T_{2l}) \right. \\
& \left. + \sum_{b=1}^{B} c_{2b}(p) \cdot (T_{1b} + T_{2b}) \right]
\end{aligned} \tag{8-2}
$$

(2) 制造商成本 $Z_2(p)$ 主要由投资成本 $Z_{21}(p)$、通用化阶段成本 $Z_{22}(p)$ 和差异化阶段成本 $Z_{23}(p)$ 组成,其中通用化阶段的成本包括半成品制造成本、半成品在制品持有成本和半成品库存成本,差异化阶段的成本包括定制件的制造成本、定制件的在制品持有成本和定制件的客户等待成本,即

$$
\begin{aligned}
Z_2(p) = & Z_{21}(p) + \left\{ D_1 \cdot c_3(p) + \varepsilon_1(p) \cdot \alpha_1(p) + h_1 \cdot \left[ \sum_{i=1}^{N} \lambda_{2i}/2 + a \cdot \sigma \cdot \sqrt{\sum_{j=1}^{M} t_j(p)} \right] \right\} \\
& + \sum_{j=k+1}^{M} \left[ \sum_{i=1}^{N} \lambda_{2i} \cdot c_{4ij}(p) + \sum_{i=1}^{N} \varepsilon_{2ij}(p) \cdot \alpha_{2ij}(k) + \sum_{i=1}^{N} \rho_{2ij}(p) \cdot \mathrm{ET}_{2ij}(p) \right]
\end{aligned} \tag{8-3}
$$

(3) 由制造商承担的销售商成本 $Z_3(p)$ 主要包括定制品的订货成本和销售成本,即

$$
Z_3(p) = \sum_{i=1}^{N} c_{5i}(p) \cdot \lambda_{2i} + \sum_{i=1}^{N} c_{6i} \cdot \lambda_{2i} \tag{8-4}
$$

(4) 由制造商承担的第三方物流企业成本 $Z_4(p)$:根据第三方物流企业在供应链中的活动可以分为从供应商到制造商和从制造商到销售商两个阶段,相应的成本也可以分为阶段 1 的成本 $Z_{41}(p)$ 和阶段 2 的成本 $Z_{42}(p)$。根据物流系统由运输、保管、包装、搬运、流通加工、信息处理等一系列要素构成,各个阶段的物流成本包括库存保管成本、运输成本、包装成本、搬运成本和流通加工成本。由于生产过程解耦点位置的变动对阶段 2 的成本影响不大,所以只计算阶段 1 的成本,即

$$
Z_4(p) = c_7 + c_8 + c_9 + c_{10} + c_{11} \tag{8-5}
$$

目标 2:核心企业从接到订单开始到通过物流企业将定制化的产品交到客户
(销售商或者客户) 手中的时间最短,完成需求量为 $N$ 种产品 $\sum_{i=1}^{N} \lambda_{2i}$ 的时间包括采
购件的订货提前期、制造商的加工时间和物流活动占用的时间,即

$$\min T(p) = \left( \sum_{y=1}^{Y} T_{2y} + \sum_{l=1}^{L} T_{2l} + \sum_{b=1}^{B} T_{2b} \right) + \sum_{j=p+1}^{M} N \cdot t_j(p)$$
$$+ \sum_{j=p+1}^{M} N \cdot r_j(p) + \sum_{i=1}^{N} (\lambda_{2i} - 1) \cdot r(p) \tag{8-6}$$

式中,$r(p) = \max r_j(p)$,$j$ 的取值范围为 $[p+1, M]$。当制造企业采用流水线作业
时,后一个产品与前一个产品的出厂时间将仅会相差所有工序中占用时间最长的
那道生产步骤的加工时间。

约束条件主要有以下三个:

(1) 满足客户的个性化要求,即生产过程解耦点无论定位在生产过程的哪一
步,必须首先满足客户的个性化需求,即 $1 \leqslant p \leqslant q \leqslant M$。

(2) 产品增值能力的约束,即 $\alpha_1(p) < h_1(p) < \alpha_{2ij}(p)$。

(3) 生产能力的约束,即 $0 < \varepsilon_1(p) < \varepsilon_{2ij}(p) < 1$。

**4. 分散型库存的多目标生产过程解耦点定位模型**

与集中型库存的生产过程解耦点定位决策模型不同,在分散型库存的生产过
程解耦点决策模型中,生产过程解耦点定位工序之前的各工序均设有库存,因此与
集中性库存的生产过程解耦点定位模型不同的是制造商的成本 $Z_2'(p)$,具体体现
在库存量和库存成本的不同。则对于第 $i(1 \leqslant i \leqslant p)$ 道工序,其平均库存水平为
$\lambda_{2i}/2 + a \cdot \sigma \sqrt{\lambda_{2i} \cdot t_{ij}(p)}$,其库存成本为 $h_j(p)[\lambda_{2i}/2 + a \cdot \sigma \cdot \sqrt{\lambda_{2i} \cdot t_{ij}(p)}]$。

故制造商的成本为

$$Z_2'(p) = Z_{21}(p) + \left\{ \sum_{i=1}^{N} \lambda_{2i} \cdot c_{3i}(p) + \varepsilon_1(p) \cdot \alpha_1(p) \right.$$
$$+ \sum_{i=1}^{N} \sum_{j=1}^{p} h_j(p) \cdot \left[ \lambda_{2i}/2 + a \cdot \sigma \cdot \sqrt{\lambda_{2i} \cdot t_{ij}(p)} \right] \right\}$$
$$+ \sum_{j=k+1}^{M} \left[ \sum_{i=1}^{N} \lambda_{2i} \cdot c_{4ij}(p) + \sum_{i=1}^{N} \varepsilon_{2ij}(p) \cdot \alpha_{2ij}(k) + \sum_{i=1}^{N} \rho_{2ij}(p) \cdot \mathrm{ET}_{2ij}(p) \right]$$
$$\tag{8-7}$$

供应商成本、销售商成本和第三方物流企业的成本与集中型库存的生产过程解耦点模型相同,交货期最短的目标和约束条件也完全相同。

### 8.2.3　模型的扩展及实例

#### 1. 模型的扩展

为了进一步分析上述所建立的模型,深入研究生产过程解耦点的定位问题,需要确定出影响生产过程解耦点的各个因素变量与生产过程解耦点位置 $p$ 之间的函数关系。一般情况下,这些函数可以通过结合大量的实际生产数据,运用函数插值和曲线拟合等技术手段进行计算机模拟得来。由于任意定制化产品 $i$ 都属于同一个产品族,每个定制化产品都是相似的,所以对于任意定制化产品,$c_{4ij}(p)$、$\alpha_{2ij}(p)$、$\varepsilon_{2ij}(p)$、$\rho_{2ij}(p)$、$\mathrm{ET}_{2ij}(p)$、$P_{2ij}(p)$、$c_{5i}(p)$ 和 $c_{6i}(p)$ 都是相等的,分别为 $c_{4j}(p)$、$\alpha_{2j}(p)$、$\varepsilon_{2j}(p)$、$\rho_{2j}(p)$、$\mathrm{ET}_{2j}(p)$、$P_{2j}(p)$、$c_5(p)$ 和 $c_6(p)$。

为便于分析,对模型中参数进行如下假设:设该生产系统所能生产的定制化产品并非高附加值产品,则采购件的订货成本和采购成本为关于 $p$ 的一次增函数。随着定制活动开始的位置向生产过程的后期移动,通用化阶段的生产加强,势必造成通用化制造中心的制造成本增加,同时定制化制造中心的生产减弱,定制化阶段的制造成本下降,则可设 $c_3(p)$ 是生产过程解耦点位置 $p$ 的一次增函数,$c_{4ij}(p)$ 为关于 $p$ 的一次减函数。同理可得通用化制造中心的单位平均在制品持有成本 $\alpha_1(p)$ 和单位库存成本 $h_1(p)$ 为关于 $p$ 的一次增函数,定制化制造单位在制品持有成本 $\alpha_{2ij}(p)$ 和单位时间等待成本 $\rho_{2ij}(p)$ 为关于 $p$ 的一次减函数。采购件的库存保管成本、运输成本、包装成本、搬运成本和流通加工成本为关于 $p$ 的一次增函数。通用化制造单位的前 $p$ 步的每一步的提前期和节拍是关于 $p$ 的一次增函数,定制化制造单位的 $p+1\sim M$ 步的每一步的提前期和节拍是关于 $p$ 的一次减函数。定制品的订货成本和销售成本 $c_{5i}(p)$ 和 $c_{6i}(p)$ 为关于 $p$ 的一次减函数。

通用件制造的生产率为 $P_1(p) = (\sum\limits_{j=1}^{p} k_{p1j} \cdot p)^{-1}$,通用化阶段的在制品数量为

$\varepsilon_1 = D_1 \cdot P_1(p) = D_1/(\sum\limits_{j=1}^{p} k_{p1j} \cdot p)$;定制件制造在第 $j$ 步的生产率为 $P_{2j}(p) = [k_{p2j} \cdot (M-p)]^{-1}$,则在第 $j$ 步的在制品数量为 $\varepsilon_{2j} = D_2/[k_{p2j} \cdot (M-p)]$,期望生产时间为 $\mathrm{ET}_{2j} = (P_{2j} - \lambda_2)^{-1}$,即 $\mathrm{ET}_{2j} = k_{p2j} \cdot (M-p)/[1 - k_{p2j} \cdot (M-p)]$。

综上所述,由式(8-1)~式(8-6)可得,集中型库存的多目标模型可扩展为

$$\min Z(p) = Z_1(p) + Z_2(p) + Z_3(p) + Z_4(p)$$

$$= \left\{ \left[ \sum_{y=1}^{Y} k_{1y} \cdot p + \sum_{l=1}^{L} k_{1l} \cdot p + \sum_{b=1}^{B} k_{1b} \cdot p \right] \right.$$

$$+ \left[ \sum_{y=1}^{Y} k_{2y} \cdot p \cdot (T_{1y} + T_{2y}) + \sum_{l=1}^{L} k_{2l} \cdot p \cdot (T_{1l} + T_{2l}) \right.$$

$$\left. + \sum_{b=1}^{B} k_{2b} \cdot p \cdot (T_{1b} + T_{2b}) \right] \right\} + \left\{ k_{21} \cdot p + \left[ D_1 \cdot k_3 \cdot p + k_1 \cdot D_1 \middle/ \sum_{j=1}^{p} k_{p1j} \right. \right.$$

$$+ k_{h1} \cdot p \cdot \left[ N\lambda_2/2 + a \cdot \sigma \cdot \sqrt{\sum_{j=1}^{p} k_{t1j} \cdot p + \sum_{j=p+1}^{M} k_{t2j} \cdot (M-p)} \right]$$

$$+ \sum_{j=k+1}^{M} [N \cdot \lambda_2 \cdot k_{4j} \cdot (M-p)$$

$$\left. \left. + k_{2j} \cdot D_2 \cdot N/k_{p2j} + N \cdot k_{p2j} \cdot k_{p2j} \cdot (M-p)^2/(1 - k_{p2j} \cdot (M-p)) \right] \right] \right\}$$

$$+ (k_{c5} + k_{c6}) \cdot N \cdot \lambda_2 \cdot p + (k_7 + k_8 + k_9 + k_{10} + k_{11}) \cdot p$$

$$\min T(p) = \left( \sum_{y=1}^{Y} T_{2y} + \sum_{l=1}^{L} T_{2l} + \sum_{b=1}^{B} T_{2b} \right) + \left[ \sum_{j=p+1}^{M} N \cdot (k_{t2j} + k_{r2j}) \cdot (M-p) \right.$$

$$\left. + N \cdot (\lambda_2 - 1) \cdot r(p) \right] \qquad (8\text{-}8)$$

$$\text{s. t.} \begin{cases} 1 \leqslant p \leqslant q \leqslant M \\ k_1 < k_{h1} < k_{2j} \\ 0 < D_1 \middle/ \sum_{j=1}^{p} k_{p1j} \cdot p < D_2/k_{p2j} \cdot (M-p) \end{cases}$$

由式(8-1)、式(8-2)、式(8-4)~式(8-7)可得分散型库存的多目标模型可扩展为

$$\min Z(p) = Z_1(p) + Z_2(p) + Z_3(p) + Z_4(p)$$

$$= \left\{ \left[ \sum_{y=1}^{Y} k_{1y} \cdot p + \sum_{l=1}^{L} k_{1l} \cdot p + \sum_{b=1}^{B} k_{1b} \cdot p \right] + \left[ \sum_{y=1}^{Y} k_{2y} \cdot p \cdot (T_{1y} + T_{2y}) \right. \right.$$

$$\left. \left. + \sum_{l=1}^{L} k_{2l} \cdot p \cdot (T_{1l} + T_{2l}) + \sum_{b=1}^{B} k_{2b} \cdot p \cdot (T_{1b} + T_{2b}) \right] \right\}$$

$$+ \left\{ k_{21} \cdot p + \left[ D_1 \cdot k_3 \cdot p + k_1 \cdot D_1 \middle/ \sum_{j=1}^{p} k_{p1j} \right. \right.$$

$$+ \sum_{j=1}^{p} k_{h1j} \cdot p \cdot \left[ N\lambda_2/2 + a \cdot \sigma \cdot \sqrt{\lambda_2 \left[ \sum_{j=1}^{p} k_{t1j} \cdot p + \sum_{j=p+1}^{M} k_{t2j} \cdot (M-p) \right]} \right]$$

$$+ \sum_{j=k+1}^{M} \left[ N \cdot \lambda_2 \cdot k_{4j} \cdot (M-p) \right.$$

$$\left. + k_{2j} \cdot D_2 \cdot N/k_{p2j} + N \cdot k_{\rho2j} \cdot k_{p2j} \cdot (M-p)^2/(1-k_{p2j} \cdot (M-p)) \right] \right\}$$

$$+ (k_{c5} + k_{c6}) \cdot N \cdot \lambda_2 \cdot p + (k_7 + k_8 + k_9 + k_{10} + k_{11}) \cdot p$$

$$\min T(p) = \left( \sum_{y=1}^{Y} T_{2y} + \sum_{l=1}^{L} T_{2l} + \sum_{b=1}^{B} T_{2b} \right) + \left[ \sum_{j=p+1}^{M} N \cdot (k_{t2j} + k_{r2j}) \cdot (M-p) \right.$$

$$\left. + N \cdot (\lambda_2 - 1) \cdot r(p) \right] \tag{8-9}$$

约束条件同上。

**2. 生产过程解耦点定位模型应用实例**

某制造商主要生产同一产品族下的若干种相似产品,围绕着该制造商有原材料供应商、零件供应商、部件供应商、销售商、客户和第三方物流企业等供应链相关环节。该制造商采用集中型库存策略,对该制造商内部进行生产过程解耦点定位的求解模型就是上述多目标解耦模型,模型中的主要参数值如表 8-1 所示。

**表 8-1 解耦模型的主要参数值**

| 参数 | 参数值 | 参数 | 参数值 | 参数 | 参数值 |
|------|--------|------|--------|------|--------|
| $Y_1$ | 2 | $k_1$ | 0.02 | $k_{1y}$ | $(0.03, 0.04)$ |
| $L$ | 8 | $k_2$ | 0.04 | $k_{2y}$ | $(0.5, 0.6)$ |
| $B$ | 5 | $k_{21}$ | 0.1 | $k_{1l}$ | $(0.03, 0.02, 0.02, 0.04, 0.02, 0.03, 0.02, 0.04)$ |
| $N$ | 3 | $k_{h1}$ | 0.3 | $k_{2l}$ | $(0.4, 0.3, 0.4, 0.5, 0.4, 0.3, 0.4, 0.5)$ |
| $M$ | 8 | $k_{p1}$ | 0.1 | $k_{1b}$ | $(0.07, 0.06, 0.07, 0.08, 0.07)$ |
| $D_1$ | 30 | $k_{p2}$ | 0.3 | $k_{2b}$ | $(0.9, 1.0, 1.1, 0.9, 0.8)$ |
| $D_2$ | 30 | $k_{\rho2}$ | 0.2 | $T_{1y}$ | $(0.03, 0.03)$ |
| $\lambda_2$ | 10 | $k_3$ | 0.04 | $T_{2y}$ | $(0.1, 0.2)$ |
| $k_4$ | 0.5 | $T_5$ | 0.02 | $T_{1l}$ | $(0.08, 0.07, 0.08, 0.06, 0.07, 0.08, 0.09, 0.08)$ |
| $T_6$ | 0.04 | $T_7$ | 0.2 | $T_{2l}$ | $(0.02, 0.03, 0.02, 0.03, 0.03, 0.04, 0.03, 0.02)$ |
| $k_8$ | 0.4 | $k_9$ | 0.2 | $T_{1b}$ | $(0.15, 0.17, 0.13, 0.14, 0.16)$ |
| $k_{10}$ | 0.6 | $k_{11}$ | 0.1 | $T_{2b}$ | $(0.06, 0.07, 0.06, 0.08, 0.09)$ |

将各个参数值代入上述集中型库存的解耦模型中,利用 MATLAB 对该实例模型求解的结果如图 8-6 所示。对求解结果分析后可知,交货期随着生产过程解

耦点的位置向后移动逐渐缩短,制造商成本随着生产过程解耦点位置向后移动总体呈增长的趋势,但当生产过程解耦点定位在第四道工序时,成本出现最低点。综合分析交货期和成本两个目标并结合 $p$ 的取值范围可得,当生产过程解耦点定位在第四道工序时,成本最低,交货期较短,因此该实例的最适当的生产过程解耦点位置为第四道工序;当客户对交货期的要求大于成本的要求时,最适当的生产过程解耦点位置为第六或第五道工序。

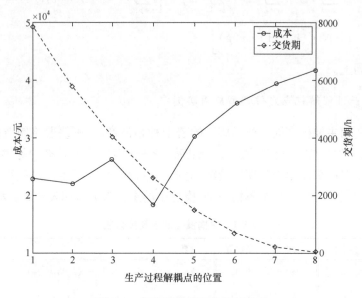

图 8-6　集中型的多目标解耦结果

## 8.3　基于生产过程解耦点定位的生产排程模型及求解

### 8.3.1　基于生产过程解耦点定位的生产排程问题描述

生产排程问题,又称生产作业计划或生产调度。从有限资源角度看,生产排程是一个决策过程,是指生产部门为完成销售部门下达的订单,根据确定的生产计划和订单交货期安排,按照产品的加工工艺路线,将有限资源安排给不同的工作,并决定何时开始,由哪部设备加工,并完成哪件工作,并设法达到预定的如交货期要求和提高设备利用率的目标。这些有限资源主要包括机器和设备(包括搬运设备)、工夹具、作业员、存储容器或空间等。从工作任务或者订单的角度看,排程是指对某个工作,决定其何时开始执行及其所需的时间,并按其加工顺序,做有限资源的分配。因此生产排程可视为下列因素的函数:工件的工艺过程、工件的交货期、每一工序在不同机械设备上的操作及装设时间、机器设备或人员或工具的可用性、搬运系统的速度与能力以及制造系统的动态特性与随机性。

基于大批量定制中生产过程解耦点定位的生产排程是指当实施大批量定制的生产企业的生产过程解耦点的最优解确定之后才进行的生产排程。根据生产过程解耦点可能的位置的不同分为两种情况：一种是生产过程解耦点定位于按订单生产即机器加工环境下的生产排程问题；另一种是生产过程解耦点定位于按订单装配环境下的生产排程。基于生产过程解耦点定位的生产排程的流程图如图 8-7 所示。

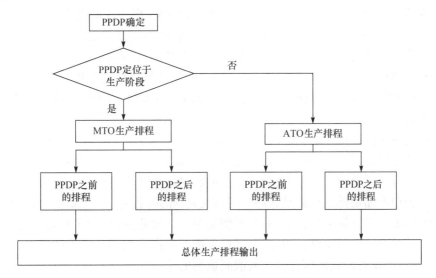

图 8-7　基于生产过程解耦点定位的生产排程的流程图

大批量定制环境下基于生产过程解耦点定位的生产排程与传统的生产排程的比较与分析如下：

（1）复杂性明显降低。这是因为无论生产过程解耦点定位在机器加工阶段或者装配阶段，根据生产过程解耦点的定义，当生产过程解耦点的最优解获得之后的生产排程实现了把一个复杂问题分解为一个简单问题和一个次复杂问题的组合，这样使得生产排程问题的求解大大简化。

（2）受制造系统的动态随机性影响减小。当某一作业的到达时间或者加工时间发生变化时，传统的生产排程系统需要很大的变动，但基于生产过程解耦点定位的生产排程系统由于是由两个阶段组成的，相应的由此类问题引起的变动会小很多。

（3）目标可以得到简化。传统的生产排程系统为了增加排程的性能多采用多目标排程，如基于作业交货期的目标、基于作业完成时间的目标、基于生产成本的目标等，但这种多目标导致排程的复杂性和计算量急剧增加。所阐述的排程方法由于在生产过程解耦点定位时已实现生产成本和交货期的解耦,所以在排程过程中仅以完工时间最短为目标即可,从而使问题得到了简化。

### 8.3.2　按订单生产的生产排程模型及求解

按订单生产的生产排程问题实质是一种车间作业排程问题,是对一个可用的加工机床集在时间上进行加工任务集的分配,以满足一个性能指标集。从数学规划的角度看,按订单生产的生产排程问题可表述为在等式或不等式约束下,对一个或多个目标函数的优化,现代典型的车间排程问题是:将作业均衡地安排在各处理机上,并合理地安排作业的加工次序和开始时间,使约束条件被满足,同时优化一些性能指标。从生产管理角度,按订单生产的生产排程问题实际上是一个事先为作业分配资源的优化决策过程的问题。排程的任务是将作业合理地安排给机床,并确定操作次序及每个操作的开始时间,在满足一组约束的前提条件下优化系统性能指标。

按订单生产方式下的生产排程问题具有以下特点:从产品形态上说,都属于同一产品族,具有大致相同的结构;从产品种类上说,由于大批量定制环境下的客户订单的多样性要求,需生产相关和不相关的较多品种和系列的产品。这就决定了生产过程中产品切换过程频繁,物料、刀具及夹具的准备复杂;从加工过程上说,不同产品的加工工序的数量各不相同,即使工序的数量相同,由于客户要求的不同,其加工的顺序也有所不同。因此,按订单生产的生产排程不是连续的流水线的形式,而是机群排列的离散型方式。离散制造型的企业的产能不像连续型企业主要由硬件(设备产能)决定,而主要以软件(加工要素的配置合理性)决定,因此合理的生产排程是缩短交货期、实现大批量定制的关键技术问题。

为便于分析问题,对模型做以下假设:

(1) 每一种工件的工艺路线和工序的加工时间已知,工件或原材料的转移时间忽略不计。

(2) 每台机床在任何时刻只能处理一项操作,且操作一旦开始就不中断。

(3) 每个工件仅在同一台机器上加工一次。

(4) 同一个工件的上一道工序未完成之前,下一道工序不能开工。

#### 1. 按订单生产的生产排程的数学模型

按订单生产方式的生产排程问题可以看成典型的车间生产排程问题,即 Job-Shop 问题。模型在目前关于此类问题的一般性描述和数学模型的基础上进行改进:当生产过程解耦点定位于生产阶段时,生产过程解耦点之前的生产排程为一个工件即通用化半成品件的 $p$ 道工序的生产排程问题,生产过程解耦点之后的生产排程为 $N$ 个工件即个性化件的 $(M-p)$ 道工序的生产排程问题。由于生产过程解耦点之前的生产排程可以看成生产过程解耦点之后生产排程问题的特例,所以这里首先研究生产过程解耦点之后的生产排程模型。

(1) 生产过程解耦点之后的生产排程。生产过程解耦点之后的生产排程问题的模型如下:假设有 $N$ 个不同的待加工工件,每个工件 $i$ 都要经过 $j_i(j_i=M-p)$ 道工序在 $M_2$ 台机床上加工完成,其中某些工序 $j(1\leqslant j\leqslant j_i)$ 可能有 $L_{2ij}(L_{2ij}\geqslant 1)$ 种灵活的加工路径可供选择。设 $S_{ijl}$ 和 $F_{ijl}$ 分别表示工件 $i$ 的第 $j(0\leqslant j\leqslant j_i)$ 道工序第 $l(1\leqslant l\leqslant l_{2ij})$ 种路径的加工起始时间和加工完成时间,当 $j=0$ 时 $S_{i0}$ 表示工件 $i$ 的最早到达时间,$M_{2ijl}$ 表示工件 $i$ 的第 $j$ 道工序第 $l$ 种路径的加工机床($1\leqslant M_{2ijl}\leqslant M_2$),所需的加工时间记为 $t_{ijl}$,相应地,$V_{ijl}$ 表示路径选中与否,取值为 1(选中)或 0(不选)。则模型的目标函数为生产过程解耦点之后的($M-p$)道工序的最长总加工时间最短,即

$$\min C_{2\max}=\max F_{ijl}-\min S_{ijl},\quad \mathrm{com}(ijl)\in Q_2 \tag{8-10}$$

该模型必须满足的约束条件有

$$S_{ijl}-S_{i0}\geqslant 0 \tag{8-11}$$

$$S_{i(j+1)l}-S_{ijl}-t_{ijl}\geqslant 0 \tag{8-12}$$

$$\sum V_{ijl}=1 \tag{8-13}$$

式(8-11)是指在该排程系统中一个工件必须在工件到达以后才能开始加工,式(8-12)是指同一工件的加工顺序不能颠倒即后一工序必须在前一工序加工完成以后才能开始,式(8-13)是指在任一时刻对每个工序有且只有一种加工路径被选中,因此,满足以上条件的排程集 $Q$ 可表示为

$$Q_2=\{\mathrm{com}(ijl)\,|\,V_{ijl}=1,1\leqslant i\leqslant N,1\leqslant j\leqslant j_i,1\leqslant l\leqslant l_{2ij}\} \tag{8-14}$$

式中,com($\cdot$)表示组合,组合个数取决于 $\cdot$ 中各元素的取值个数。

(2) 生产过程解耦点之前的生产排程。令生产过程解耦点之后的生产排程问题的模型中的工件个数 $i=1$,则模型就可以转化为生产过程解耦点之前的生产排程问题,其约束条件同上,目标函数为生产过程解耦点之前的 $p$ 道工序的最长总加工时间最短,即

$$\min C_{1\max}=\max F_{jl}-\min S_{jl},\quad \mathrm{com}(jl)\in Q_1 \tag{8-15}$$

式中,满足约束条件的排程集为

$$Q_1=\{\mathrm{com}(jl)\,|\,V_{jl}=1,1\leqslant j\leqslant p,1\leqslant l\leqslant l_{1j}\}$$

(3) 按订单生产的生产排程模型。由生产过程解耦点的定位将按订单生产的生产排程成本模型分为生产过程解耦点之前的生产排程成本和生产过程解耦点之后的生产排程成本两部分,即

$$\min C_{\max}=\min C_{1\max}+\min C_{2\max} \tag{8-16}$$

2. 模型求解

目前求解车间作业排程即生产过程解耦点之后的生产排程的最优化方法有很多,常用的排程方法有运筹学方法、启发式算法、基于智能的算法(启发式图搜索法、禁忌搜索法、遗传算法、仿真退火法、神经网络算法)、计算机仿真法,其中以基于智能的遗传算法的应用最为广泛。

目前采用遗传算法求解车间生产排程问题主要有以下两种方式:一类是单纯采用遗传算法,根据特定的问题设计合适的编码和遗传算子,使得无论在进化的初期还是在进化的过程中所产生的所有染色体都将产生可行的调度。但这种方法由于遗传算法的局部搜索不足,排程结果不够理想。第二类是将遗传算法与其他局部搜索算法相结合组成混合算法求解 JSP 问题,这种方法结合了两类算法的优点,大大提高了求解的质量。

在算法混合思想的启发下,结合上述模型的特点,在遗传算法的基础上加入根据生产人员经验判断的启发式方法,从而组成混合遗传算法来解决按订单生产的生产排程模型。

1) 遗传算法

遗传算法的基本思想是首先从所代表问题的潜在解集的一个种群开始,这个种群由经过基因编码的一定数量的个体组成,计算开始时一定数目 $N$ 个个体即种群随机进行初始化,并计算每个个体的适应度函数,第一代即初始代随机产生,然后应用复制、交叉和变异等遗传算子产生下一代种群,子代的适应度又被重新计算,在每一种群产生后判断是否满足给定的优化准则,直到满足优化准则,最后产生的这个种群中的个体为问题的最优解。根据遗传算法的基本思想可得一般遗传算法的操作流程,如图 8-8 所示。

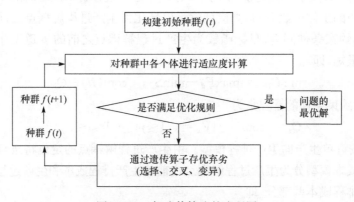

图 8-8　一般遗传算法的流程图

2) 启发式算法

启发式算法是和问题求解及搜索效率相关的,即启发式算法是为了提高搜索效率提出的。所谓启发式算法是指一组指导算法搜索方向的、建议性质的规则集,通常按照这个规则集,计算机可在解空间中寻找一个较好解,但并不能保证每次都能找到较好的解,更不能保证找到最优解。与排程相关的启发式规则可分为 3 类,共 113 条规则:

(1) 简单规则指在操作、工件和机器等参数基础上直接做出判断的规则,如先进先出、后进后出、交货期最早优先等。

(2) 复合规则指若干简单规则的组合。

(3) 启发式规则针对一些复杂的情况,如预测未来变化、定时排程等。

3) 混合遗传算法

针对遗传算法在局部搜索上的不足,将启发式算法引入遗传算法中。由于遗传算法不适合与在最优解附近进行精细搜索,所以将局部搜索方法应用在遗传算法中,组成混合遗传算法。将启发式算法引入遗传算法中主要有三种形式:

(1) 改进初始种群,一般的遗传算法的初始种群是随机产生的,改进后是由启发式排程算法产生种群规模 30% 的个体,另外 70% 的个体随机产生,这样在寻找最优解的过程中融入了启发式排程经验,可以避免早熟现象。

(2) 在遗传算子选择、交叉等操作中插入启发式搜索,将局部搜索和全局搜索相结合,大大提到了搜索效率。

(3) 改进优选操作,一般的遗传算法优选操作是把上一代的最优值强行遗传到下一代,引入启发式搜索算法是把上一代的群体规模的 10% 的最优个体保留到下一代,避免最优值的丢失。

利用该算法实现最优值的步骤如下:

第 1 步　读取生产过程解耦点之后的生产排程问题的描述文件,初始化信息量。

第 2 步　构建初始种群,其中随机产生种群规模的 70% 的个体,由启发式排程算法产生 20% 的个体。

第 3 步　调用目标函数,计算初始种群中各个个体的适应度值,即每个工件的总的加工时间,取适应度值最小的个体作为当前代的最优解。

第 4 步　在事先规定的遗传代数内进行选择、交叉和变异等操作,把该代的最优个体的最短时间输出,并输出中间的所有计算信息。

第 5 步　判断是否进化完规定的遗传代数,若没有进化完,转到第 3 步继续循环;若进化完,输出当前代的最优解。

第 6 步　对于生产过程解耦点之前的生产排程问题的求解过程重复第 1~4 步,并输出当前代的最优解。

第 7 步　将两部分的最优解叠加,最优的排程结果以甘特(Gantt)图的形式表示。

　　为了验证按订单生产的生产方式下利用基于生产过程解耦点定位的混合遗传算法求解生产排程问题的有效性，对某车间的实际生产数据利用本算法进行测试。该车间生产同一产品族下的 10 种不同的产品，分别在 10 台不同的机器上经过 10 道工序加工完成，加工时间矩阵 $T$ 和加工顺序矩阵 $O$ 为

$$T=\begin{bmatrix} 12 & 12 & 12 & 12 & 12 & 12 & 12 & 12 & 12 & 12 \\ 9 & 9 & 9 & 9 & 9 & 9 & 9 & 9 & 9 & 9 \\ 17 & 17 & 17 & 17 & 17 & 17 & 17 & 17 & 17 & 17 \\ 8 & 8 & 8 & 8 & 8 & 8 & 8 & 8 & 8 & 8 \\ 11 & 11 & 11 & 11 & 11 & 11 & 11 & 11 & 11 & 11 \\ 8 & 17 & 21 & 30 & 25 & 27 & 18 & 20 & 19 & 10 \\ 11 & 6 & 12 & 17 & 24 & 25 & 20 & 16 & 13 & 15 \\ 25 & 23 & 19 & 20 & 22 & 28 & 20 & 24 & 18 & 23 \\ 29 & 28 & 27 & 20 & 28 & 27 & 30 & 25 & 20 & 17 \\ 16 & 18 & 19 & 20 & 24 & 18 & 10 & 15 & 10 & 13 \end{bmatrix}$$

$$O=\begin{bmatrix} 1 & 1 & 1 & 1 & 1 & 1 & 1 & 1 & 1 & 1 \\ 2 & 2 & 2 & 2 & 2 & 2 & 2 & 2 & 2 & 2 \\ 3 & 3 & 3 & 3 & 3 & 3 & 3 & 3 & 3 & 3 \\ 4 & 4 & 4 & 4 & 4 & 4 & 4 & 4 & 4 & 4 \\ 5 & 5 & 5 & 5 & 5 & 5 & 5 & 5 & 5 & 5 \\ 6 & 7 & 3 & 9 & 7 & 6 & 10 & 9 & 9 & 9 \\ 7 & 9 & 9 & 6 & 10 & 8 & 9 & 7 & 8 & 10 \\ 8 & 10 & 10 & 8 & 9 & 7 & 8 & 9 & 7 & 8 \\ 9 & 8 & 6 & 7 & 6 & 6 & 10 & 8 & 9 & 6 \\ 10 & 6 & 7 & 9 & 7 & 10 & 6 & 10 & 6 & 7 \end{bmatrix}$$

　　矩阵中行代表产品号从左到右依次为产品 1、产品 2、…、产品 10；列代表加工机器号从上到下依次为机器 1、机器 2、…、机器 10。

　　利用混合遗传算法求解，取种群规模为 200，迭代代数为 100，交叉概率为 0.9，变异概率为 0.1，由加工时间矩阵和加工顺序矩阵可得生产过程解耦点定位在第五道工序。根据大批量定制原理，前五道工序可以采用大批量生产的方式预先生产出来以半成品的形式库存，这样，该排程问题就转变为 10 种产品在 5 台不同的机器上的排序问题。利用 MATLAB 工具计算可得该问题的最长完工时间的最小值为 298min，该结果的甘特图如图 8-9 所示。

　　若不引入生产过程解耦点，则该排程问题为 10 种产品在 10 台不同机器上的排序，通过对上面的程序做适当的修改，可得最长完工时间的最小值为 365min，优化结果的甘特图见图 8-10。

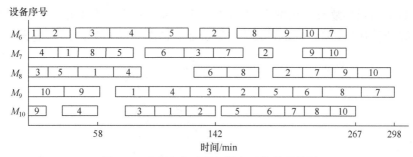

图 8-9　引入生产过程解耦点后的排程结果

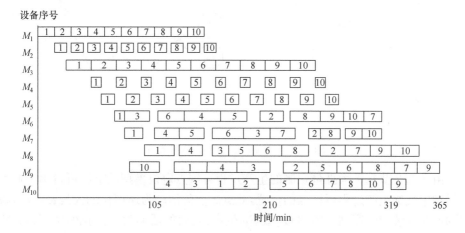

图 8-10　未引入生产过程解耦点的排程结果

通过对以上两种测验的结果进行对比可得,通过引入生产过程解耦点的定位可以大大简化排程的计算过程,缩短产品的完工时间,而且由于生产过程解耦点之前的生产工序可以提前以大批量生产方式完成,这一部分的加工时间可以在原有的基础上大大缩短。

### 8.3.3　按订单装配的生产排程模型及求解

按订单装配(assembly to order,ATO)的生产排程是在生产排程之前,首先描述出产品的树状网络图,根据产品的装配顺序,可以定义大批量定制生产方式下的三种生产形式:简单装配顺序下的单一产品的生产;复杂装配顺序下的单一产品的生产;N 产品的生产。装配顺序是指零件或者部件在装配机器上的装配顺序,通过网络图表示。节点表示零件的加工活动或部件的装配活动,箭头表示节点之间的关系。通常把这三种生产方式下的生产排程问题依次定义为 $G_S$ 计划问题、$G_C$ 计划问题和 N-产品计划问题。在如图 8-11(a)所示的简单网络图中,每一级子装配水平上最多只有一个子装配节点,网络图代表一个产品的线性装配顺序;在如

图 8-11(b)所示的复杂网络图中,至少在一个装配水平上存在不止一个装配节点。$N$-产品的网络图为 $N$ 个产品的图 8-11(b)或者是图 8-11(a)和(b)的混合形式。

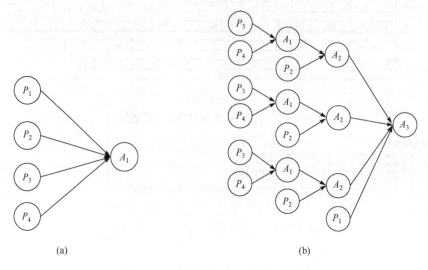

图 8-11　产品的复杂和简单网络图

由 8.3.2 节基于大批量定制的生产过程解耦点定位模型的求解可得出企业生产活动中最优生产过程解耦点的位置,此点之前的活动为通用化的大批量生产,映射到产品的装配顺序网络图即 $G_S$ 或 $G_C$ 生产;之后的活动为差异化的生产,与 $N$-产品的生产问题对应。

**1. 生产过程解耦点之前的工序的生产排程($G_S$ 计划问题和 $G_C$ 计划问题)**

企业安排生产过程解耦点之前的生产计划可完全按照 $G_S$ 计划或者 $G_C$ 计划来完成。

(1) $G_S$ 计划问题。单一产品简单装配顺序情况下的计划问题为 $G_S$ 计划问题,可以建立 $G_S$ 计划问题的整形规划模型表达式为

$$\min t \tag{8-17}$$

$$\text{s. t.} \sum_{l=1}^{L} \sum_{i=1}^{n_l} t(P_{li}) x_{lij} \leqslant t, \quad j=1,2,\cdots,m \tag{8-18}$$

$$\sum_{j=1}^{m} x_{lij} = 1, \quad i=1,\cdots,n_l; l=1,2,\cdots,L \tag{8-19}$$

$$\sum_{l=1}^{L} \sum_{i=1}^{n_l} t(P_{li}) x_{lij} \leqslant t - \sum_{k=2}^{l} t(A_k), \quad j=1,2,\cdots,m; l=2,\cdots,L; \tag{8-20}$$

$$x_{lij} = 0 \text{ 或 } 1, \quad l=1,2,\cdots,L; i=1,2,\cdots,n_l; j=1,2,\cdots,m \tag{8-21}$$

目标函数式(8-17)的目标是将最长完工时间最小化;约束式(8-18)分配到每台机器的总的加工时间不会超过 $t$;约束式(8-19)表示每个零件只能分配给一台机器;约束式(8-20)表示在所有待加工的零部件到达之前不能进行装配;约束式(8-21)表示决策变量 $x_{kij}$ 的值只能取 0 或 1,计划后生产最长完工时间为 $t + t(A_1)$。

(2) $G_C$ 计划问题。单一产品复杂装配顺序下计划问题称为 $G_C$ 计划问题。下面研究 $G_C$ 计划问题的启发式算法。

总体计划方案为

$$S(G_C) = \{g_1, g_2, \cdots, g_k, A_1\} \tag{8-22}$$

式中,$A_1$ 表示网络图中的根节点即最终装配,$g_k$ 表示零件加工或者子装配节点。根据这一优化顺序可得一个根节点为 $A_1$ 的简单网络图,$g_1$ 表示最高水平的子装配节点,$g_k$ 表示最低水平的子装配节点。在该简单网络图构建结束后,可以应用式(8-17)～式(8-21)进行优化。

$G_C$ 问题的启发式算法 1(HA1)主要步骤如下:

第 1 步　建立复杂网络图 $G_C$ 的整体计划优化方案 $S(G_C)$。

第 2 步　建立 $G_C$ 的简单网络图 $G_S$。

第 3 步　根据式(8-17)～式(8-21)对第 2 步获得的 $G_S$ 进行模型优化。

$G_S$ 计划和 $G_C$ 计划仅完成客户订单分离点之前的生产工序的排程,客户订单分离点之后的生产排程一般是 $N$-产品的生产计划问题。

## 2. 生产过程解耦点之后的工序的生产排程(即 $N$-产品计划)

由于在生产过程解耦点之后通用化的半成品经过各种差异化的加工变成能够满足不同客户要求的定制化的产品,这些满足不同定制要求的产品的网络图在生产过程解耦点之前是完全相同的,生产过程解耦点之后各不相同。因此生产过程解耦点之后的工序的生产排程等同于 $N$-产品的生产计划。在 $N$-产品计划中,产品的装配顺序不是简单网络图就是复杂网络图问题,解决此问题的方法是将 $N$-产品的装配节点连接到一个虚拟的最终装配节点 $A_d$ 上,从而构建一个复杂网络图,分配给此虚拟节点的装配时间为零,这样 $N$-产品生产计划问题就转化成 $G_C$ 计划问题。

$N$-产品的生产计划问题的启发式算法的计算步骤如下:

第 1 步　通过将 $N$-产品的装配节点连接到虚拟最终装配节点 $A_d$ 上,构建成一个复杂的网络图。

第 2 步　应用 HA1 解决第 1 步构建的复杂网络图的生产计划问题。

下面是应用启发式算法解决按订单装配的生产排程问题的一个例子。

假设某生产系统生产同一产品族下两个不同的产品 $C_1$ 和 $C_2$,在机械加工阶段有两台完全一样的机器($m=2$)，装配机器的数量为 1，两种产品的装配顺序如图 8-12 所示；$C_1$ 和 $C_2$ 产品的机器加工和装配的时间如表 8-2 所示。

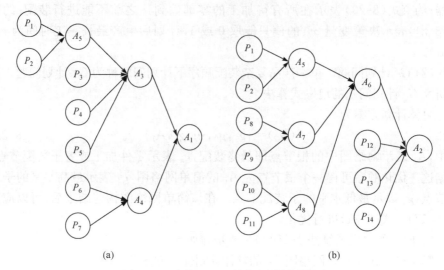

图 8-12　产品 $C_1$、$C_2$ 的装配顺序网络图

**表 8-2　产品 $C_1$ 和 $C_2$ 的加工和装配时间**

| 零件 | $P_1$ | $P_2$ | $P_3$ | $P_4$ | $P_5$ | $P_6$ | $P_7$ | $P_8$ | $P_9$ | $P_{10}$ | $P_{11}$ | $P_{12}$ | $P_{13}$ | $P_{14}$ |
|---|---|---|---|---|---|---|---|---|---|---|---|---|---|---|
| 机器加工时间 | 6 | 8 | 10 | 7 | 9 | 6 | 12 | 7 | 8 | 10 | 6 | 5 | 8 | 7 |
| 子装配 | $A_1$ | $A_2$ | $A_3$ | $A_4$ | $A_5$ | $A_6$ | $A_7$ | $A_8$ | | | | | | |
| 装配时间 | 15 | 14 | 15 | 13 | 11 | 16 | 14 | 13 | | | | | | |

根据 8.2 节生产过程解耦点定位模型的求解可得，其最优解位于子装配 $A_5$ 处，因此本例属于按订单装配的生产排程问题。通过分析可知，子装配 $A_5$ 之前为 $G_S$ 计划问题，子装配 $A_5$ 之后为 N-产品计划问题。具体的计算过程如下：

第 1 步　子装配 $A_5$ 之前按 $G_S$ 计划问题解决，即计算式(8-17)~式(8-21)，从而得到如图 8-13 所示的计划优化方案。计划后的最长完工时间为 19min。

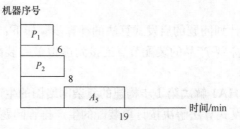

图 8-13　子装配 $A_5$ 之前的计划甘特图

第 2 步　子装配 $A_5$ 之后按 $N$-产品计划问题解决,首先将 $N$-产品计划转化为 $G_C$ 计划问题,即将这两个产品的最终装配节点 $A_1$ 和 $A_2$ 连接到一个虚拟的装配节点 $A_d$ 上,$t(A_d)=0$,结果如图 8-14 所示。

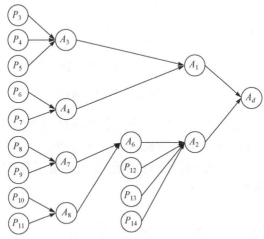

图 8-14　合并后的网络图

第 3 步　根据第 2 步结果,总体计划的优化方案 $S(G_C)$ 为

$$S(G_C)=\{[(P_{10},P_{11},A_8),(P_8,P_9,A_7,A_6)],P_{12},P_{13},P_{14},A_2,(P_3,P_4,P_5,A_3),$$
$$(P_6,P_7,A_4),A_1,A_d\}$$

第 4 步　根据 $S(G_C)$ 中确定的零件加工和装配顺序绘制如图 8-15 所示的简单网络图,计算式(8-17)～式(8-21),从而得到如图 8-16 所示的计划优化方案。计划后的最长完工时间为 110min。综合产品加工和装配的全过程可得计划的总完工时间为 129min。

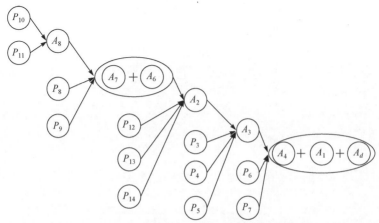

图 8-15　根据图 8-14 绘制的简单网络图

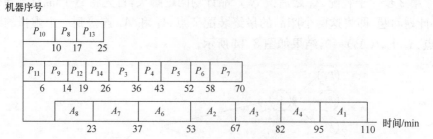

图 8-16　子装配 $A_5$ 之后的计划甘特图

对比其他生产排程方法,$C_1$ 和 $C_2$ 产品的总体计划方案的最长完工时间为 135,比利用上述算法得到的计划时间长,且由于根据生产过程解耦点的位置把生产排程问题分成两部分,简化了排程的复杂性,由此验证了基于生产过程解耦点定位的生产排程的有效性。

## 8.4　本章小结

本章的研究充分考虑了成本、交货期和产品个性化程度的耦合关系,以批量订单配置结果中的相似零部件为对象,建立生产过程解耦点定位模型并进行多目标解耦,得出的解将同一批相似零部件分为通用加工和差异加工两部分,此时再分别对零部件的通用部分和差异部分分别排程。通过与传统生产排程方法所得结果进行比较,说明该方法简化了排程难度,缩短了加工时间,为大批量定制的生产作业计划奠定了基础。

# 第9章 基于任务与资源的生产排程

## 9.1 引　言

生产排程问题是研究针对客户多样化、个性化的订单任务如何做出生产排程安排的问题,在追求自身利益最大化及加工时间最小化的前提下,达到快速响应客户订单,提高企业资源利用率的目的,以实现整体生产排程优化。生产排程是否有效合理严重影响着企业的经济效益。面对多样化订单的企业内部资源与任务都以动态形式体现,而对于以知识和信息资源为主的企业资源已经进化为企业全部资源能力集成共享属性,因此,只有从任务和资源匹配的动态特性角度出发,合理利用车间资源设备,才能使生产排程达到最优。本章针对按订单驱动生产企业加工制造任务种类多、工序相似性高的特点,在企业现有加工能力的基础上,对制造任务与资源进行建模,描述制造过程结构定义方法,建立制造过程模型,提出制造任务分解机制,建立基于生产过程解耦点的制造任务分解模型,求解制造任务通用化与差异化的最优分界点,降低制造过程的复杂性,以有效缩短产品生产周期,节约产品制造成本,合理高效利用资源,满足客户个性化需求。

## 9.2 生产排程任务模型与资源模型建立

### 9.2.1 工序级生产排程问题描述

诸多因素都会影响生产排程,一般情况包括产品投产期、产品完成期(或者交货期)、产品的加工顺序、产品的加工设备、机器的生产能力以及物料可用性、产品批量大小、生产的成本、产品加工路径等,上述都是约束条件。例如,其中产品的完成期和生产能力等约束条件务必满足,但是像生产成本这一类约束条件只要达到一定满意度便可满足要求。这一类的约束条件在生产排程过程中被视为确定性的因素。然而对原料的供应变化和加工设备故障以及生产订单任务变化这一类不可预见的因素,在排程过程中大多被认为不确定性的因素。

1. 传统生产排程问题描述

生产排程问题通常可以描述为:针对某一项可以分解的任务,在一定的约束条件下,合理地将其子任务安排到所需设备资源上,并确定其加工起始时间、加工时间及先后顺序,实现排程目标最优。

生产排程的性能指标一般为生产周期最短、生产切换最少、成本最低、库存费用最少(减少流动资金占用)、设备利用率最高等。而在实际生产过程中生产排程的性能指标基本上可以归结为以下三类:

(1) 最大能力指标,指最短的生产周期和最大的生产率等,其可以归结为在固定或者无限的产品需求下,使生产能力最大化从而提高经济效益。首先假设需求是连续固定的,企业依靠库存来满足产品需求,提高设备利用率和缩短生产周期是排程问题的主要目标,实现企业车间生产能力达到最大化,此类生产排程问题称为最大能力排程。

(2) 成本指标,指利润最大化、投资最小化、收益最大化、运行费用最小化等。这里收益是指依靠产品的销售得到的利润,其中的运行费用主要是指库存成本和生产成本以及缺货损失。

(3) 客户满意度指标,指最小的提前、延迟最短或拖期惩罚等。一般传统生产排程以最短的制造周期、满足交货日期、最小的流通时间、最低的制造成本作为目标,然而实际排程上,提早完成的产品需要一直保存到交货期,然而被拖期的产品又需要付违约金给客户,所以,生产排程过程中常常需要充分考虑到产品的提前交货和拖期的惩罚问题。

企业车间管理方法的多样性在一定程度上也影响着生产排程问题,不同的管理方法所对应的生产排程问题的优化目标、优化策略以及优化数学模型各有不同,每一个确定的生产环境对应着一个唯一确定的生产排程方案,很难做到用一种排程方案去解决两种或更多不同环境下的生产排程问题。基于生产排程问题的复杂性,其又受到动态化的生产环境的影响,又依赖于多样化的生产领域知识,因此只有把人力、信息技术和数学方法有效地结合起来,才能更好地进行生产领域管理排程问题的研究。

总之,在实际生产中,企业生产系统控制下的生产排程问题具有以下特点:多约束(受到加工能力、工艺条件等多方面的约束)、多目标(需要实现多个冲突目标的优化等)、不确定(随机的加工数据或多变的生产环境等)、大规模(数量庞大的工件和机器,排程解空间随问题规模增长而呈指数增长等)、计算复杂(数学模型建立困难且不易求解、性能评价费时甚至不准确等)、多极小(问题的优化曲面具有多个分布不规则的极小解等)等,至今,在生产排程问题方面的研究已取得了较大的进展,然而缺少成熟的技术。

**2. 支持多品种小批量的生产排程问题描述**

全球化的环境给离散制造业带来了无限的商机,但同时也给制造业的生产管理带来了巨大的挑战。市场的日益变化,各种竞争不断增加,使客户对产品的生产制造需求不断地变化提高,无论是产品的质量还是交货期,是产品的价格还是技术服务的要求都越来越严格。面对这样残酷的市场竞争压力,迫切要求所有企业在提高产品质量、技术创新的基础上,增强企业的生产管理,降低成本,缩短产品制造周期,提高生产效率,强化企业的综合竞争力。

在机械产品复杂零件的制造过程中,支持多品种小批量的复杂工序级生产排程是综合考虑多品种小批量生产的特点,从制造任务与制造资源动态性能体现和制造过程的简化出发,真正达到更贴近实际的企业生产排程问题的优化。首先建立基于资源能力、资源状态、资源服务成本及资源信息的资源模型和制造任务模型,综合考虑资源对排程的影响,并结合本课题组其他成员的任务分解机制和制造过程模型建立支持多品种小批量的复杂工序级生产排程模型;在工序级排程过程中,从最小单位工序的角度出发并结合客户订单的个性化需求,分析订单工序顺序相似性,以大批量生产的时间和成本来满足客户的个性化订单需求,将生产过程解耦点引入工序级生产排程中,从通用化和差异化两部分分别建立生产排程数学模型,在满足客户需求的条件下尽可能合理成本、减少加工时间、提高生产效率,从而提高企业的核心竞争力。其根据客户需求进行设计与制造的路线如图 9-1所示。

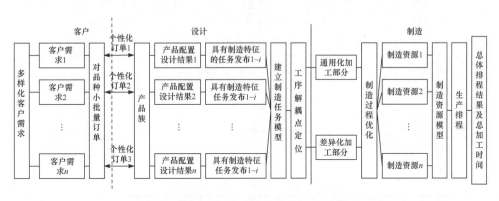

图 9-1　根据客户需求进行设计与制造的路线图

### 9.2.2　零件任务模型与动态资源模型建立

1. 任务模型建立

企业工序级任务模型建立是企业更好理解现有制造任务结构并依此对订单产品进行设计和制造的重要依据。订单任务中产品从设计、制造到装配所涉及的任务信息主要包括任务产品设计信息、与任务产品设计相关的过程信息、订单任务的制造信息、任务装配信息、任务中产品的检验信息、任务中产品的维护及使用信息等。

　　如图 9-2 所示,所建立的制造任务模型主要包括如下内容:任务基本信息、零件基本信息、子任务信息、任务间关系信息,通过这些信息来描述订单中的制造任务。其中任务基本信息包括任务 ID、任务名称、任务发起者、任务主题、任务类型;零件基本信息包括零件类型、模型信息、零件尺寸、零件重量、零件数量;子任务信息包括基本信息、子任务 id 和零件加工信息三部分,其中子任务基本信息包括子任务名称、子任务类型、子任务主题、零件数量、轮廓尺寸、子任务期限;零件加工信息又包括零件类别和零件特征两部分,其包含的零件具体加工信息如图 9-3所示。

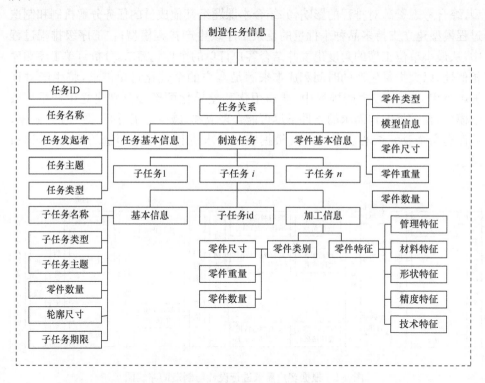

图 9-2　任务模型的模型结构

　　任务模型建模元素的形式化描述为

$$Task=(Task\_Inf, Part\_inf, MetaTask_i, Task\_Rlt)$$

式中,Task_Inf 表示任务的总体信息;Part_inf 表示零件的基本信息;$MetaTask_i$($i=$1,2,3,…,$n$)表示子任务信息;Task_Rlt 表示子任务之间的关系集,包括其分解关系、时序关系及约束关系。

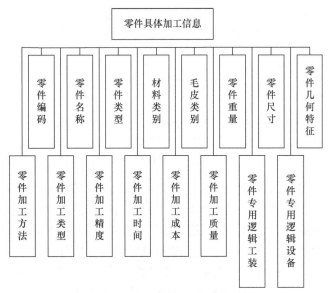

图 9-3　零件具体加工信息

Part ＝（Code，Name，Type，Materialcategory，Roughcategorie，Pweight，Psize，Geometricfeature，ProcessMethod，Processtype，Precision，DedicatedLogicDevice，Dedicat-edLogicTooling，Processcost，Processtime，Processquality）

其中，Code 表示零件编码；Name 表示零件名称；Type 表示零件类型；Materialcategory 表示材料类别；Roughcategorie 表示毛坯类别；Pweight 表示零件重量；Psize 表示零件尺寸；Geometricfeature 表示零件几何特征；ProcessMethod 表示零件加工方法；Processtype 表示零件加工类型；Precision 表示零件加工精度；DeicatedLogicDevice 表示零件专用逻辑设备；DeicatedLogicTooling 表示零件专用逻辑工装；Processcost 表示零件加工成本；Processtime 表示零件加工时间；Processquality 表示零件加工质量。

2. 资源模型建立

考虑离散制造业产品制造资源能力、资源状态、资源服务成本和制造资源信息建立资源模型结构如图 9-4 所示。

其具体描述如下：

1）资源能力

制造资源能力是指设备资源能够完成的一系列操作，以及完成这些操作后，对相应输入对象的特征属性范围的描述和输出对象的特征属性能够达到的范围。

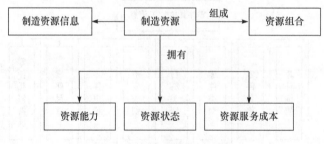

图 9-4　资源模型结构

　　描述制造资源能力使得资源模型有以下优势：制造资源能力描述能够将制造资源本身具有的工作性能以加工对象的能力要求体现，例如，车床的加工精度可以转化为加工对象的公差要求。资源能力是从互相关联的、动态的角度来描述的，由于制造过程也是动态的，所以制造资源模型能够与过程进行映射。

　　制造资源能力的描述可以避免活动本身隐含能力需求与支持操作活动的能力需求产生不必要的矛盾，实现制造过程与制造资源的自动匹配，支持资源与过程的映射。制造资源能力描述包括输入对象的特征属性范围、输出对象的特征属性能够达到的范围以及从输入到输出所发生的变化。采用面向活动能力建模方法进行资源能力描述，对于一般资源能力的描述，先看单一资源对哪些种类的加工对象进行操作以及操作后会输出产品特征，对相关对象所属类进行描述，并根据具体能力确定输入、输出以及变迁的对象集。一般资源能力模板可形式化描述为 $CapTempl::=(IObjCSet，OObjCSet，Tran)$，其中，$IObjCSet$ 表示输入对象类集合，$IObjCSet::=\{IObjC_i|i=1,2,\cdots,n\}$，$IObjC_i$ 是输入对象类型；$OObjCSet$ 表示输出对象类集合，$OObjCSet::=\{OObjC_i|i=1,2,\cdots,n\}$，$OObjC_i$ 是输出对象类型，$IObjC_i$ 与 $OObjC_i$ 分别由一些与操作相关的特征属性构成，可描述为 $IObjC::=(ID，Name，P1,\cdots,Pi,\cdots)$，$OObjC::=(ID,Name,P1,\cdots,Pj,\cdots)$；$Tran$ 表示从输入对象集合到输出对象集合的变迁。对于具有所有单一资源不具备的能力集的组合资源的能力满足下面的规则：设组合资源 $CR=\{sr_i\mid i=1,2,\cdots n\}$，$sr_i\in SR$，则 $\forall sr_i$，$CRcap\bigcap srcap=\varnothing$。

　　2）制造资源状态

　　制造资源在不同的时间，所能够提供的能力也会不同，其工作状态如图 9-5 所示。

　　制造资源根据不同的加工任务提供不同的加工能力，其工作状态也会不同。当没有任务时，资源处于闲置状态；当任务量很少时，即资源每日加工任务时间少于 24h，或者单位时间内加工零件数少于资源可加工的零件个数，资源处于未满负荷状态；当任务量很多，即资源每日加工任务时间等于 24h，或者单位时间内加工的零件数等于资源可加工的零件个数时，资源处于满负荷状态；当任务量过多，需

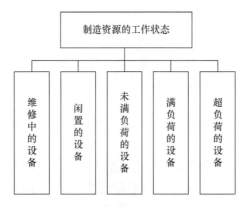

图 9-5 制造资源的工作状态

要通过减少工人休息、调整正常工艺、增加成本(如增加换刀频率等)、增加切削量和切削速度等非常规方法,使得该资源单位时间内加工的零件个数大于资源可加工的零件个数时,资源处于超负荷状态。因此,制造资源的工作状态可表示为

$$ResSta = \{failure, leisure, halfload, fullload, overload\}$$

其中,failure 为维修状态;leisure 为闲置状态;fullload 为满负荷状态;halfload 为未满负荷状态;overload 为超负荷状态。图 9-6 为资源的状态转换图。

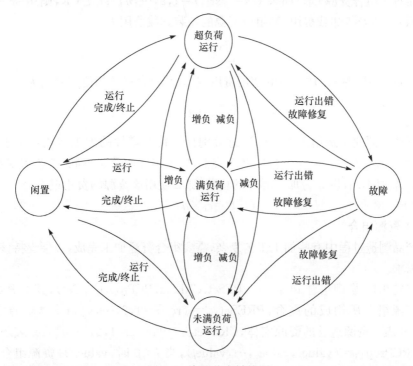

图 9-6 资源状态转换图

3) 资源服务成本

资源服务成本为单位时间费用成本和单位时间安装卸载成本。其中安装卸载成本为安装卸载零件的时间中,资源被占用,不能用于其他操作时生成的成本,该成本与其所占有的资源有关,因此该成本的计算公式为

$$LC = c_i \times (t_m - t_n)$$

式中,$c_i$ 为资源单位时间的安装卸载成本;$t_m$ 为资源安装卸载的结束时间;$t_n$ 为资源安装卸载的开始时间。

单位时间费用成本根据资源的使用状态不同而动态变化,例如,单位时间内的负载高低、工艺要求的高低相对应的单位时间费用成本均不相同,它是由资源的提供者来确定的。引入资源损耗系数 $\delta_j$ 的概念,资源损耗系数 $\delta_j$ 因使用时间的变化而变化,是由供应商来确定的。

设资源 $j$ 使用的结束时间为 $t_m$,资源使用的开始时间为 $t_n$,单位时间费用成本为 $c_j$,则资源 $j$ 发生的费用为

$$UC = \delta_j \times c_j \times (t_m - t_n)$$

式中,$c_j = c_n \times s_j \times x_j$,其中 $x_j$ 为负荷度系数,$s_j$ 为复杂度系数,$c_n$ 为正常状态下的成本。

而对于组合资源 CR,如果 $CR = \{sr_i | i = 1, 2, \cdots, n\}$,$sr_i \in CR$,则用 $sr_i LC$ 表示资源 $sr_i$ 的安装卸载费用,其组合资源的安装卸载费用为

$$\sum_{i=1}^{n} sr_i LC$$

$sr_i UC$ 为资源 $sr_i$ 加工时的使用费用成本,其组合资源的使用费用为

$$\sum_{i=1}^{n} sr_i UC$$

制造资源使用费用成本可以通过分别计算每个零件的加工费用成本求和计算。设 $c_j$ 为资源加工一个零件的费用成本,加工零件的数量不同、工艺需求不同,因此 $c_j$ 取值不同,设 $n$ 为加工零件的总数,那么使用该资源的费用成本为

$$C = c_j \times n$$

4) 资源组合

产品制造过程中有些加工工艺复杂,需要组合资源加工完成,以便支持该加工工艺需求。

**定义 9-1** 资源组合 $RC_{::} = (PRESet, CRESet, RCProp, CapSet)$,其中 PRESet 表示资源组合所构成的集合,$PRESet_{::} = \{rc_i | i = 1, 2, \cdots, n\}$,$rc_i$ 是资源组合;CRESet 表示资源组合的资源实体,$CRESet_{::} = \{re_i | i = 1, 2, \cdots, n\}$,$re_i$ 表示资源实体;$RCProp_{::} = (value_1, value_2, \cdots, value_i)$,当 $i < 0$ 时,$value_i$ 是资源组合的特征属性值,当 $i > 0$ 时,$value_i$ 是原子变量;CapSet 表示资源型所具有的能力集,

$CapSet_:: = \{ca_i | i = 1, 2, \cdots, n\}$，$ca_i$ 是资源能力。

5）信息视图

信息视图是对制造资源信息模型在生产排程和任务分配中涉及的各种数据实体、对象及其关系所进行的描述，本节主要研究制造资源信息，其分类结构如图 9-7 所示。

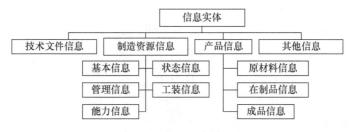

图 9-7　信息分类结构

应用 UML 类图对制造资源信息模型进行图示化表达。信息视图的元模型如图 9-8 所示，包括文件类（File）、表单类（Form）和信息实体类（Information Entity）。其中表单类派生出基础数据（StaticForm）、报表（ReportForm）和流转型表单（TransformedForm）三个子类。

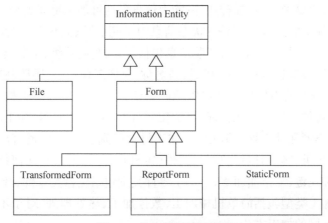

图 9-8　信息视图的元模型

**定义 9-2**　信息实体 $IE_:: = (iename, ietype, DocSet)$，表示一个具有相同特征或属性的抽象事物和现象的集合，是对企业内及企业间的各种对象、对象之间关系和数据实体的描述。iename、ietype、DocSet 分别表示信息实体的名称、信息实体的类型和信息实体所引用文档集合，其中，$DocSet_:: = \{doc_i | i = 1, 2, \cdots, n\}$，$doc_i$ 表示文档。

生产排程中主要对制造资源信息、制造资源能力信息以及零部件加工信息进行具体的描述，如图 9-9 所示。

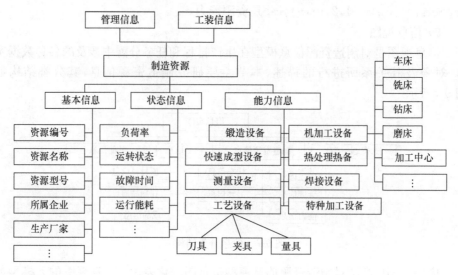

图 9-9　制造资源信息模块

　　（1）制造资源信息。制造资源信息主要包括基本信息、能力信息、状态信息、工装信息和管理信息。其中，基本信息包括资源编号、资源名称、资源型号、所属企业、设备类型、主要参数、主轴转速等；能力信息包括可加工毛坯类型、加工成本、加工时间、历史加工能耗、计划期等；状态信息包括超负荷、满负荷、未满负荷、闲置、维修状态及正在运行能耗信息；工装信息包括数量、精度等级、工装类型、工装名称和型号规格；管理信息包括设备 ID、设备名称、所属工作中心、所属制造单元等。

　　（2）制造资源能力信息。制造资源能力信息主要包括可加工材料类别、可加工毛坯类别、可加工尺寸几何特征、可加工零件类别、加工成本、加工时间、历史加工能耗、加工类型和计划期。其中，可加工材料类别包括非金属、合金钢、钛合金等；可加工毛坯类别包括板材、管材、锻件、铸材等；可加工尺寸几何特征包括圆柱面、平面、槽和花键、复杂曲面等；可加工零件类别包括轮盘类零件、套类、复杂薄壁类、长轴等；加工类型包括简单机械加工、数控加工、热处理等，对于不同的加工类型需要应用不同的加工方法。

　　（3）零部件加工信息模型。零部件加工信息主要包括零部件基本信息、零部件加工制造信息、加工指标信息、特殊工装需求和特殊设备信息。其中零部件基本信息包括材料类别、毛坯类别、零部件类别等；零部件加工制造信息包括加工精度、加工类别、加工方法等；加工指标信息包括质量、成本和时间；特殊工装需求和特殊设备信息包括专业逻辑工装、专业逻辑设备。

　　将采用巴科斯-诺尔范式（BNF）的格式来定义制造资源模型中的元素。制造资源模型表示如下。

**定义 9-3**　制造资源：$MR_{::}=$(Id，Name，Propvider，Type，Mdate，Location，Retiredate，Status，Maintenancecycle，Cost，Parameter，Bestworkingtime，Maxworkingtime，Description，CapSet，MTQueue)，其中，Id 表示制造资源的标识符；Name 表示制造资源的名称；Propvider 表示资源的拥有者；Type 表示制造资源的加工类型；Mdate 表示制造资源的出厂日期；Location 表示制造资源的位置；Retiredate 表示资源的使用寿命；Status 表示制造资源的运行状态；Maintenancecycle 表示资源的维护周期；Cost 表示制造资源服务费用成本；Parameter 表示加工设备资源的基本技术参数；Bestworkingtime 表示资源的最佳工作时间；Maxworkingtime 表示资源的最长工作时间；Description 表示制造资源拥有者需要的附加说明或者资源的一些补充描述；CapSet 表示资源的能力集合；MTQueue 表示加工任务队列，$MTQueue_{::}=\{mt_{ij}\mid i=1,2,\cdots,n;j=1,2,\cdots,m\}$，$mt_{ij}$ 为加工制造任务，其中 $i$ 表示该资源拥有的第 $i$ 项加工任务，$j$ 表示第 $i$ 项加工任务在队列中的位置。

制造任务和制造资源的 XML Schema 文档定义见基于 XML 的模型描述文档，该文档分别给出了制造任务和制造资源的主要元素的定义，说明了制造任务和制造资源各个组成元素之间的逻辑关系。

## 9.3　基于生产过程解耦点工序级生产排程模型建立

现今制造业正面临着全球经济化市场的竞争，为了实现快速响应市场、满足客户需求，复杂产品制造过程中的生产排程和任务分配在考虑如何降低成本的同时，同样重要的是还需要充分考虑设备资源和物料的约束，在此前提下完成优化过程。在确保订单产品质量和交货期的基础上，使加工时间最小、生产成本降到最低是多品种小批量模式下企业产品制造的目标。多品种小批量生产企业中产品制造最后的完工时间由最后一个加工活动的完工时间决定，其原因在于客户下达的订单任务被任务模型分解为多个具有特定约束的加工活动，所有活动被分散到不同的地点来完成。基于订单中加工制造任务完成为异地化的特点，就需要对每个制造加工活动进行必要的时间约束，通过使局部加工活动的最优化来达到全局的最优化，通过达到小目标优化来实现大目标优化的目的。同时，在多品种小批量模式下，将以加工成本、订单支付期为目标，以客户个性化需求为约束建模求解得到最优生产过程解耦点并引入制造过程与生产排程中，将制造企业的生产活动即工序划分为通用化和差异化两个阶段，从而起到简化排程难度、双重优化排程目标、缩短排程时间、降低成本的目的。

面向多品种小批量订单的企业生产排程通常具有以下特点：

（1）多品种小批量生产品种繁多，每一品种的数量甚少，生产的重复程度低。

（2）加工设备多样化。

（3）客户需求订单中制造任务具有交付期的紧迫性和加工时间的不确定性。

（4）需要实时调控生产排程决策以实现制造资源有效利用和系统动态响应。

综合考虑上述特点，多品种小批量下的生产排程还需要考虑如下问题：

（1）各个加工任务或加工活动在同一个加工制造任务中的生产排程问题。

（2）与产品制造相关的问题，如产品制造质量、制造成本、制造周期等。

（3）与制造设备相关的问题，如设备的加工范围、设备的精度、设备的加工能力、设备的状态和设备的利用率等。

（4）与客户需求相关的问题，如任务的等待时间、执行时间、成本费用、产品的交付期以及物流时间等。

（5）多个制造任务在有限设备资源之间的约束问题。

### 9.3.1　生产排程过程描述

工序级生产排程过程包括制造资源、制造过程、制造任务，工序级生产排程过程信息流如图 9-10 所示，其中，制造任务模型和制造过程模型相互映射，制造资源模型支持并约束制造过程模型，且其中的制造资源信息为制造任务模型和制造过程模型提供所需要的基础信息数据。该模型以制造过程模型为核心，支持在企业复杂资源约束环境下，综合考虑时间和成本多目标的机械产品制造生产排程优化。

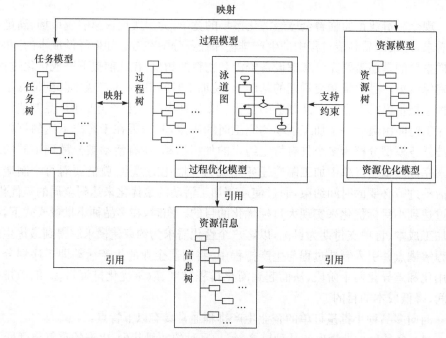

图 9-10　工序级生产排程信息流

　　在生产排程模型中,其子模型通过一定的映射规则与优化模型保持一致性,其具体映射关系如下:

　　(1)制造任务模型和制造过程模型的映射关系。制造任务模型的建立用来描述制造过程中任务活动的投入和产出,为任务加工过程的生产排程优化提供支持。此外,机械产品制造企业通过合理安排投入产出、实现智能排程等来提高订单响应速度,提高实际生产产能,保证客户交货期,降低生产运营成本。在多企业资源环境下任务模型中的描述信息来自任务加工制造过程中活动的输入和输出,如图 9-11 所示。

图 9-11　产品模型和过程模型的映射

　　(2)制造过程模型和制造资源模型的映射关系。想要提高企业竞争力,就需要将制造过程不断优化,将为制造资源合理分配到制造过程是研究制造过程优化的重要内容,也是提高企业自身竞争能力的重要手段。制造资源模型与制造过程模型的映射是自动生成制造加工活动的可能的支持资源,这是进行制造过程优化的基础。只有实现完成加工活动的制造资源与加工活动的映射,才能真正达到制造过程的柔性化。制造过程是一个非线性的、动态的系统,其模型需要有足够的灵活性。

　　自动生成制造过程可能的支持资源是进一步分析制造过程优化的基础。该制造资源模型能够根据不同的需求动态地生成各种资源分类模型,并且能够动态地描述资源节点的属性,使可能支持制造资源的搜索范围缩小,从而为制造过程模型优化提供充足的信息。在制造资源能力模型中,用与加工活动相似的结构对资源能力进行描述,使制造过程与资源的匹配易于实现。根据制造过程模型优化的需要,进行制造资源分类以及可能的支持资源生成过程,具体描述步骤如图 9-12 所示。

　　由图 9-12 可见,$r_2$ 为制造过程 $P$ 的制造过程相关制造资源 BTNode;$r_4$ 为制造过程 $P$ 可能的支持制造资源 CapNode;$r_6$ 为制造过程 $P$ 在时间 $t_1$ 可用的制造资源 UsableNode;$B_{21}$ 为 $r_2$ 所具有的属性,其属性值为 $V_{211}$ 和 $V_{212}$。至此,生成制造过程在某一时间的可能支持制造资源。此时,可以根据优化目标和支持制造资源状况来优化制造过程,从动态的环境中选出制造过程的可能支持制造资源,对制造过程优化是至关重要的。

　　(3)制造资源模型中资源信息与制造过程模型、任务模型的映射关系。制造资源模型中包括用来描述企业需要处理的订单对象或加工对象中所包含的信息,

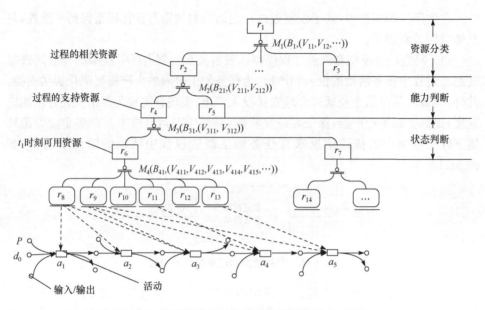

图 9-12　资源模型与过程模型之间的映射($t_1$ 时刻)

对执行具体功能的活动的输入和输出数据以及这些数据之间的逻辑关系进行描述,如图 9-13 所示。它为实施企业信息集成提供了建立高效可靠的企业订单业务数据结构的基础数据,是企业信息集成化的重要基础。

(a) 资源中信息与过程的关系　　　　(b) 资源中信息与任务的关系

图 9-13　信息模型与其他模型间的映射

### 9.3.2　排程模型参数设置

　　在多品种小批量生产企业产品生产制造过程中,将 $n$ 个客户订单中的加工制造任务分别安排到具有加工能力的资源设备上,在此基础上制订相应的生产排程计划,实现制造任务按期完成的目的。把单个加工制造任务分解为 $N_i$ 个加工活动,而单个加工活动可以由一个或多个资源设备加工完成(不同的资源设备具有不同的加工能力,且加工时间也各不相同)。对时间、成本多目标生产排程优化问题进行如下描述:假设有 $n$ 个已知交付期的加工制造任务和 $j$ 个可用来完成任务的资源设备。每个加工制造任务由若干个加工制造活动组成,而每个加工制造任务也可能具有多个不同的加工工艺流程,从而产生多个不同的工艺路线,而每个加工活动又可以用多个不同的资源设备进行加工制造,使用不同的资源设备加工的成本和周期各不相同。订单的生产排程受加工时间、加工设备、加工成本和物流时间等制约。生产排程的目的就是根据客户的个性化需求在满足时间、成本多目标条件下依据加工制造任务的交付期来确定开始时间和加工顺序,并得到最优排程结果。

本节定义了以时间成本为目标的支持多品种小批量的工序级生产排程模型与求解的相关参数和数学表达式如表 9-1 所示。

**表 9-1　符号和描述**

| 符号 | 类型 | 描述 |
| --- | --- | --- |
| $n$ | int | 加工任务总的数量 |
| $i$ | int | 加工任务的索引,$i=1,2,\cdots,n$ |
| $DT_i$ | float | 加工任务 $MT_i$ 的交付期 |
| $t_i$ | float | 加工任务 $MT_i$ 的执行时间 |
| $T_i$ | float | 加工任务 $MT_i$ 的完工时间 |
| $N_i$ | int | 加工任务 $MT_i$ 中活动的数目 |
| $k$ | int | 加工任务中活动的索引,$k=1,2,\cdots,N_i$ |
| $t_s(i,k,j)$ | float | 加工任务 $MT_i$ 中第 $k$ 个活动的开始时间 |
| $t(i,k,j)$ | float | 加工任务 $MT_i$ 中第 $k$ 个活动的处理时间 |
| $t_e(i,k,j)$ | float | 加工任务 $MT_i$ 中第 $k$ 个活动的完工时间 |
| $m$ | int | 加工设备节点的总数 |
| $j$ | int | 加工设备节点的索引,$j=1,2,\cdots,m$ |
| $C(i,k,j)$ | float | 加工任务 $MT_i$ 中第 $k$ 个活动使用资源 $j$ 时的成本 |
| $C_j$ | float | 加工设备节点单位时间的服务费用 |
| $C_i$ | float | 加工任务 $MT_i$ 的总成本 |
| $DC_i$ | float | 加工任务 $MT_i$ 的预算费用 |
| $\eta_j^{ik}$ | boolean | 指示系数,如果加工任务 $MT_i$ 的活动 $k$ 分配到资源 $j$,则节点值为 1,否则为 0 |

### 9.3.3　相关概念的数学模型定义

根据 9.3.2 节中的符号描述,用数学符号将生产排程相关概念定义表示如下。

**定义 9-4**　设企业所有加工资源节点的集合为 $RN=(RN_1,RN_2,\cdots,RN_j,\cdots,RN_m)$,其中 $m$ 为资源节点的总数,$RN_j(t_j,C_j)$ 表示每一个资源节点上的服务成本参数及加工设计参数，$C_j$ 一般根据资源单位时间所提供的能力由其所有者来确定。

**定义 9-5**　设企业待加工任务的集合为 $\mathrm{MT}=(\mathrm{MT}_1,\mathrm{MT}_2,\cdots,\mathrm{MT}_i,\cdots,\mathrm{MT}_n)$，其中待加工任务的总数为 $n$。在该任务集合中，用网络图 $G=(V,E)$ 表示加工任务 $\mathrm{MT}_i$，任务分解后的加工活动用节点集合 $V=\{0,1,2,\cdots,N_{i+1}\}$ 表示，其中，0 表示活动加工开始，为不占用设备的空活动，$N_{i+1}$ 表示加工终止，用边集合 $E$ 表示加工时的时序逻辑关系。

例如，存在 $e_{ij}\in E$，$T_i$ 的前继活动集合为 $\mathrm{PRESET}(T_i)$，$T_i$ 的后继活动集合为 $\mathrm{SUCSET}(T_i)$；且有 $T_i$ 是 $T_j$ 的前继活动，$T_j$ 是 $T_i$ 的后继活动。

执行任务中加工活动的优先级定义为

$$\mathrm{pri}(T_i)=\begin{cases}0, & \mathrm{PRESET}(T_i)=\varnothing \\ 1+\max\limits_{T_j\in\mathrm{PRESET}(T_i)}\mathrm{pri}(T_j), & \text{其他}\end{cases} \tag{9-1}$$

如果 $T_i$ 是 $T_j$ 的前继活动，则在开始执行 $T_j$ 之前必须完成 $T_i$，即 $\mathrm{pri}(T_i)<\mathrm{pri}(T_j)$；当两个任务之间不存在连接关系时，这两个活动可以按照任意顺序执行。

**定义 9-6**　设定义 9-5 中的加工任务 $\mathrm{MT}_i$ 包括 $N_i$ 个加工活动，则加工任务 $\mathrm{MT}_i$ 的加工活动集合为 $V_{\mathrm{MT}_i}$，$V_{\mathrm{MT}_i}=(V_1,V_2,\cdots,V_k,\cdots,V_{N_i})$。

**定义 9-7**　指示系数 $\eta_j^{ik}$。当加工任务 $\mathrm{MT}_i$ 中的加工活动 $V_k$ 在资源节点 $\mathrm{RN}_j$ 上完成时，$\eta_j^{ik}$ 为 1，否则 $\eta_j^{ik}$ 为 0，其具体表示为

$$\eta_j^{ik}=\begin{cases}1, & \mathrm{MT}_i\text{ 中的加工活动 }V_k\text{ 在设备资源节点 }\mathrm{RN}_j\text{ 上完成} \\ 0, & \text{其他}\end{cases} \tag{9-2}$$

根据式(9-2)可用 $\eta_j^{ik}c(i,k,j)$、$\eta_j^{ik}t_s(i,k,j)$ 以及 $\eta_j^{ik}t_e(i,k,j)$ 分别表示加工活动的成本、起始时间以及终止时间。

对于分离性约束规则，如果加工任务 $i$ 先在资源 $k$ 上加工，然后在资源 $h$ 上加工：

$$\gamma_{imn}=\begin{cases}1, & \text{对于任务 }i\text{，如果在设备资源 }m\text{ 上的加工先于设备资源 }n \\ 0, & \text{其他}\end{cases} \tag{9-3}$$

对于加工任务 $i$ 和加工任务 $j$，两个任务都需要在同一资源设备 $k$ 上加工，若先加工任务 $i$ 后加工任务 $j$，那么指示器变量定义为

$$\mu_{ijk}=\begin{cases}1, & \text{对于任务 }i\text{ 的加工先于任务 }j \\ 0, & \text{其他}\end{cases} \tag{9-4}$$

根据定义(9-7)给出如下子定义。

**定义 9-7-1**　加工活动 $V_k$ 在资源节点 $\mathrm{RN}_j$ 上的处理时间为

$$P(i,k,j)=\eta_j^{ik}\times[t_e(i,k,j)-t_s(i,k,j)] \tag{9-5}$$

**定义 9-7-2**　加工活动 $V_k$ 在资源节点 $\mathrm{RN}_j$ 上的执行成本为

$$C(i,k,j) = c_j \times \eta_j^{ik} \times [t_e(i,k,j) - t_s(i,k,j)] \tag{9-6}$$

**定义 9-8** 设 $t_i$ 为加工任务 $\mathrm{MT}_i$ 的总加工时间为

$$t_i = \sum_{j=1}^{m} \sum_{k=1}^{N_i} \eta_j^{ik} \times [t_e(i,k,j) - t_s(i,k,j)] \tag{9-7}$$

**定义 9-9** 设 $T_i$ 为加工任务 $\mathrm{MT}_i$ 的最终完工时间为

$$T_i = t_e(i, N_i, j) \tag{9-8}$$

**定义 9-10** 设 $C_i$ 为加工任务 $\mathrm{MT}_i$ 完成的总成本为

$$C_i = \sum_{j=1}^{m} \sum_{k=1}^{N_i} C(i,k,j) = \sum_{j=1}^{m} \sum_{k=1}^{N_i} c_j \times \eta_j^{ik} \times [t_e(i,k,j) - t_s(i,k,j)] \tag{9-9}$$

**定义 9-11** 设 $G_j$ 为设备资源节点 $j$ 上执行完成所有加工活动的总时间为

$$G_j = \sum_{i=1}^{n} \sum_{k=1}^{N_i} \eta_j^{ik} \times [t_e(i,k,j) - t_s(i,k,j)] \tag{9-10}$$

### 9.3.4 基于工序级生产排程数学模型的建立

#### 1. 车间生产排程问题的分类

企业接到客户订单后建立基于制造任务的基本信息、零件基本信息、子任务及任务关系等各项属性的任务模型,最优生产过程解耦点的位置定位于企业加工任务的最小单位生产工序中,通过将工序分为通用化加工制造部分和差异化加工制造部分,根据订单需求分别进行产品、部件、零件的加工制造,通过最优生产过程解耦点的位置确定制造任务工序的加工起始点。

这种生产排程问题实质上是一种车间作业安排问题,它是对一个可用的加工设备资源集在时间上进行加工任务集及加工子任务集的分配过程,从而满足其性能指标集。因此,多品种小批量生产企业生产排程问题可以描述为:以时间和成本为优化目标,以资源能力、工装顺序等动态或固定因素为约束条件,合理有效地将加工制造活动分配到满足任务需求的资源设备上,并明确制造活动的加工顺序及开始加工时间和结束加工时间。

在企业车间生产排程中,由于制造任务和制造资源存在一定的差异性,可将车间生产排程问题区分为几个层次,如图 9-14 所示。

生产过程解耦点是将加工工序区分为通用化加工工序部分和差异化加工工序部分的最优点,由此可知,生产过程解耦点之前的生产排程为通用化活动生产排程阶段,即生产过程解耦点之前的生产排程为同一加工即通用化加工件的 $N_l$ 个加工活动的排程问题,该问题类似于流水车间排程问题;生产过程解耦点之后的生产排程为差异化生产阶段,即生产过程解耦点之后的生产排程为 $N$ 个不同工件即个性化加工件的 $(N_i - N_l)$ 个加工活动的生产排程问题,该问题类似于单件车间生产

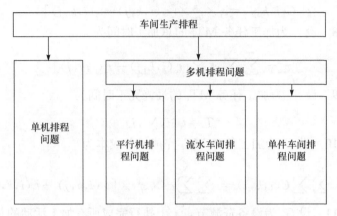

图 9-14　车间生产排程问题的分类

排程问题。由此可将多品种小批量生产企业中的工序级生产排程问题简化为流水车间生产排程问题和单件车间生产排程问题的组合问题。

由此可知,工序级生产排程问题可归结为一类特殊的排程问题来研究,因此该排程模型的建立可在现有通用车间生产排程模型的基础上结合生产过程解耦点的特点来完成。

又由上面的符号描述及相关定义,根据多品种小批量生产企业的产品制造中既要满足产品的交付期到达加工时间最优,又要确保加工成本最低的特点,同时要考虑各加工工序之间的先后关系、设备的占用时间以及多个工艺流程之间的排程。因此,分别确定排程目标为加工任务成本最小化和完工时间最小化。

**2. 生产过程解耦点之前的模型建立**

根据前面所述,生产过程解耦点之前的生产排程问题可综合描述为一类近似的流水生产排程问题,因此生产过程解耦点之前的车间生产排程模型可根据典型流水车间作业排程模型进行适当修改而建立。

生产过程解耦点之前的车间生产排程问题可描述为:某企业生产车间包含 $j_1$ 台可完成加工任务的资源设备,一批由 $N$ 个相同加工工件组成的客户订单需在该生产车间加工。已知条件:

(1) 企业生产车间加工设备资源节点的集合 $RN' = (RN'_1, RN'_2, \cdots, RN'_i, \cdots, RN'_m)$,$N_1$ 为车间加工任务 $MT_{i_1}$ 的活动数目;$m_1$ 为加工节点总数;$k_1$ 为加工任务中活动的引索,$k_1 = 1, 2, \cdots, N_l$。

(2) $C_{i_1}$ 为车间加工任务 $MT_{i_1}$ 的总成本。

(3) $C(i_1, k_1, j_1)$ 为车间加工任务 $MT_{i_1}$ 中第 $k_1$ 个活动使用设备 $j_1$ 时的成本。

(4) $t_s(i_1, k_1, j_1)$ 为车间加工任务 $MT_{i_1}$ 中第 $k_1$ 个活动的加工开始时间。

（5）$t_e(i_1,k_1,j_1)$为车间加工任务 $MT_{i_1}$ 中第 $k_1$ 个活动的加工结束时间。

（6）$t_{i_1}$ 为车间加工任务 $MT_{i_1}$ 的执行时间。

（7）$T_{i_1}$ 为车间加工任务 $MT_{i_1}$ 的最后完成时间。

假设：①每个加工任务在各个加工设备上的加工顺序已知，在客户订单加工完成之前不可以修改；②每个加工设备在任意固定时间只能加工任一个加工任务中的一个加工活动，并且不能中途中断；③每个加工任务的前一加工活动完成加工之前，不能开始加工后一加工活动；④每个加工任务的加工准备时间进行忽略处理，且任一加工活动的加工时间已知。

该研究中生产排程的目标是在企业订单的所有可行排程中确定出各个加工活动的加工开始时间和结束时间，使生产过程解耦点之前的 $N_l$ 个加工活动的加工周期最短，且总成本最低。

对生产过程解耦点之前的生产排程问题进行数学建模如下。

（1）生产排程目标——任务加工成本最优，见式（9-11）和式（9-12）：

$$\min C_1 = \sum_{i=1}^{n} C_{i_1} \tag{9-11}$$

$$\text{s. t. } C_{i_1} = \sum_{j_1=1}^{m_1} \sum_{k_1=1}^{N_l} C(i_1,k_1,j_1)$$

$$= \sum_{j_1=1}^{m_1} \sum_{k_1=1}^{N_l} C_j \times \eta_j^{jk} \times [t_e(i_1,k_1,j_1) - t_s(i_1,k_1,j_1)] \tag{9-12}$$

$$k_1 \in (1,N_l), \quad j_1 \in (1,m_1)$$

为了简化模型，设同一个资源设备执行加工任务时的单位成本系数 $C_j$ 均为固定值，设备的执行时间与加工产出执行成本成正比。

（2）约束目标——满足交货期且加工任务平均完成时间最优，见式（9-13）～式（9-19）：

$$\min t_1 = \sum_{i=1}^{n} t_{i_1} \tag{9-13}$$

$$\text{s. t. } t_{i_1} = \sum_{j_1=1}^{m_1} \sum_{k_1=1}^{N_l} \eta_j^{jk} \times [t_e(i_1,k_1,j_1) - t_s(i_1,k_1,j_1)] \tag{9-14}$$

$$T_{i_1} = t_e(i_1,N_l,j_1) \tag{9-15}$$

$$T_{i_1} \leqslant DT_i \tag{9-16}$$

$$t_s(i_1,m_1) + M_1(1-\eta_{imn}) \geqslant t_e(i_1,n_1) \tag{9-17}$$

$$t_s(i_1,k_1) + M_1(1-\mu_{ijk}) \geqslant t_e(j_1,k_1) \tag{9-18}$$

$$\text{pri}(T_i) < \text{pri}(T_j) \tag{9-19}$$

$$\eta_j^{jk} \in \{0,1\}, \quad \sum_{k=0}^{N_i} \eta_j^{jk} = 1 \tag{9-20}$$

$$k_1 \in (1, N_l), \quad j_1 \in (1, m_1)$$

其中,式(9-13)表示最短平均完成时间由各加工任务完成时间求和来衡量;式(9-16)表示为了满足客户订单的需求,加工任务要在任务的交付期之前加工完成;式(9-17)表示每个加工任务顺序需要满足预先的要求;式(9-18)表示要确保每台设备一次只能加工一个加工活动,为了使不等式成立,假设 $M_1$ 取很大的值;式(9-19)表示对加工的顺序的限制,只有当前一个加工活动完成后,后一个加工活动才能开始执行;式(9-20)中,当 $\eta_j^{ik}$ 为 1 时,说明订单中第 $i$ 个任务的第 $k$ 个活动分配到资源节点 $j$ 上,否则其值为 0,且同一时间在同一台设备上只能加工一个加工活动。

**3. 生产过程解耦点之后的模型建立**

生产过程解耦点之后的车间生产排程问题可描述为:某企业生产车间包含 $j_2$ 台可完成任务的资源设备,一批客户订单需在该生产车间加工,该订单由 $N$ 个差异的加工任务组成的。已知条件:

(1) 生产车间加工设备资源节点的集合为 $RN = (RN_1, RN_2, \cdots, RN_i, \cdots, RN_m)$,$N_i$ 为生产车间加工任务 $MT_{i_2}$ 的加工活动数目;$m_2$ 为加工资源节点总数;$k_2$ 为加工任务中活动的引索,$k_2 = N_l, \cdots, N_i$;其中某些加工活动可能有 $L(L \geqslant 1)$ 种可供参考的加工路径。

(2) $C_{i_2}$ 为车间加工任务 $MT_{i_2}$ 的加工总成本。

(3) $C(i_2, k_2, j_2)$ 为车间加工任务 $MT_{i_2}$ 中第 $k_2$ 个活动使用设备 $j_2$ 时的成本。

(4) $t_d(i_2, k_2, j_2)$ 为车间加工任务 $MT_{i_2}$ 中第 $k_2$ 个活动第 $l$ 种加工路径的开始时间。

(5) $t_d(i_2, k_2, j_2)$ 为车间加工任务 $MT_{i_2}$ 中第 $k_2$ 个活动第 $l$ 种加工路径的结束时间。

(6) $t_{i_2}$ 为车间加工任务 $MT_{i_2}$ 的执行时间。

(7) $T_{i_2}$ 为车间加工任务 $MT_{i_2}$ 的最后完成时间。

假设:每一类加工任务的加工工艺路线和加工活动的执行时间均为已知,忽略加工活动或原材料的运送及转移时间;每个加工设备在任意固定时间只能加工任一个加工任务中的一个加工活动,并且不能中途中断;每个加工任务只能够在同一台设备上加工一次;每个加工任务的前一加工活动完成加工之前,不能开始加工后一加工活动。

对生产过程解耦点之后的生产排程问题进行数学建模如下。

(1) 排程目标——以任务加工成本最优为目标建立模型:

$$\min C_2 = \sum_{i=1}^{n} C_{i_2} \tag{9-21}$$

$$\text{s. t. } C_{i_2} = \sum_{j_2=1}^{m_2} \sum_{k_2=N_l}^{N_i} C(i_2, k_2, j_2)$$

$$= \sum_{j_2=1}^{m_2} \sum_{k_2=N_l}^{N_i} C_j \times \eta_j^{ik} \times [t_e(i_2, k_2, j_2) - t_s(i_2, k_2, j_2)] \tag{9-22}$$

$$k_2 \in (N_l, N_i), \quad j_2 \in (1, m_2)$$

为了简化模型,设同一个资源设备执行加工任务时单位成本系数 $C_j$ 均为固定值,设备的执行时间与加工产出执行成本成正比。

(2) 约束目标——以满足交货期且加工任务平均完成时间最优建立模型:

$$\min t_2 = \sum_{i=1}^{n} t_{i_2} \tag{9-23}$$

$$\text{s. t. } t_{i_2} = \sum_{j_1=1}^{m_1} \sum_{k_1=1}^{N_l} \eta_j^{ik} \times [t_{el}(i_2, k_2, j_2) - t_{sl}(i_2, k_2, j_2)] \tag{9-24}$$

$$T_{i_2} = t_{el}(i_2, N_i, j_2) \tag{9-25}$$

$$T_{i_2} \leqslant \text{DT}_i \tag{9-26}$$

$$t_s(i_2, m_2) + M_2(1 - \eta_{imn}) \geqslant t_e(i_2, n_2) \tag{9-27}$$

$$t_s(i_2, k_2) + M_2(1 - \mu_{ijk}) \geqslant t_e(j_2, k_2) \tag{9-28}$$

$$\text{pri}(T_i) < \text{pri}(T_j) \tag{9-29}$$

$$\eta_j^{ik} \in \{0, 1\}, \sum_{k=0}^{N_i} \eta_j^{ik} = 1 \tag{9-30}$$

$$k_2 \in (N_l, N_i), \ j_2 \in (1, m_2)$$

其中,式(9-23)表示最短平均完成时间由各加工任务完成时间求和来衡量;式(9-26)表示为了满足客户订单的需求,加工任务要在任务的交付期之前加工完成;式(9-27)表示每个加工任务顺序需要满足预先的要求;式(9-28)表示要确保每台设备一次只能加工一个加工活动,为了使不等式成立,假设 $M_2$ 取很大的值;式(9-29)表示对加工的顺序的限制,只有当前一个加工活动完成后,后一个加工活动才能开始执行。式(9-30)中,当 $\eta_j^{ik}$ 值为 1 时,说明订单中第 $i$ 个任务的第 $k$ 个活动分配到资源节点 $j$ 上,否则其值为 0,且同一个时间在同一台设备上只能加工一个加工活动。

综上可得,支持多品种小批量的车间工序级生产排程问题的数学模型为

$$\min t = \min t_1 + \min t_2 \tag{9-31}$$

$$\min C = \min C_1 + \min C_2 \tag{9-32}$$

# 9.4　工序级生产排程模型求解及验证

## 9.4.1　遗传算法

### 1. 遗传算法的基本思想

遗传算法(genetic algorithm,GA)是在达尔文的进化论思想之上模仿生物进化理论中的遗传选择和自然淘汰等过程的一种全局搜索方法,它起源于 20 世纪60 年代对大自然和人工自适应系统的研究,是由美国 Michigan 大学的 Holland首次提出的。20 世纪 70 年代,DeGong 在计算机上利用遗传算法的思想进行了大量的纯数值函数优化设计实验。80 年代,Goldberg 在前期研究基础的支持下对遗传算法进行了归纳总结,构建了遗传算法的基本框架。近几年来,遗传算法主要应用在工业工程领域和复杂优化问题求解,已取得了一些研究结果。生产计划与排程、成组技术、可靠性设计、设备布置与分配、车辆路径选择与排程等领域都已经开始普遍应用遗传算法进行相关问题解决。遗传算法虽然是一种随机搜索算法,但与传统经典的搜索算法有所不同的是,它是从一组随机产生的初始解开始整个搜索过程的,这组初始解称为"种群"。该种群中的任意一个个体都是待解决问题的一个称为"染色体(chromosome)"的解,每个染色体都是一连串符号,这些带有遗传信息的染色体在后续的迭代中不断进化的过程称为"遗传(inherit)"。在进化过程中产生的下一代染色体称为"后代(offspring)",而每一代染色体的好坏需要用"适应度(fitness)"来进行评估。选择适应度值高的染色体通过"变异(mutation)"或者"交叉(crossover)"运算产生后代,这样经过若干代后,遗传算法最后将收敛于最好也就是适应度最高的染色体,而这个染色体就可能是所需解决问题的次优解或最优解。综上所述,利用遗传算法解决问题的基本思路是:①构建初始种群,从待解决问题的所有可能解集中一个种群开始,该种群是由一定数量的个体组成的,而这些个体经过基因编码操作;②种群开始随机进行初始化,对种群中各个体进行适应度计算,产生第一代也就是初始代种群;③应用选择、交叉和变异等遗传算子进行操作产生下一代种群,重新计算下一代种群的适应度,判断是否满足给定的优化准则,若是则得到问题最优解,若不是则继续步骤③的操作。由此可知,遗传算法的一般操作流程如图 9-15 所示。

### 2. 遗传算法的相关概念

#### 1) 遗传算法的编码和解码

遗传算法的编码就是把待解决问题的可行解从其解空间转换到遗传算法能够进行操作的搜索空间内的转换方法,也就是对待解决问题可行解的描述方法。因此,编码是设计和改进遗传算法过程中的一个关键问题,也是利用遗传算法解决问

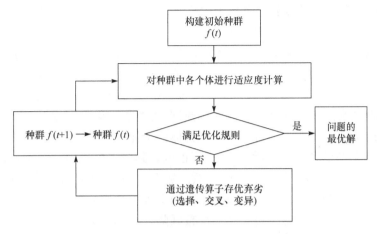

图 9-15　一般遗传算法的操作流程

题时应首先操作的重要步骤。在遗传算法编码中最简单、最初级的方法为二进制编码方法(0-1 串编码方法),其中数值运算对二进制编码方法的运用居多,而对于机械工程领域,想要运用遗传算法中的二进制编码方法直接描述出所需解决问题的特性是很困难的。近年来,很多学者提出了不同于二进制编码的方法,例如,约束优化的实数编码,它用一个实数来表示待解决问题的可行解,直接在其解的表现型上进行遗传操作,该编码方法解决了基础的十进制和二进制编码对存储量和算法精度的影响,同时便于将待解决问题的相关信息引入优化过程中,目前已经广泛应用于高维复杂优化问题中,并达到了较好的效果。遗传算法在解空间对解进行评估和选择,在编码空间对染色体进行遗传操作,而交替地在解空间和编码空间中工作便是它的一个显著特点。

2) 设计遗传算子

一般来说,标准遗传算法的操作算子由选择算子、交叉算子和变异算子三种形式组成,这三种形式的算子是遗传过程中进行繁殖和模拟自然选择的主要因子,也是完成杂交和突变现象的主要载体,它们是遗传算法具备强大搜索能力的核心。在遗传算法的早期研究中,Holland 极力推荐逆转算子的使用,因为逆转算子能够使遗传中的关键基因在交叉操作中存留下来,从而形成紧密的基因联结。

(1) 选择算子(selection)。选择是保证群体优良基因传至下一代群体的最基本方式,这对于群体的多样性有严格的单调精简的作用。选择的过程就是从当前的群体里选择适应值较高的个体然后生成交配池的过程。为了使群体品质显著提高,选择算子必须在下一代群体中具有较强的繁殖能力。其作用是选择当前代群体中一些较优良的个体,然后复制到下一代群体中。适应值比例选择(fitness-proportionate selection)、Boltzmann 选择、排序选择(rank selection)、联赛选择(tour-

nament selection)等是目前选择算子的主要形式,其中最常用和最基本的选择算子是比例选择算子。它们用选择算子与个体适应值相联系的紧密程度来区分类型。为了避免由于选择误差,或者因为交叉和变异的破坏作用而使当前群体中最佳的个体在下一代丢失,de Jong 提出了精英选择(elitist selection, or elitism)的策略。一般来说,比例选择算子就是指个体被选中并且遗传给下一代群体中的概率与个体适应度的大小成正比。轮盘赌选择(即比例选择或复制)是比例选择算子的一般方法。这种方式首先应计算某一代群体的个体位串的适应值,然后再计算次适应值在群体总的适应值中所占的比例(也就是其个体被选中的概率),最后再用 0~1 的随机数确定各个体被选中的次数。然而,此方式还是有一定的局限:首先是在进化初期阶段有可能适应度值非常高的个体被选中的概率很大,使得下一代群体中个体单一而无法继续进化从而使搜索陷入局部最优;其次是由于进化后期在各个体适应值差距不大时,这种方式已经无法保证其选择能力,使其无法体现个体的优劣度。

(2) 交叉算子(crossover)。遗传算法中的交叉算子操作的目的是将原有的优良基因遗传到下一代个体中,从而产生包含所有优良基因且基因结构更复杂的新个体,这个过程是对大自然中有性繁殖中基因重组过程的模仿。交叉算子就是通过将现有模式之间进行杂交实现期望中更高阶、更高适应值的新模式的生成。交叉操作一般包括:①随机从池中选择一对个体,为交配做准备;②假设这一对个体的位串长度为 $L$,在区间 $[1, L-1]$ 中选整数 $k$ 作为交叉位置(可以是单个也可以是多个);③进行交叉操作,此时配对个体会相互交换部分内容,重新组合进一步形成一对新的个体。在字符集编码中,通常使用单点交叉、两点交叉、多点交叉、均匀交叉、一致交叉等交叉算子进行操作。

交叉算子的优劣程度会直接影响遗传算法收敛速度的快慢。传统遗传算法中,直接用固定的交叉率对两个个体进行交叉操作,而没有考虑两个个体之间的相似性,这就导致初始个体中比较好的模式不能遗传到下一代,使得算法的收敛速度变慢。

(3) 变异算子(mutation)。在大自然生物进化过程中会有染色体上某位基因发生突变的现象,导致染色体结构和特性上的改变,而变异操作就是对这种现象的模拟。遗传算法中自然数编码有两个常用的变异算子分别为倒位算子及部分倒位算子,它们共同的弱点是随机性能差。变异算子在染色体基因位变异的存活概率为(设其概率为 $p_m$,且此处操作属单个体操作)$p_s(r, p_m) = (1-p_m)^r$。

显然,此处变异算子中变异概率及模式阶次等参数均会影响其单独作用下模式存活概率,且群体的多样性对其并无影响。但是在特定阶模式下,群体进化时间也会影响交叉算子作用下的模式。随群体多样性降低,两个父代模式确定位的基因值相等的概率会不断升高。

（4）逆转算子（inversion）。倒位是遗传学中的一种现象，指在染色体中的两个基因位置需要倒换，目的是使那些原本父代中很远的基因位在经过倒位后在后代中紧靠在一起，也是为保证染色体位串上比较重要的基因更紧凑，从而不易分裂，相当于遗传算法的重新定义基因块。为此，Holland 提出了逆转算子。此处逆转操作就是随机从个体位串上选两点，染色体会被分成三段，这里再把中间的一段左右颠倒然后再与另两段相连，最终便形成了新的个体位串。

## 9.4.2　基于改进的遗传算法的工序级生产排程模型求解

上面所说的支持多品种小批量的车间工序级生产排程的模型在求解过程中基于准时生产时设计以时间为成本的多目标适应排程函数。考虑到单个订单时的制造任务生产周期、加工费用和多个工艺方案，以及多个订单时的各制造任务间使用同一个设备时关于约束的问题，遗传算法对该类问题求解具有优势，在搜索的过程中不易陷入局部最优，且当所给定适应度函数不连续时找到最优解的概率极大，因此用改进的遗传算法求解该排程问题。

生产排程模型用改进的遗传算法求解结构如图 9-16 所示，首先需要确定交叉概率、种群规模、变异概率、设备台数、零件个数、个体数目以及最大遗传代数等；然后初始化种群，进而生成父代种群，再进行基于活动顺序的交叉操作以及基于邻域搜索变异操作，调整适应值评价函数，计算目标函数值；与此同时，按照目标函数值大小对染色体进行排序，把染色体排序后放入交配池；交配完毕后，用赌轮选择法选择优质的染色体；然后判断终止条件能否满足循环代数，若不满足终止条件，则从排序后的染色体中选出一定数量的个体生成子代种群再进行以上操作。其中目标函数就是染色体的评价函数，用此来计算适应值的大小，进而决定染色体的好坏。

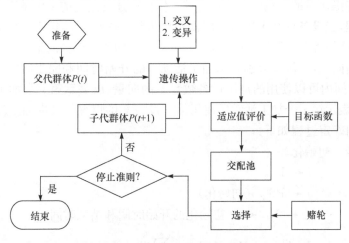

图 9-16　遗传算法求解结构

具体的算法设计如下。

(1) 染色体描述。采用基于资源的分配和基于任务的遗传编码,结合两种遗传编码的方法,可得到生产排程的一个可行解。用制造任务中制造活动的遗传基因表示,使每个遗传基因中都包含制造任务的标号以及执行该任务标号时所使用的加工设备的序号,这样便由一个染色体表示解空间里所有的加工活动的合理的排序,就是表示问题的一个有效解,加工活动优先级别从左到右递减。该类遗传算法对同一制造任务的同一加工活动的加工设备的变换容易实现,操作中对于基因中第三个编码进行修改即可,所以具备动态性的优点,而当加工设备异常时,为保证工作流正常执行,只改变同一排程方案中的资源节点就可以实现。

依据上述提出的遗传算法染色体的编码方法,假设有 3 个加工任务,每个加工任务中包括 3 个加工工序,由这 3 台加工设备来完成这些加工活动。这样一个染色体编码为如下的排列形式:

112-121-213-131-333-312-321-223-232

上述染色体表示的是要先执行第 1 个加工任务中的第 1 个加工工序,再由设备 2 完成,然后执行第 2 个加工任务中的第 1 个加工工序,此处由设备 1 完成,依此类推就完成了 3 个加工任务。

(2) 初始化群体。经典遗传算法是对多个体及群体进行同时优化,所以首先要解决的任务是初始解的选定。如此选定的初始解可以采用启发式算法来操作或者随机产生。通过约束条件来检验随机方式所产生的初始解,进而判定是否可行,若是,则选定;否则去掉。这一过程按照预先设定的条件不断进行迭代,一直到群体的个数达到预定解空间数量。

(3) 遗传操作的选择。为有效评估染色体,直接用目标函数作为适应值函数,使经过遗传操作后的染色体都满足要求。依据前述已给定的工序排序的可行的次序进行排程,当设备处在闲置状态时便可以进行一个可行的排程。设 $i$ 为算法迭代的下标,$V$ 是所有加工设备的集合,$P_i$ 表示 $i$ 前面所有任务的集合,PS 则表示拓扑顺序存储向量,$t_{sj}$ 和 $t_{ej}$ 分别表示加工活动 $j$ 的开始时间和完工时间,$b_k[l]$ 表示记录在 $l$ 时间内可以使用的加工设备数量 $k$ 的向量,$t_{dj}$ 表示第 $j$ 个加工活动持续的时间,$r_{jk}$ 表示第 $j$ 个加工活动所使用加工设备 $k$ 的情况。其中加工活动的开始和完工时间确定过程如下:

第 1 步　初始化。

$$i \leftarrow 1$$

$$j \leftarrow PS[i](初始化)$$

$$t_s \leftarrow 0, t_e \leftarrow 0(初始化的开始时间和结束时间)$$

$$b_k[l] \leftarrow b_k, l = 1, 2, \cdots, \sum_{j=1}^{n} t_{dj}, k = 1, 2, \cdots, m$$

第2步 完成测试,如果 $i=n$,则转至第5步,否则 $i \leftarrow i+1$。

第3步 确定开始时间及完成时间。

$j \leftarrow \text{PS}[i]$

$t_{ej}^{\min} \leftarrow \max\{t_l \mid l \in P_j\}$

$t_{sj} \leftarrow \min\{t \mid t \geqslant t_{sj}^{\min}, b_k[l] \leqslant r_{jk}, l=t, t+1, \cdots, t+t_{dj}, k=1,2,\cdots,m\}$

$t_{ej} \leftarrow t_{sj}+t_{dj}$

第4步 可用资源的更新。

$$b_k[l] \leftarrow b_k[l]-r_{jk}, l=t, t+1, \cdots, t+t_{dj}, k=1,2,\cdots,m$$

返回第2步。

第5步 结束,最后输出 $t_{sj}$ 和 $t_{ej}$。

(4) 遗传算法的交叉。交叉算子基于加工任务的顺序,该顺序的交叉包括以下几个操作步骤:

第1步 随机选择一条子串。

第2步 把上述子串复制到相应位置上,产生一个子代。

第3步 保留的顺序中包含原有子代需要的符号,去掉子串原来已有的符号。

第4步 按从左到右把符号放入其余所剩下的空位上,产生一个子代。

确定一个随机的遗传基因,找对应的相同加工任务对应的下一个加工工序的基因,用来确定最佳组合也就是在此之间的基因组合,然后遗传到下一代染色体。依此类推,所对应的染色体便遗传给下一代染色体,最后完成交叉遗传操作。

基于活动顺序的交叉如图9-17所示。确定两个体 $P_1$ 和 $P_2$ 作为父体,从前面所描述的资源排程约束的条件可以推得在此例中,设加工任务1中加工优先次序是11-21-31,加工任务2的优先次序是12-22-32,加工任务3的优先次序是13-23。对于 $P_1$,有三个位置11-21-31;对于 $P_2$,同样有三个位置12-22-32存在,这样后代 $O_1$ 中的三个位置11-21-31就保持不变,其余的按照 $P_2$ 的优先次序按顺序进行与 $P_2$ 及11-21-31三个位置不同的操作,同理可得 $O_2$ 也有一样的操作,使该方法满足上述的限制条件并容易实现。

| 父代个体 | | | | | | | |
|---|---|---|---|---|---|---|---|
| $P_1$ | 11 | 12 | 22 | 21 | 32 | 31 | 13 | 23 |
| $P_2$ | 12 | 22 | 11 | 21 | 13 | 23 | 31 | 32 |

交叉

| 子代个体 | | | | | | | |
|---|---|---|---|---|---|---|---|
| $O_1$ | 11 | 12 | 22 | 21 | 13 | 31 | 23 | 32 |
| $O_2$ | 12 | 22 | 11 | 21 | 31 | 13 | 23 | 32 |

图9-17 基于活动顺序交叉

　　图 9-18 为基于资源分配的交叉,在遗传交叉中属于单点交叉,对于已确定的两父体,随机地确定其中一个交叉点,转变为由加工活动所分配的在该点前的两父体都有的加工的设备。例如,随机选取位置 4,前两个均有的是加工活动 11-12-22,变换它们所分配的加工设备,依此类推,后面的两个父体都有的加工活动是 32-31-23,变换它们所分配的加工设备,再进行单点交叉而后得出的解也为有效解。

| 父代个体 | | | | | | | | | |
|---|---|---|---|---|---|---|---|---|---|
| $P_1$ | 活动 | 11 | 12 | 22 | 21 | 32 | 31 | 13 | 23 |
| | 资源 | 3 | 2 | 1 | 3 | 2 | 1 | 3 | 2 |
| $P_2$ | 活动 | 12 | 22 | 13 | 11 | 21 | 31 | 32 | 23 |
| | 资源 | 1 | 2 | 1 | 3 | 1 | 2 | 2 | 1 |

交叉

| 子代个体 | | | | | | | | | |
|---|---|---|---|---|---|---|---|---|---|
| $O_1$ | 活动 | 11 | 12 | 22 | 21 | 32 | 31 | 13 | 23 |
| | 资源 | 3 | 1 | 2 | 3 | 2 | 2 | 3 | 1 |
| $O_2$ | 活动 | 12 | 22 | 13 | 11 | 21 | 31 | 32 | 23 |
| | 资源 | 2 | 1 | 3 | 3 | 1 | 1 | 2 | 2 |

图 9-18　基于资源分配的交叉

　　(5) 遗传算法变异的设计。在原来的算法设计过程中,变异作为后备算子,为了维持个体的分散性而产生染色体微小的扰动。遗传算法设计时如采用交叉和变异混合,而基本原则就是哪里需要便在哪里混合。将变异操作设计成邻域搜索,这样便不再是后备算子,而是为改进后代而进行的深度搜索操作。

　　本书提出基于工作流的遗传算法的染色体描述方法,假设染色体通过交换相对应的基因给定的染色体排程邻域。只有按照规则确定的一个染色体优于邻域中所有其他的染色体,这时才可以说这个染色体 λ 最优。

　　基于邻域搜索变异的过程如下:

　　第 1 步　开始,$i \leftarrow 0$。

　　第 2 步　当 $i \leqslant \text{pop\_size} \times p_m$ 时,随机地从某个未变异的染色体中挑出 λ 个不同的基因然后构造邻域,并对邻域排程评估后选择优良的邻域染色体作为后代,执行第 3 步;否则,便执行第 4 步。

　　第 3 步　给 $i$ 赋值 $i \leftarrow i+1$,执行第 2 步。

　　第 4 步　结束。

　　按上述方法进行遗传算法操作后的染色体,为确保相同加工任务的遗传基因的有序排列,设计染色体的合法性模块,来保证合法性、排程唯一性和可行性。在遗传算子操作中设计了相应的处理,如果遗传算法中有不可拆的基因组合则尽量保留而不进行遗传操作。在算法的接口中增加基因组合位置的对应参数,这样引起的变化对内部的实现具有非常大的影响,所以遗传算法的关键在内部排序的逻辑实现上,其主要用构造排序的算法,这样保证了算法的正确性,并且提高了计算速度。

　　(6) 选取控制参数。所使用的控制参数有群体规模、交叉概率和变异概率几项。其群体越大,则采样容量越大,越易于改进遗传算法的搜索的质量,但是增加了个体适应性的评价计算量,就降低了收敛速度,群体规模一般取 20~200。交叉概率高,在群体中形成新的结构快,即新的优良基因结构丢失得多;若交叉概率过小,则将导致搜索阻滞,交叉概率一般取 0.6~1.0。如果变异概率过大,遗传搜索则会演变成随机搜索;若变异概率过小,较早的基因信息便不会得到恢复,变异概率一般取 0.005~0.01。

### 9.4.3　实例验证及分析

　　为了验证利用引入生产过程解耦点之后的生产排程模型及改进遗传算法的有效性,对某企业车间的实际生产数据利用本方法进行实践。该企业车间加工制造同一产品族下的 10 种不同的任务,分别在 10 台不同的设备上加工完成,每个任务包括 10 个加工活动,其加工时间矩阵 $T$ 和加工顺序矩阵 $O$ 如式(9-33)和式(9-34)所示。

$$T[10\times10]=\begin{bmatrix} 12 & 12 & 12 & 12 & 12 & 12 & 12 & 12 & 12 & 12 \\ 9 & 9 & 9 & 9 & 9 & 9 & 9 & 9 & 9 & 9 \\ 17 & 17 & 17 & 17 & 17 & 17 & 17 & 17 & 17 & 17 \\ 8 & 8 & 8 & 8 & 8 & 8 & 8 & 8 & 8 & 8 \\ 11 & 11 & 11 & 11 & 11 & 11 & 11 & 11 & 11 & 11 \\ 8 & 17 & 21 & 30 & 25 & 27 & 18 & 20 & 19 & 10 \\ 11 & 6 & 12 & 6 & 24 & 25 & 20 & 16 & 13 & 15 \\ 25 & 23 & 19 & 20 & 22 & 28 & 20 & 24 & 18 & 23 \\ 29 & 28 & 27 & 22 & 27 & 30 & 25 & 20 & 17 \\ 16 & 18 & 19 & 20 & 24 & 18 & 10 & 15 & 10 & 13 \end{bmatrix} \quad (9\text{-}33)$$

$$O[10\times10]=\begin{bmatrix} 1 & 1 & 1 & 1 & 1 & 1 & 1 & 1 & 1 & 1 \\ 2 & 2 & 2 & 2 & 2 & 2 & 2 & 2 & 2 & 2 \\ 3 & 3 & 3 & 3 & 3 & 3 & 3 & 3 & 3 & 3 \\ 4 & 4 & 4 & 4 & 4 & 4 & 4 & 4 & 4 & 4 \\ 5 & 5 & 5 & 5 & 5 & 5 & 5 & 5 & 5 & 5 \\ 6 & 7 & 8 & 8 & 6 & 7 & 8 & 6 & 10 & 9 \\ 7 & 9 & 9 & 6 & 10 & 8 & 9 & 7 & 8 & 10 \\ 8 & 10 & 10 & 9 & 8 & 9 & 6 & 9 & 7 & 8 \\ 9 & 8 & 6 & 7 & 8 & 6 & 10 & 8 & 9 & 6 \\ 10 & 6 & 7 & 7 & 10 & 6 & 10 & 6 & 7 \end{bmatrix} \tag{9-34}$$

矩阵中行代表零件号从左到右依次为任务 1、任务 2、…、任务 10；列代表加工设备号从上到下依次为设备 1、设备 2、…、设备 10。

设备的单位时间加工工时费（指包括设备折旧成本、设备加工成本、设备维护成本、操作者的工时成本和企业管理成本等的总和）信息如表 9-2 所示。零件单位时间的库存成本费用为 5 元/（件·时）。控制参数的取值如表 9-3 所示。

表 9-2　设备加工工时费

| 机器 | $M_1$ | $M_2$ | $M_3$ | $M_4$ | $M_5$ | $M_6$ | $M_7$ | $M_8$ | $M_9$ | $M_{10}$ |
|------|-------|-------|-------|-------|-------|-------|-------|-------|-------|----------|
| 费用 | 52 | 28 | 14 | 15 | 75 | 112 | 35 | 16 | 70 | 65 |

表 9-3　控制参数的取值

| 参数 | 群体规模 | 交叉概率 | 变异概率 | 迭代次数 |
|------|----------|----------|----------|----------|
| 取值 | 200 | 0.9 | 0.01 | 100 |

根据 9.4.2 节中提出的改进遗传算法进行实例验证，首先选择控制参数：种群规模为 200，迭代代数为 100，交叉概率为 0.9，变异概率为 0.01。依据上面加工时间矩阵和加工顺序矩阵可知生产过程解耦点定位在所加工任务的第五个加工活动也就是第五道工序，因此前五道工序可以采用大批量生产的方式进行统一的车间排程，而整个排程问题就转变为 10 种任务如何在 5 台不同的设备上分配的问题，在这里已将前五道工序提前加工完毕，存入仓库，当接收相应订单时，进行相应的后五道工序的加工，也就是差异化加工部分，这样节省了前五道工序的加工时间，也就是在少量增加库存成本的同时，大大地缩短了生产排程的时间。因此在引入解耦点之后，为了加强对比效果，只给出后五道工序的优化结果。

利用 MATLAB 编程进行仿真实验，在引入生产过程解耦点之后可得该问题的最长完工时间的最小值为 298h,成本为 79762 元优化结果的甘特图如图 9-19 所示。

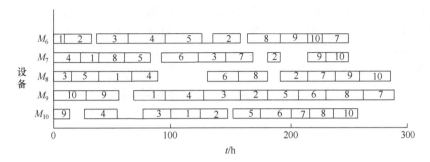

图 9-19 引入生产过程解耦点后的排程优化结果

如果不将最优生产过程解耦点引入生产排程中,则该生产排程问题就为 10 类不同任务在 10 台不同设备上进行分配,通过对以上程序适当修改,可得产品最短生产周期为 365h,成本为 79712 元,该排程优化结果的甘特图如图 9-20 所示。

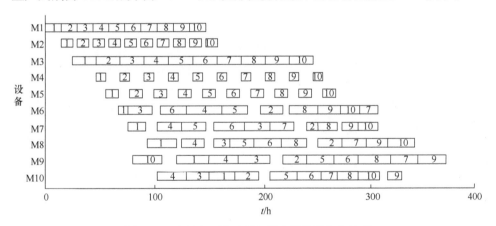

图 9-20 未引入生产过程解耦点的排程优化结果

通过对以上两个时间-设备甘特图所示的结果进行对比可知,最优生产过程解耦点的引入能够大幅度地简化生产排程过程,缩短产品生产周期,而且由于生产过程解耦点之前的生产工序可以提前以大批量生产方式完成,所以在成本少量增加的情况下,零件加工时间可以在原有的基础上大大缩短,从而更快地提供给客户低价格高质量的产品。

# 9.5 本章小结

本章在对传统生产排程进行分析的基础上,针对支持多品种小批量的车间工序级生产排程过程中的任务与资源动态变化的问题,采用面向对象的建模方法建立企业工序级制造任务模型、企业工序级制造资源模型,对制造任务与制造资源动态信息进行描述;针对生产排程过程复杂性高的问题,引入生产过程解耦点,采用多目标数学建模的方法建立生产排程数学模型,简化了制造任务和整个生产排程过程,并根据遗传算法的基本求解流程建立了改进遗传算法求解生产排程数学模型,对支持多品种小批量的车间工序级生产排程数学模型进行求解,结合实际车间的生产排程情况对该生产排程方法进行了有效的实例验证。

# 第10章 应用案例与原型系统设计

## 10.1 引　　言

本章结合前面各章理论和方法的研究成果,研制和开发面向大批量定制的产品规划原型系统(product programming for mass customization,PPMC)。在分析原型系统需求的基础上,介绍系统的开发环境、结构框架,设计原型系统的功能模块、数据接口,展示原型系统的部分运行界面和结果。PPMC 的主要特点是将生产方式决策作为进行大批量定制产品规划的前提,从全局角度探索大批量定制产品规划中的产品族更新、类订单配置和批量订单的生产排程方法,最终实现大批量定制环境下的整体产品规划,提高规划效率和企业竞争力。结合减速机产品实例,对系统进行验证,分析应用结果,阐述所提出的方法和理论的实际意义。

## 10.2 系 统 设 计

### 10.2.1 系统的开发环境和技术框架

面向产品族的产品规划原型系统计算机辅助产品快速设计制造原型系统选用 Windows NT 作为操作系统平台,采用支持跨平台操作的、具有强大数据库开发能力的 Java 语言作为开发工具,采用关系数据库 Oracle 和 Excel 作为后台数据存取的数据支持,实现数据在系统全局功能模块中共享,完成专业化的数据分析和处理,以提高数据分析的准确性和高效性。系统技术框架如图 10-1 所示。

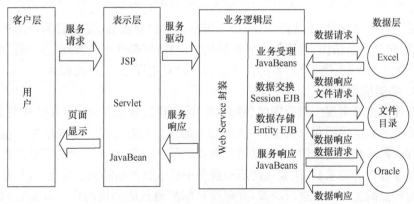

图 10-1　原型系统技术框架

　　系统采用基于 J2EE 平台的浏览器/服务器/数据库三层架构进行开发,以"服务请求＋服务响应"为基本运行方式。系统应用 JSP 技术实现客户层的开发,逻辑层应用 JavaBean、EJB 技术。Session EJB 内封装业务逻辑,Entity EJB 介于服务层和数据层之间,完成数据存取过程中的事务处理。整个逻辑层采用 Web Service 封装,有效集成了数据库访问的优化机制,提高了访问效率。

### 10.2.2　系统的体系结构

　　产品规划原型系统的功能是实现网络环境下面向客户需求预测的产品快速配置和生产排程,以提高客户需求反应的敏捷性和满意程度。系统的开发为企业和客户的协同交互提供了门户,其体系结构如图 10-2 所示,主要包括客户层、应用层、功能层、数据层和基础服务层。

　　1) 客户层

　　客户层采用 C/S 和 B/S 结构相结合的模式。这样客户端的应用程序既可以是传统的应用程序,也可以是基于 Web 方式的网页,或是手机等终端设备。该层是系统平台入口,客户通过客户端浏览器进行产品的定制活动。

　　2) 应用层

　　应用层提供应用程序和客户界面,由一系列客户与之交互的窗体组成。应用层主要包括:销售历史管理,管理历史销售数据,是历史数据库的输入窗口;生产模式管理,主要管理各个不同生产方式的内容,以及反馈结果;预测需求管理,为企业设计人员和客户提供预测需求输入窗口;订单需求管理,是客户订单输入窗口,企业从这里获得客户的订单需求,为客户提供具体的定制服务;个性化需求管理,是客户个性化需求输入窗口;产品族结构管理,为企业的设计人员提供产品族的设计、更新、产品族的结构显示以及其他相关操作;产品配置管理,是配置系统的核心,是系统的敏捷化配置的具体实现,是配置方案输出的执行部分;产品结构管理,反馈根据订单配置之后的产品结构,实现与客户实时交互的过程,客户可以对企业提供的配置模型评价;零部件结构管理,根据客户订单配置、优化后的最终产品结构管理,包括产品结构、通用件和定制件的分类等;零部件生产管理,主要管理零部件进行加工生产时所需要的零部件主结构图、NC 主程序、工序流程等。

　　3) 功能层

　　功能层主要实现应用程序的各种功能,需要通过数据层访问数据库中的数据,通过服务层从应用层获取数据,并执行必要的运算数据处理。功能层主要包括如下组件。需求数量决策组件,根据历史数据的输入决策出下一期的产品的需求量或产品零部件的需求量;从输入的历史数据中提取出产品的销售特征,并根据这些特征对产品的生产方式进行决策,并将决策结果通过应用层的生产方式管理窗口输出。产品族设计组件,可分为两种情况,一种是在技术条件允许的情况下,采用

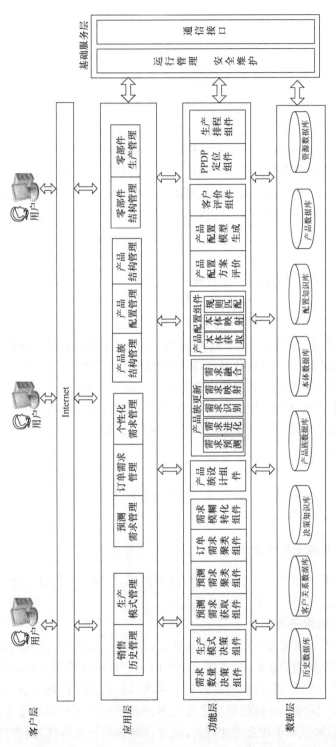

图 10-2　原型系统体系结构

智能设计;另一种是技术人员设计,两种情况都需要历史数据和预测需求作为输入,并且将设计的最终结果存入产品族数据库中。产品族更新组件,由五个组件组成,分别是个性化需求预测、需求进化、需求识别、需求映射和需求融合,个性化需求预测完成动态客户需求的获取,使产品族能够满足客户个性化需求;需求进化组件根据需求进化的原理和规律,进行产品族的改进;需求识别组件通过客户需求特征亲和度分析和客户需求特征值亲和度分析两个层次识别动态需求;需求映射组件将客户需求映射到产品族的功能和结构模块;需求融合实现产品族的更新,其功能原理是将新的模块融合到已有产品族中。生产过程解耦点定位组件,对配置结果中的定制件在加工之前进行生产过程解耦点定位,尽量提高产品生产时的批量效应。生产排程组件,对待加工组件进行生产排程,缩短产品的生产时间,降低客户的等待时间。

4) 数据层据层

数据层提供对数据库的访问,由各种资源数据库构成,用来满足功能层对数据访问处理的需求。数据层主要包括:历史数据库,存储历史订单记录和需求记录等历史信息;客户关系数据库,存储企业的客户需求数据;本体数据库,存储预测需求的本体和产品族的本体数据,本体的生成应用 Protégé 软件设计,以 owl 文件的形式存储在本体数据库中;产品族数据库,存储产品族结构数据;配置知识库,根据客户订单配置产品时,产品族中各结构之间存在相互的约束关系,通过访问配置知识库中的配置规则,得到合理的配置结果;决策知识库,用于决策系统中的数据流向;产品数据库,存储与产品族中结构对应的零部件的具体信息;资源数据库,存储制造商的可用资源信息。

5) 基础服务层

基础服务层主要维持程序运行、维护应用程序的安全、管理组件以及关联的资源、提供组件之间的通信。

### 10.2.3　系统的功能子系统设计

系统功能如图 10-3 所示。其中实线是规划过程,短划线是信息支持。主要包括以下几个系统。

1) 预测客户需求子系统

预测客户需求子系统包括预测需求的获取、预测需求的聚类和预测需求本体的建立。通过需求预测子系统,企业根据销售历史信息以及采用各种方法对客户需求群进行需求调查、预测,得到产品的功能需求、结构需求、性能需求、价格需求和外观等各项客户需求。系统的创新之处在于根据预测的客户需求建立产品族,同时,利用本体的知识共享和重用性特点,建立预测客户需求本体,为客户订单本

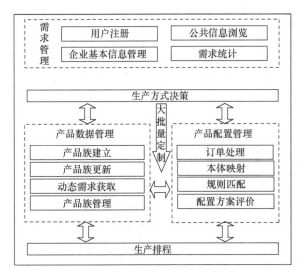

图 10-3　系统的总体功能模型

体和产品族本体的匹配奠定了基础,提高了客户订单本体生成的快速、准确和规范,实现了产品配置的敏捷化。

2) 产品数据管理子系统

产品数据管理子系统包括产品族建立和产品族更新两个功能模块。产品族建立模块,以预测需求为输入,在已有产品的基础上,采用 TRIZ 中的物-场分析法对产品功能进行划分;对 QFD 质量屋进行改进,并针对各分功能进行结构设计,引入本体将各分功能及机构关联起来,建立产品族的本体模型,为产品配置提供依据;最后对产品族中的各结构进行结构模块划分,减少产品内部的多样性,提供外部的多样性,满足客户的个性化需求。产品族更新是提高产品族全面性的有效手段。一方面根据客户对已购产品的使用情况收集个性化信息;另一方面从需求自身出发,根据 TRIZ 中的进化理论对需求进化趋势进行预测。获取的动态需求经过识别、确定之后映射成结构模块,通过产品族更新模块融合到产品族中,实现产品族的更新,以保证产品随时能适应客户的个性化要求。

3) 产品配置子系统

产品配置系统首先要处理客户订单需求,客户的订单需求是产品配置的输入,客户订单处理子系统的任务是获取客户的需求信息。为了提高配置效率,大批量的产品配置是针对一类需求相似的客户进行的产品配置,批量的订单需求必须经过模糊需求的聚类、转化处理。为了使处理后的客户需求不影响客户的满意度,客户订单处理子系统还可实现客户满意度和聚类粒度之间的冲突优化,使得聚类结果既具有一定规模,又能使客户具有相当的满意度。

在产品配置子系统中,能够根据客户的需求自动为客户提供满意的产品配置方案。处理后的订单需求通过相似度计算的方法与预测需求的本体匹配,得到客户订单需求本体;在配置知识库的支持下,通过客户需求本体与产品族本体的本体映射,确定产品配置结构中的部分选配项,以映射结果为输入关系对,在规则库中进行规则匹配,确定产品多种配置结果中的可行选配项,最后通过端口属性对产品进行组装,形成多种产品方案;为了给客户提供最佳的配置方案,系统引入层次分析法进行配置方案评价,得到最终配置结构模型。

4) 生产排程子系统

在满足客户需求的产品结构中,有通用件,也有定制件,其中通用件在配置之前以成品的形式存在,能实现大批量生产,而定制件则通过生产计划安排,进行PPDP 定位找出该批订单中的定制件的共同部分,实现通用部分的批量生产,然后进行生产排程,以缩短加工装配时间。完成以上工作后制造商内部零部件的加工流程就确定下来,系统将整理过后的所有零部件进行汇总,并进行统一管理。

以上四个子系统既是顺序过程,又能实现其独立的功能,即只要有相应的输入要求,其对应的模块就能根据输入得到相应的结果,不需要严格按顺序流程输入输出。

# 10.3 应用案例

大批量定制产品设计规划原型系统是本书提出的理论验证系统,根据系统的各功能子系统,将以减速机的生产方式决策、产品配置及生产排程三个方面验证理论研究。

## 10.3.1 企业应用背景

某减变速机制造有限公司是减变速机传动产品研究、生产的专业公司,产品具有模块化、系列化和标准化的特点,其产品被广泛应用于石油化工、工程环保、轻工纺织、食品、制药、机床等设备的传动装置。虽然其产品在市场上具有较高的占有率,在技术含量和综合性能等方面存在一定的优势,但是随着全球化市场的形成和发展,企业竞争的加剧,如何快速响应市场的变化,以短交货期、低成本来满足客户的个性化需求,是企业面临的新挑战。

该企业的减速机划分为若干个系列,主要产品有:ZK、G 等系列行星齿轮减速机;ZH 系列锥盘环盘减变速机;UD 系列行星锥盘减变速机;SPT 系列锥盘环盘减变速机;CJ 系列齿轮减速机;W 系列齿轮-蜗轮减速机;WJL 系列蜗轮减速机等。每个系列中的减速机型号都已经确定,并对各系列的减速机的性能、应用场合、价格等特征进行了描述。企业现有的产品数据管理已经达到了较高的水平,针对每个系列的减速机的产品结构特点、功能原理、应用场合和成本等进行了分类描述,根据其产品特点和管理水平,企业具备了大批量定制的生产基本条件。

当订单到达时,直接根据这些特征进行减速机系列、型号的选择,以达到快速响应订单的目的。这个过程就是产品配置的过程,虽然配置速度提高,但却降低了产品的多样性,不能满足不断变化的市场需求。在生产上,企业对产品中的零部件进行外协、外购和自制件的划分,并对大部分自制件进行按预测的库存生产,降低客户等待时间,却增加了库存成本,且降低了零部件的多样性。企业对个性化订单的响应时间并不是越短越好,而是在客户允许的等待时间内,降低产品的生产成本。企业对新产品的研发和改进受减速机种类的限制,种类太多企业无法承受巨额的库存费用,若改用完全定制方式,客户等待时间将太长。综上所述,该企业目前采用的生产方式是大批量定制的生产方式,但以上问题制约了企业竞争力,这是由企业产品规划的不合理性导致的。

本书提出的大批量定制产品设计规划是解决该企业目前所存在的问题的有效手段,下面对其应用过程进行分析。

### 10.3.2　行星齿轮减速机设计规划

1. 行星齿轮减速机生产方式决策过程

以该企业的行星齿轮减速机为例,表 10-1 是行星齿轮减速机的相关成本统计表,表 10-2 是行星齿轮减速机的相关时间统计表,表 10-3 是该厂下一年度的销售预测统计表。根据计算,可得下一年度齿轮减速机的预计总销量为 3068 台,即 $\mu=3068$。下面对其采用的生产方式进行分析。

表 10-1　相关成本统计表　　　　　　　　（单位:万元）

| 参数 | $c_{pi}$ | $c_i$ | $c_{qi}$ | $p_i$ |
|------|------|------|------|------|
| 成本 | 0.08 | 0.08 | 0.12 | 0.5 |

表 10-2　相关时间统计表　　　　　　　　（单位:天）

| 参数 | $t_{mi}$ | $t_{ni}$ | $T_p$ | $T_q$ |
|------|------|------|------|------|
| 时间 | 1.5 | 1.7 | 6 | 15 |

表 10-3　销售预测统计表　　　　　　　　（单位:台）

| 月份 | 1 月 | 2 月 | 3 月 | 4 月 | 5 月 | 6 月 |
|------|------|------|------|------|------|------|
| 预测销量 | 277 | 278 | 279 | 277 | 275 | 275 |
| 月份 | 7 月 | 8 月 | 9 月 | 10 月 | 11 月 | 12 月 |
| 预测销量 | 265 | 246 | 241 | 224 | 220 | 211 |

采用库存延迟时能获得的利润为 $L_X = p_i\mu_i - C_X = 378$。这里取服务水平为 95%，因此库存安全因子 $z = 1.65$，$\sigma = 6$，且追加投资 $F_0 = 800$。

采用完全延迟时能获得的利润为 $L_Y = p_i\mu_i/k' - C_Y = 249$。这里取 $k' = 3$，当 $k'$ 更大时，获得的利润将更少。

采用制造流程延迟时能获得利润为 $L_Z = p_i\mu_i/k - C_Z = 443$。这里取 $k = 2$，$\alpha = 0.4$，$F_{0.4} = 100$。

综上所述，下一年度对行星齿轮减速采用制造流程延迟生产方式时，所能获得的利润最大。

**2. 行星齿轮减速机产品配置过程**

原型系统实现的是一个自动获取产品配置方案的过程，前期的准备工作是在企业历史数据库的基础上，建立配置的知识库、产品族数据库、决策知识库和本体数据库等。系统提供配置过程以客户订单需求为输入，配置模型的自动获取是建立在配置知识库上的需求本体和产品族本体的自动匹配，因此，本体的建立是系统实现的基本条件。

1）减速机预测客户需求本体建立

减速机作为一种独立的闭式传动装置，被广泛地应用于各种机械行业。随着国家基础建设力度的进一步加大，近年来我国的减速机行业得到快速发展。在现代科研、国防、交通、冶金、化工以及基础设施建设等国民经济众多领域有着重要的地位。因此，对减速机应用领域的客户需求预测，根据客户的个性需求组织企业的产品生产和设计，可以提高客户的满意度，增强减速机企业参与国际竞争的能力。

客户需求预测是一个不断完善和循序渐进的过程，预测的客户需求是企业设计经验积累的过程。对减速机的预测需求来自市场、客户，经过聚类和数值的统计进行客户需求预测本体的建立。利用美国斯坦福大学开发的 Protégé 软件建立需求本体模型。图 10-4 是客户需求本体模型。本体模型文件以 owl 文件的形式存储于本体数据库中，本体的编辑及修改和配置系统分离，以提高配置系统的效率。

2）减速机产品族本体建立

根据企业的减速机产品的种类，按照产品族的结构层次模型进行功能-原理-零部件-端口的分解。图 10-5 是减速机产品族的层次结构模型，设计了行星减速机的层次结构关系。在功能层上，将减速机的功能分为输入功能、传动功能、输出功能和辅助功能。在输入功能中，根据模块化的特点，建立了中心齿轮、输入轴、输入轴承和电机法兰的属性值及端口；在传动模块中，根据企业现有产品进行了原理的划分，包括锥盘环盘传动、齿轮传动、行星传动、蜗轮蜗杆传动和摆线针轮传动，并对 ZK 系列行星传动减速机的传动结构进行了分解，建立了内齿圈、行星架组件、联轴器和键在内的行星减速结构；输出功能模块包括输出轴、输出轴承和机座；辅助功能建立了密封功能和定位功能模块。

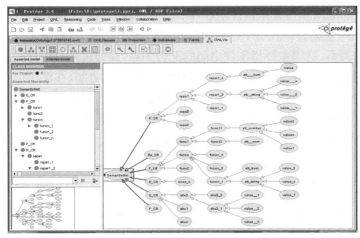

图 10-4　客户需求本体模型

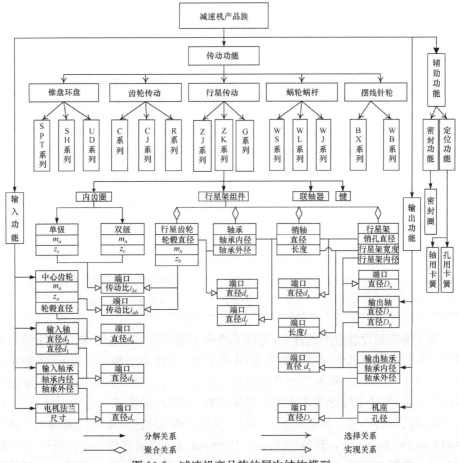

图 10-5　减速机产品族的层次结构模型

根据产品族的结构关系设计原理,在逐层分解的过程中,减速机产品族所有的零部件组成一个集合。在 ZK 系列的行星减速机产品族中,根据物-场模型,两个零件之间的关系,这里主要指零件之间的配合关系,是通过端口的形式表现出的约束或装配关系。零部件之间的端口是实现相应的产品功能,在图 10-5 中,如输入轴与输入轴承通过配合的端口尺寸 $d_b$ 实现两者的匹配。表 10-4 给出了行星减速机的端口及其配合的端口参数。端口参数的取值可能是连续的或离散的值。端口之间的配合关系决定了行星减速机的功能和种类。

表 10-4　端口及其配合的端口参数

| 端口参数 | 实现功能 |
| --- | --- |
| $d_1$ | 输入轴与轴承内圈配合轴径 |
| $d_2$ | 中心轮与输入轴配合轴径 |
| $d_a$ | 输入轴与中心轮的端口 |
| $d_b$ | 输入轴与轴承内径的端口 |
| $d_c$ | 轴承外径与电机法兰的端口 |
| $d_e$ | 销轴与行星齿轮的端口 |
| $d_f$ | 轴承内径与销轴的端口 |
| $d_x$ | 销轴与行星架的端口 |
| $d_y$ | 输出轴与轴承内径的端口 |
| $D_a$ | 输出轴与行星架配合尺寸 |
| $D_b$ | 输出轴与轴承内径配合尺寸 |
| $D_c$ | 机座与轴承外径的端口 |
| $l$ | 销轴长度 |
| $i_{ab}$ | 中心齿轮与内齿圈的传动比 |
| $i_{bc}$ | 内齿圈与行星齿轮传动比 |

为了消除配置过程中的冲突,进行了功能-原理-结构-零部件-端口之间的关系设计。在行星减速机中包括分解关系、聚合关系、选择关系和实现关系,在物元不同的情况下,这四种关系对应的功能会发生变化。为了更加清晰地表达产品族中的结构关系,实现个性化需求驱动的产品配置,并提高减速机产品的配置速度,建立产品族的结构本体。根据 5.4.2 节的产品族结构本体的定义,建立减速机产品族结构本体 PFOnt=(PF,PFCon,PFAss),PF={减速机产品族结构域},PFCon={减速机产品的概念实体},PFAss={减速机产品概念之间的关系}。将减速机产品族

的层次结构模型中的功能、原理、零件和端口分别进行本体定义,包括标识、类型和描述。

　　本体的语义描述还包括概念之间的关系,现有的减速机产品族关系只是产品族内部的结构关系,要进行产品的配置,还要建立客户需求与减速机产品族的关系,概念的关联和构成规则按照表 5-3 的概念关联集定义。

　　减速机产品族本体 PFO 的结构和关系确立后,与预测需求采用同样的 owl 语言描述方式,以文件形式存储,并导入系统的产品族库中,如图 10-6 所示界面,将产品族文件导入系统中,即可在系统中的"产品族管理"选项中查询产品族的资料,如图 10-7 所示,左边为行星齿轮减速机产品族的模块结构树,右边是相应模块结构中的可选零部件,以及该零部件的一些属性,如加工属性、图号、NC 代码号以及关联属性等。另外,产品族更新时,将拓展需求以及个性化预测需求映射为模块结构后,也建立相应文件,并通过图 10-6 所示界面进行导入,将新的模块或属性融合到已有产品族中,实现产品族的更新。

图 10-6　数据导入界面

3) 客户订单需求处理

　　大批量定制的特点是针对一类客户的需求进行生产活动。在减速机的产品族建立后,产品的配置需求主要来自客户的多样化订单。选用减速机时,客户的订单应根据工作机的选用条件、技术参数、动力机的性能、经济性等因素,比较不同类型、品种减速机的外廓尺寸、传动效率、承载能力、质量、价格等,选择最合适的减速机。因此,减速机的客户需求应包括上述因素。

图 10-7　产品族管理界面

减速机制造商在一个固定的时间段中接到三个客户订单,其中每个订单包含六项需求,且三个订单包含的需求项是相同的,即客户订单＝[工作场合、减速机系列、传动比、输入转速、最大扭矩、工作时间]。按照客户需求的表达形式,客户订单的表达形式如表 10-5 所示。

表 10-5　客户订单的表达形式

| 需求项序号 | 需求类型 | 需求名 | 需求值类型 | 1 号订单 $A_1$ 需求值 | 2 号订单 $A_2$ 需求值 | 3 号订单 $A_3$ 需求值 |
|---|---|---|---|---|---|---|
| 1 | 使用需求 | 工作场合 | 状态型 | 提升机用 | 矿山设备用 | 轻化设备用 |
| 2 | 使用需求 | 减速机系列 | 状态型 | ZK 系列 | ZJ 系列 | ZK 系列 |
| 3 | 功能需求 | 传动比 | 数值型 | [18,22] | [35,40] | [16,20] |
| 4 | 功能需求 | 输入转速 | 数值型 | 1080r/min | 720r/min | 1000r/min |
| 5 | 功能需求 | 最大扭矩 | 数值型 | 325000N·m | 835000N·m | 376000N·m |
| 6 | 使用需求 | 工作时间 | 数值型 | 20h | 24h | 18h |

由于客户订单中的六项需求指标的量纲和数量级都不相同,各个需求指标的分类缺少一个统一的尺度,所以在进行需求项的相似度计算之前,先对各个需求值进行对数规格化。表 10-5 中前两项需求为状态型需求值,首先对其数值化为

$$\text{工作场合}=\begin{cases}1,&\text{提升机用}\\2,&\text{矿山设备用}\\3,&\text{轻化设备用}\end{cases},\quad \text{减速器系列}=\begin{cases}1,&\text{ZK 系列}\\2,&\text{ZJ 系列}\end{cases}$$

利用对数规格化法将表 10-5 中列出的各项需求值进行量纲和数量级的统一，计算结果如表 10-6 所示。

**表 10-6　需求值规格化的结果**

| 需求项序号 | 需求名 | 1 号订单<br>$A_1$ 需求值 | 2 号订单<br>$A_2$ 需求值 | 3 号订单<br>$A_3$ 需求值 |
|---|---|---|---|---|
| 1 | 工作场合 | 0 | 0.30 | 0.48 |
| 2 | 减速机系列 | 0 | 0.30 | 0 |
| 3 | 传动比 | $[1.26, 1.34]$ | $[1.54, 1.60]$ | $[1.20, 1.30]$ |
| 4 | 输入转速 | 3.03 | 2.86 | 3.00 |
| 5 | 最大扭矩 | 5.51 | 5.92 | 5.58 |
| 6 | 工作时间 | 1.30 | 1.38 | 1.26 |

其次，建立模糊相似矩阵 $R = [r_{ij}]_{3 \times 3}$，其中 $i, j$ 表示订单序号且 $i = j = 1, 2, 3$；$r_{ij}$ 表示订单 $A_i$ 与 $A_j$ 按 6 个需求项计算的相似程度。因此建立相似矩阵的第一步是计算两个订单中各需求项之间的相似度，根据式（4-10）分别计算订单 $A_1$ 和订单 $A_2$ 的六项需求项两两之间的相似度 $\mathrm{sim}(A_{1l}, A_{2l})$，$l = 1, 2, \cdots, 6$，由于需求项之间的相似度又由 $s_1$、$s_2$、$s_3$ 和 $s_4$ 四部分组成，根据式（4-7）、式（4-11）和式（4-12）结合表 10-6 中的需求值分别计算 6 项需求之间的相似度，如下所示：

$$\mathrm{sim}(A_{11}, A_{21}) = 0.25 \times 1 + 0.25 \times 1 + 0.25 \times 1 + 0.25 \times 0 = 0.75$$
$$\mathrm{sim}(A_{12}, A_{22}) = 0.25 \times 1 + 0.25 \times 1 + 0.25 \times 1 + 0.25 \times 0 = 0.75$$
$$\mathrm{sim}(A_{13}, A_{23}) = 0.25 \times 1 + 0.25 \times 1 + 0.25 \times 1 + 0.25 \times 0.5 = 0.875$$
$$\mathrm{sim}(A_{14}, A_{24}) = 0.25 \times 1 + 0.25 \times 1 + 0.25 \times 1 + 0.25 \times 0.575 = 0.894$$
$$\mathrm{sim}(A_{15}, A_{25}) = 0.25 \times 1 + 0.25 \times 1 + 0.25 \times 1 + 0.25 \times 0.32 = 0.83$$
$$\mathrm{sim}(A_{16}, A_{26}) = 0.25 \times 1 + 0.25 \times 1 + 0.25 \times 1 + 0.25 \times 0.56 = 0.89$$

由客户自定义法给出订单中各需求项的重要度为 0.1、0.15、0.2、0.2、0.2、0.15。由式（4-9）计算订单 $A_1$ 和 $A_2$ 之间的相似度为

$$r_{12} = 0.1 \times 0.75 + 0.15 \times 0.75 + 0.2 \times 0.875 + 0.2 \times 0.894 + 0.2 \times 0.83 + 0.1 \times 0.89$$
$$= 0.796$$

同理可得 $r_{13} = 0.937$，$r_{23} = 0.783$。由此可建立相似矩阵：

$$R = [r_{ij}]_{3 \times 3} = \begin{bmatrix} 1 & 0.796 & 0.937 \\ 0.796 & 1 & 0.783 \\ 0.937 & 0.783 & 1 \end{bmatrix}$$

由于此时的模糊矩阵 $R$ 仅具有自反性和对称性，不满足传递性，所以不能对客户需求进行聚类，故需要将 $R$ 改造成模糊等价矩阵。从模糊矩阵 $R$ 开始，依次求平方，直至出现 $R^k \times R^k = R^k$，此时的 $R^k$ 具有传递性，计算结果为

$$R^k = \begin{bmatrix} 1 & 0.40 & 0.77 \\ 0.40 & 1 & 0.38 \\ 0.77 & 0.38 & 1 \end{bmatrix}$$

取阈值 $\lambda = 0.7$，得截矩阵

$$R_\lambda = \begin{bmatrix} u_1 \\ u_2 \\ u_3 \end{bmatrix} = \begin{bmatrix} 1 & 0 & 1 \\ 0 & 1 & 0 \\ 1 & 0 & 1 \end{bmatrix}$$

由于 $u_1 = u_3$，所以订单 $A_1$ 和 $A_3$ 可聚为一类；由于 $u_1 \neq u_2$，所以订单 $A_1$ 和 $A_2$ 不能聚为一类。聚类后的订单需求为：提升机或轻化设备用减速机，ZK 系列，输入转速为 1000r/min，传动比为 [18,20]，工作时间为 20h，最大工作转矩 325000N·m。

由于聚类后的传动比需求项为区间值，需要进行隶属度计算，根据 4.5.3 节的隶属度计算公式可得传动比需求值隶属于 20，因此订单中传动比需求的取值为 20。

将模糊的客户需求精确化后，可能与客户的需求意图产生偏差，因此需要进行需求的满意度计算。对订单 $A_1$ 和 $A_3$ 进行的客户满意度计算，根据 4.5.4 节的公式可得 $\delta_1 = 0.953$，$\delta_3 = 0.906$。因此存在一个常数 $\delta_0 = 0.9$，使得 $\delta_1, \delta_2 > \delta_0$，即聚类的结果能够使客户具有相当的满意度。

客户订单需求经过上述的处理，成为客户满意的一类订单需求，但要实现按客户订单的产品配置，必须将客户订单需求转换成需求本体。客户需求的表达为需求的名称、属性和需求的值，因此，订单本体的生成是一种在概念和属性之间的相似度计算过程。在原型系统 DPPD 中，上述过程是一个自动实现的过程，图 10-8 是客户输入界面，客户在该界面最上面输入客户本身的资料，系统会自动生成一个订单号。客户订单界面部分为所订购产品的主要性能参数以及订购数量，最下面是对所订购产品除了主要性能参数的一些附加描述，如颜色、外形等，该界面是客户可见界面。提交之后进入图 10-9 所示的产品订单明细界面，该界面是制造商内部对订单的统一管理界面，仅制造商内部可见。

在客户订单明细左边是每个订单代号以及该订单中所订购产品的数量，整个框架所显示的是一个时间段所接收到的订单总和。而每个订单代号和对应于该订单代号的用户资料以及订单属性具有直接联系，制造上可通过点击订单代号对其内容进行直接访问。点击中间的"订单聚类"按钮，即可实现订单的聚类，得到图 10-9 右边的框架内容，其中包括订单类号，以及每类订单中所包含的订单代号和数量，显示了每个订单直接的类关系。最后点击"订单分析"，系统将对每类订单进行分析，为产品配置提供输入。

图 10-8　客户订单界面

图 10-9　订单明细界面

4）减速机的产品配置

以行星减速机为例，某客户需求为"2JK-3.5/20 型单绳缠绕式提升机用减速机，电动机驱动，电动机转速 $n_1 = 1000 r/min$，传动比 $i = 20$，每天工作 20h，最大工作转矩为 325000N·m，要求选用规格相当的 ZK 标准行星轮减速机"。

获取订单需求本体如图 10-10 所示。

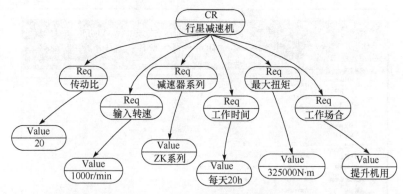

图 10-10　减速机订单本体

　　确定产品配置与选配结构。由于减速机结构件比较多,在此只列出主要配置项,如图 10-11 所示。其中,输入轴轴承组及输出轴轴承组包括轴承、挡圈、密封圈、端盖等结构。减速总成包括行星齿轮、行星架、中心轮以及与轴连接用的键,这里以减速总成和轴承组作为最小配置项,型号与其组成结构和组合方式一一对应。选配项也只列出了本实例中可能涉及的部分。将减速机的产品结构用表 10-7 表示。

**表 10-7　减速机产品结构**

| 产品族 | 配置项 | 选配项 |
|---|---|---|
| F:减速机 | A:输入轴 | $a_1$=轴 Z-0011-23,$a_2$=轴 Z-0011-24,$a_3$=轴 Z-0011-25,$a_4$=轴 Z-0011-26,… |
| | B:输入轴轴承组 | $b_1$=ZT276-1994-6334,$b_2$=ZT276-1994-6335,$b_3$=ZT276-1994-6336,… |
| | C:减速总成 | $c_1$=2-1351-T. No. -10,$c_2$=2-1351-T. No. -11,$c_3$=2-1351-T. No. -12,$c_4$=2-1351-T. No. -13,… |
| | D:输出轴 | $d_1$=轴 Z-0015-35,$d_2$=轴 Z-0015-45,$d_3$=轴 Z-0015-55,$d_4$=轴 Z-0015-65,… |
| | E:输出轴轴承组 | $e_1$=T276-1994-6307,$e_2$=T276-1994-6308,$e_3$=ZT276-1994-6309,… |
| | F:机座 | $f_1$=机座 W-1002-01,$f_2$=机座 W-1002-02,$f_3$=机座 W-1002-03,$f_4$=机座 W-1002-04,… |

　　客户的订单需求本体和产品族之间的映射关系如图 10-12 所示,根据映射规则,由"传动比=20"可得"$C=(c_2,c_4)$";由"输入转速=1000r/min"可得"$C=(c_1,c_2,c_3,c_4)$";由"最大输出扭矩=325000N · m"可得"$A=(a_2,a_3)$,$C=(c_2,c_3,c_4)$,$D=(d_3,d_4)$"。显然,映射结果为"$A=(a_2,a_3)$,$C=(c_2,c_4)$,$D=(d_3,d_4)$",即最终进行规则匹配的有六个输入关系对。减速机相关规则如表 10-7 所示。以输入关系对"$(C,c_2)$"为例,规则匹配流程如下。

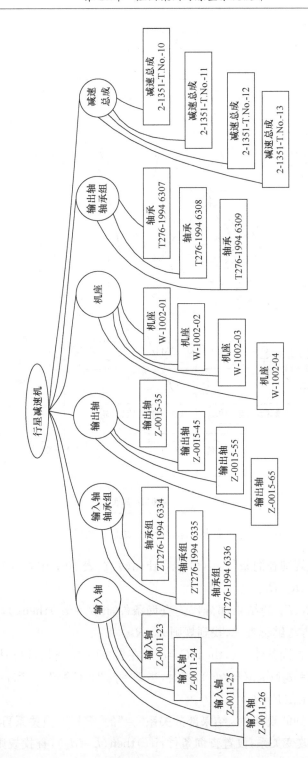

图10-11　行星减速机配置及选配结构

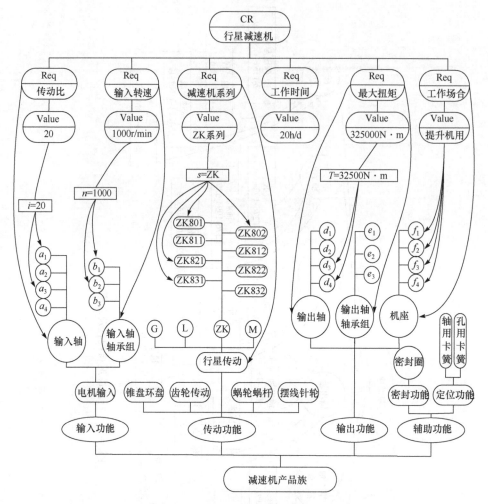

图 10-12　订单需求本体和产品族之间的映射关系

（1）首先设置规则查询条件，$if(C=c_2)then()$，在表 10-7 中查找符合条件的规则，找到规则 $R_1$、$R_2$、$R_3$。

（2）分别将 $R_1$、$R_2$ 的结果部分作为查询条件，$if(A=a_1)then()$，$if(A=a_2)then()$，按照上述方法继续查找，找到规则 $R_7$、$R_8$。

（3）设置前推查询条件，$if()then(C≠c_2)$，在表 10-7 中查找，得到规则 $R_9$，构建新规则 $R_{10}$：$if(C=c_2)then(B≠b_2)$，同时，当 $F=f_2$ 时，$C$ 等于 $c_1$ 和 $c_2$，可间接得到 $R_{11}$：$if(C=c_2)then(F≠f_2)$。

（4）在已经找到的规则中，结果部分关系"≠"的，需要变换关系再查找，将规则 $R_3$ 的结果部分改变关系，设置查询条件：$if()then(D=d_1)$，查找规则集合中是否存在唯一搭配选项的规则,在此找到规则 $R_4$,针对规则 $R_7$、$R_8$ 和 $R_9$ 采用同样方法处理,没有找到相应的规则。

(5) 针对已找到的规则,实现归类与合并,首先按照结果中的配置项归类,得到集合:

$$\Psi_1\{(A:R_1、R_2),(D:R_3、R_4),(B:R_7、R_8、R_{10}),(F:R_{11})\}$$

然后按照规则中的条件关系对合并,在集合 $\Psi_1$ 的基础上得

$$\Psi_2\{(C=c_2:A=(a_1,a_2),D\neq d_1,B\neq b_2,F\neq f_2),(A=a_1:B\neq b_1),(A=a_2:B\neq b_1),$$
$$(E=e_1:D=d_1)\}$$

最后,按照结果关系对合并,产生各配置项的可行域:

$$\Psi_3\{C=c_2:A=(a_1,a_2),D=(d_2,d_3,d_4),B=b_3,E=(e_2,e_3),F=(f_1,f_3.f_4)\}$$

(6) 选取映射结果中的其他关系对作为输入进行匹配,得到其他输入关系对的配置项可行域,并求交集。

规则匹配完成之后,根据端口属性,选择其他产品组件,形成产品结构的完整方案(表 10-8)。

表 10-8 减速机相关规则

| 产品 | 匹配规则 |
|---|---|
| F:减速机 | $R_1:\text{if}(C=c_2)\text{then}(A=a_1)$ |
| | $R_2:\text{if}(C=c_2)\text{then}(A=a_2)$ |
| | $R_3:\text{if}(C=c_2)\text{then}(D\neq d_1)$ |
| | $R_4:\text{if}(E=e_1)\text{then}(D=d_1)$ |
| | $R_5:\text{if}(F=f_2)\text{then}(C=c_1)$ |
| | $R_6:\text{if}(F=f_2)\text{then}(C=c_3)$ |
| | $R_7:\text{if}(A=a_2)\text{then}(B\neq b_1)$ |
| | $R_8:\text{if}(A=a_1)\text{then}(B\neq b_1)$ |
| | $R_9:\text{if}(B=b_2)\text{then}(C\neq c_2)$ |

在 DPPD 原型系统中,其关键部分是产品的配置规则库,批量的客户订单经过系统的模糊聚类和模糊转化,生成了客户订单本体,配置模型的自动获取就是在客户订单本体和产品族本体之间基于规则的快速匹配。图 10-13 为产品规则匹配界面。对于行星齿轮减速机的配置,按照客户的订单需求与产品族的规则匹配,可以得到产品的配置项,如客户的功能需求对扭矩有要求,那么对应产品族的结构可能与输入轴关联。图 10-13 中配置项是订单与产品族的匹配结果,选配项是企业现有的产品族结构中匹配的零件结构代码。由条件集合和结果集合的列表可以看出,对于一个功能需求,可能会有多个产品的结构与之匹配,因此,原型系统在为客户提供产品的配置方案的同时,还对多个配置方案进行优化,分别从客户的角度和

企业的角度提供满意的产品配置方案。

图 10-13　规则匹配界面

5）减速机的配置方案评价

针对减速机产品的实用性高、产品价格及后续维修成本低、技术性好等要求，在最终方案中选出三种可满足用户需求的减速机配置方案。

（1）按企业满意度评价排序。首先根据层次结构模型图及前面提出的层次分析法，由专家对评价指标进行模糊比较得出各层的判断矩阵为

$$A-B=\begin{bmatrix} 1 & 6 & 1 \\ 1/6 & 1 & 1/9 \\ 1 & 9 & 1 \end{bmatrix}$$

$$B_1-C=\begin{bmatrix} 1 & 6 & 6 & 2 \\ 1/6 & 1 & 1 & 3 \\ 1/6 & 1 & 1 & 2 \\ 1/2 & 1/3 & 1/2 & 1 \end{bmatrix}, \quad B_2-C=\begin{bmatrix} 1 & 1/2 \\ 2 & 1 \end{bmatrix}, \quad B_3-C=\begin{bmatrix} 1 & 2 \\ 1/2 & 1 \end{bmatrix}$$

$$C_{111}-D=\begin{bmatrix} 1 & 1/9 & 1/3 \\ 9 & 1 & 2 \\ 3 & 1/2 & 1 \end{bmatrix}, \quad C_{112}-D=\begin{bmatrix} 1 & 1/9 & 1/6 \\ 9 & 1 & 6 \\ 6 & 1/6 & 1 \end{bmatrix}, \quad C_{113}-D=\begin{bmatrix} 1 & 6 & 9 \\ 1/6 & 1 & 1 \\ 1/9 & 1 & 1 \end{bmatrix}$$

$$C_{114}-D=\begin{bmatrix} 1 & 6 & 9 \\ 1/6 & 1 & 3 \\ 1/9 & 1/3 & 1 \end{bmatrix}, \quad C_{121}-D=\begin{bmatrix} 1 & 1/3 & 3 \\ 3 & 1 & 6 \\ 1/3 & 1/6 & 1 \end{bmatrix}, \quad C_{122}-D=\begin{bmatrix} 1 & 9 & 6 \\ 1/9 & 1 & 3 \\ 1/6 & 1/3 & 1 \end{bmatrix}$$

$$C_{131}-D=\begin{bmatrix} 1 & 1/6 & 1/9 \\ 6 & 1 & 1/3 \\ 9 & 3 & 1 \end{bmatrix}, \quad C_{132}-D=\begin{bmatrix} 1 & 6 & 9 \\ 1/6 & 1 & 1 \\ 1/9 & 1 & 1 \end{bmatrix}$$

根据以上求得的一致性判断矩阵,由式(7-1)和式(7-2)计算出层次结构模型中的各层元素的层次单排序如表 10-9 所示。

**表 10-9　层次单排序的计算结果**

| 判断矩阵 | 层次单排序向量 | $\lambda_{max}$ | CI | RI | CR |
|---|---|---|---|---|---|
| $A-B$ | $\overline{\omega^2}=(0.437,0.064,0.499)^T$ | 3.018 | 0.009 | 0.58 | 0.016 |
| $B_1-C$ | $\overline{U_1^3}=(0.577,0.167,0.150,0.106)^T$ | 4.541 | 0.18 | 0.90 | 0.2 |
| $B_2-C$ | $\overline{U_2^3}=(0.333,0.667)^T$ | 2 | 0 | 0 | 0 |
| $B_3-C$ | $\overline{U_3^3}=(0.667,0.333)^T$ | 2 | 0 | 0 | 0 |
| $C_{111}-D$ | $\overline{U_{111}^4}=(0.181,0.639,0.280)^T$ | 3.017 | 0.009 | 0.58 | 0.016 |
| $C_{112}-D$ | $\overline{U_{112}^4}=(0.052,0.750,0.198)^T$ | 3.213 | 0.11 | 0.58 | 0.190 |
| $C_{113}-D$ | $\overline{U_{113}^4}=(0.786,0.114,0.100)^T$ | 3.017 | 0.009 | 0.58 | 0.016 |
| $C_{114}-D$ | $\overline{U_{114}^4}=(0.770,0.162,0.068)^T$ | 3.054 | 0.027 | 0.58 | 0.047 |
| $C_{121}-D$ | $\overline{U_{121}^4}=(0.250,0.655,0.095)^T$ | 3.018 | 0.009 | 0.58 | 0.016 |
| $C_{122}-D$ | $\overline{U_{122}^4}=(0.779,0.142,0.079)^T$ | 3.267 | 0.134 | 0.58 | 0.231 |
| $C_{131}-D$ | $\overline{U_{131}^4}=(0.058,0.278,0.664)^T$ | 3.053 | 0.027 | 0.58 | 0.047 |
| $C_{132}-D$ | $\overline{U_{132}^4}=(0.786,0.114,0.100)^T$ | 3.017 | 0.009 | 0.58 | 0.016 |

各层元素对目标层的总排序权重及一致性检验结果为
$$w^3=(0.022,0.258,0.136,0.218,0.057,0.110,0.049,0.150)$$
$$CR^3=0.086<0.1$$
第三层以上的判断具有整体满意的一致性:
$$w^4=(0.3214,0.1868,0.4918)$$
$$CR^4=0.008<0.1$$
方案层以上的判断具有整体满意的一致性。

根据式(7-3)和式(7-4)计算得出减速机三种配置方案对企业满意度总目标的权值向量为 $w^4=(0.3215,0.1868,0.4917)$,可得权值排序为方案 3、方案 1、方案 2。

(2) 按客户满意度评价排序。客户满意度的评价过程同上述的企业满意度的评价过程,通过计算可得减速机的三种配置方案对客户满意度的权值向量为 $w^4=(0.2091,0.3873,0.4036)$,可得权值排序为方案 3、方案 2、方案 1。

综合上述两个总目标的排序结果可得:方案 3 能够同时使企业和客户的满意度达到最优。减速机的最优配置方案如图 10-14 所示。

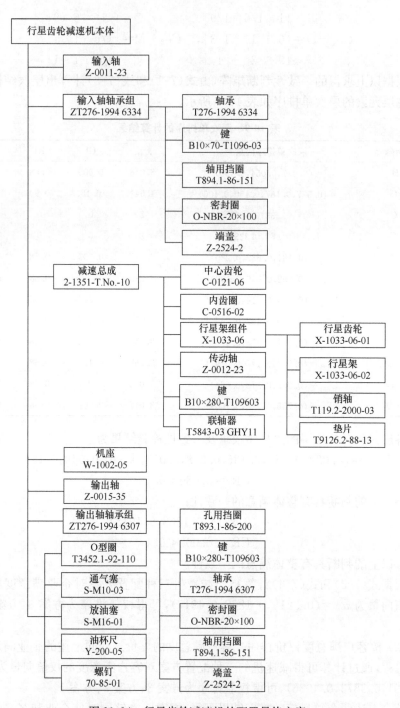

图 10-14　行星齿轮减速机的配置最终方案

图 10-15 是原型系统最终为客户提供的产品配置方案,此外系统还会与客户通过系统平台交互,可以根据客户的要求,修改产品的配置方案,直至为客户提供满意的结果。

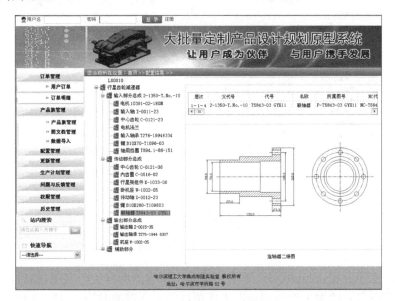

图 10-15　配置结果界面

### 3. 行星齿轮减速机生产排程

订单处理并配置之后,在图 10-15 所示配置的结果中,其中左边是行星齿轮减速机的结构树,每个零部件都有详细的代码,根据代码即可到数据库中找到相应资料。点击零部件代码,可在右边显示数据库中关于选中零部件的相关信息,右上是其代号、名称、图号、NC 代码号等零部件的属性代号,右下则是该零部件的具体属性,如此时显示的联轴器的二维图,若选择 NC 代码,则显示的是其加工的 NC 代码。此时可以输出零部件的结构配置,但还不能作为最后的加工制造标准。

图 10-16 是生产计划管理界面,左边是行星齿轮产品族模块结构,点击一个模块,中间即显示该模块的可选型号,图中显示的是联轴器的四种可选型号,点击其中一个型号,在右边就可以显示出该型号的零部件目前的状态,如库存量、加工属性、在加工量以及所属订单等关于零部件生产规划的信息。

工序设置是生产排程的基础,包括生产工序设置和零件工序设置,是物料聚类、过程解耦、零件甘特图等过程的基础条件和约束条件,在开始生产排程之前首先应该进行工序设置。

图 10-16　生产计划管理界面

生产工序设置：首先填写订单生产排程中所需的所有生产工序，然后详细填写每道工序所需要的加工设备和每道工序单件加工所需的时间，如图 10-17 所示。

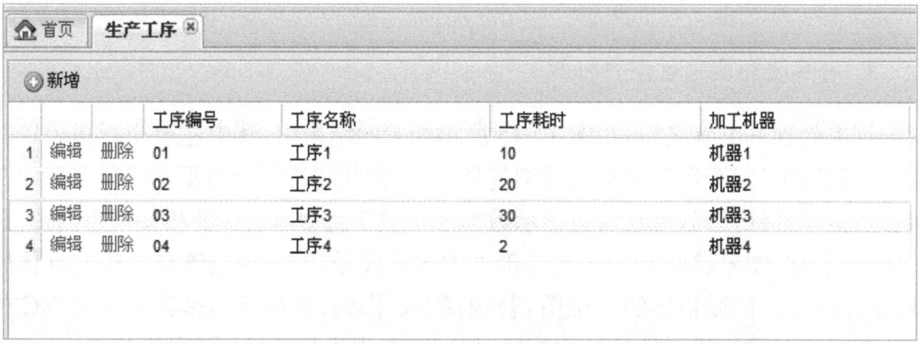

|  | | | 工序编号 | 工序名称 | 工序耗时 | 加工机器 |
|---|---|---|---|---|---|---|
| 1 | 编辑 | 删除 | 01 | 工序1 | 10 | 机器1 |
| 2 | 编辑 | 删除 | 02 | 工序2 | 20 | 机器2 |
| 3 | 编辑 | 删除 | 03 | 工序3 | 30 | 机器3 |
| 4 | 编辑 | 删除 | 04 | 工序4 | 2 | 机器4 |

图 10-17　生产工序设置

零件工序设置：首先从最小构件中选取不同的加工零件，对每个零件进行工序设定，如图 10-18 所示。

按每个零件的加工生产顺序进行工序编号，每个零件的加工工序都包含在生产工序设置之中，如图 10-19 所示。

通过零件甘特图可以显示单独加工单个零件所需要的时间和加工顺序，横坐标是加工时间，纵坐标是每道工序和加工设备，如图 10-20 所示。

图 10-18　零件工序设置

| | 工序编号 | 工序名称 | 工序耗时 | 加工机器 |
|---|---|---|---|---|
| 1 | 01 | 工序1 | 10 | 机器1 |
| 2 | 02 | 工序2 | 20 | 机器2 |
| 3 | 03 | 工序3 | 30 | 机器3 |
| 4 | 04 | 工序4 | 2 | 机器4 |

图 10-19　零件加工生产工序编号

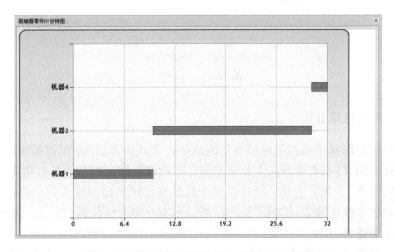

图 10-20　单个零件所需要的时间和加工顺序

　　当多个零件需要加工时,在"生产周期甘特图"界面打开"物料清单内容"(如图 10-21 所示),点击"甘特图"按钮,显示生产该零件的甘特图,横坐标是加工时间,纵坐标是每道工序和加工设备,如图 10-22 所示。下一步将针对同一模块中的不同型号的零部件进行生产过程解耦点定位和生产排程,以进一步实现产品制造的批量效应。

| 物料清单内容 | | | | | |
| --- | --- | --- | --- | --- | --- |
| 1 | 甘特图 | 工序 | 101 | 联轴器零件01 | 4 |
| 2 | 甘特图 | 工序 | 102 | 联轴器零件02 | 4 |
| 3 | 甘特图 | 工序 | 103 | 联轴器零件03 | 4 |
| 4 | 甘特图 | 工序 | 201 | 联轴器零件04 | 4 |
| 5 | 甘特图 | 工序 | 202 | 输入轴零件01 | 2 |
| 6 | 甘特图 | 工序 | 203 | 输入轴零件02 | 2 |

图 10-21　生产周期甘特图界面

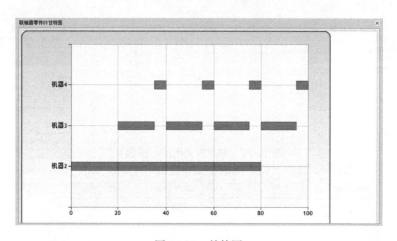

图 10-22　甘特图

### 10.3.3　应用效果分析

以行星齿轮减速机为例运用该系统从生产方式决策、产品配置到生产排程各阶段展开应用,结果表明面向大批量定制产品设计规划原型系统具有功能实用、操作方便的特点,实现了企业从固定系列产品的开发转向面向多样化产品的开发来满足客户的个性化需求,实现了企业的低成本生产和个性化客户需求的及时响应,提高了企业竞争力。

该系统用于制造商决策生产方式以及当采用加工延迟时,该系统具有以下功能及优点:

(1) 在大批量定制生产方式下时,订单聚类和生产排程加大产品制造的规模效应,降低了生产成本和订单响应时间。

(2) 预测客户需求和订单需求的分别处理,并建立了预测客户需求本体模型,加快了客户订单需求获取的准确、快速和规范;个性化预测系统实现产品族的动态更新,加快了客户需求的快速响应。

(3) 系统采用产品配置规则库和决策知识库建立订单功能需求和产品模块结构之间的关系,提高了产品配置速度。

(4) 实现大批量定制环境下,以低客户等待时间、低成本和个性化为目标的产品规划,指导企业的生产。

原型系统的应用结果表明,本书关于大批量定制产品设计规划关键技术不但有理论意义,而且具有实用价值,其方法与原型系统可以帮助企业并行地进行产品开发设计,在制造过程中缩短周期、降低产品成本,为企业在大批量定制环境下的产品设计规划提供了理论指导与实现方法。

## 10.4　本 章 小 结

本章结合理论研究,对面向大批量定制产品设计规划原型系统进行了系统设计,基于 J2EE 平台开发了具有浏览器/服务器/数据库三层架构的原型系统,描述了系统的总体框架;开发了面向大批量定制产品设计规划原型系统,以预测需求和历史统计数据作为输入,建立产品族、决策生产方式,根据订单进行产品配置,对得到的产品配置方案进行了评价;最终根据一批订单的配置结果进行生产排程,该系统可完成从预测到最终制造等一系列连续的任务,也可作为一个子系统工具单独输入各功能模块所需要的信息;介绍了原型系统的功能模块和行星齿轮减速机应用系统界面,对本书研究的理论和方法进行了验证与实现。

# 参考文献

车阿大,杨明顺. 2008. 质量功能配置方法及应用. 北京:电子工业出版社.

陈荣秋,胡蓓. 2008. 即时顾客化定制. 北京:科学出版社.

但斌. 2004. 大规模定制——打造 21 世纪企业核心竞争力. 北京:科学出版社.

葛江华,吕民,王亚萍. 2012. 集成化产品数据管理技术. 上海:上海科学技术出版社.

葛江华,段铁群,陈永秋,等. 2014. 个性化需求驱动的汽车零部件快速设计系统研究. 机械工程师,(3):64-66.

葛江华,李志强,王亚萍,等. 2009. 面向复杂产品的异构数据集成模型研究. 计算机应用研究,(4):1425-1427.

葛江华,马国星,韩松涛,等. 2010. 动态联盟伙伴选择的优化算法. 哈尔滨理工大学学报,15(5):124-129.

葛江华,许建元,卫芬,等. 2010. 面向产品生命周期的制造规划决策. 机械科学与技术,30(9):1466-1470.

祁国宁,顾新建,谭建荣. 2003. 大批量定制技术及其应用. 北京:机械工业出版社.

沈萌红. 2012. TRIZ 理论及机械创新实践. 北京:机械工业出版社.

王海军. 2006. 延迟制造——大量定制的解决方案. 武汉:华中科技大学出版社.

王亚萍,葛江华,邵俊鹏,等. 2011. 面向客户需求预测的产品族构建与映射方法研究. 机械科学与技术,30(3):363-367.

Andersen D M, Pine II B J. 1999. 21 世纪企业竞争前沿——大规模定制模式下的敏捷产品开发. 冯涓,等,译. 北京:机械工业出版社.

Ge J H, Liu L, Ma G X. 2011. Research on production configuration for products based on semantic. Advanced Science Letters,(4):2232-2235.

Ge J H, Liu L, Ma G X. 2013. Researchon method of construction and configuration of product family based on ontology. International Conference Measurement Information Control:567-574.

Ge J H, Gao H, Wang Y P, et al. 2014. Research on optimization method of real-time available resources for dynamic scheduling. Science and Engineering Research Support Society,7(9):91-98.

Ge J H, Huang Y T, Xu Y L, et al. 2008. Research on supply chain cost optimization model of customized complex products and simulation. Proceedings of the Asia Simulation Conference——The 7th International Conference on System Simulation and Scientific Computing:1334-1339.

Ge J H, Huang Y T, Xu Y L, et al. 2008. Research on supply chain model oriented to complex products life cycle. Proceedings of the IEEE International Conference on Automation and Logistics:2163-2168.

Ge J H, Qi J R, Wang Y P, et al. 2011. Research on method of rule and structure-based product configuration design. Applied Mechanics & Materials:145:53-57.

Ge J H, Wang Y P, Gao L, et al. 2013. Research on design method of modularized configuration for cluster order demand. International Journal of u-and e-Service, Science and Technology, 6(4):219-228.

Ge J H, Wang Y P, Zhang J, et al. 2013. Research on method of product configuration design based on product family ontology model. International Journal of Database Theory and Application, 6(4):169-178.

Ge J H, Wei F, Huang Y T, et al. 2009. Research on customer order decoupling point positioning model for product life cycle. Proceeding of the IEEE International Conference on Mechatronics and Automation, 7:4704-4709.

Ge J H, Wei F, Huang Y T, et al. 2009. Research on customer order decoupling point positioning model for supply chain cost optimization. Proceeding of the IEEE International Conference on Automation and Logistics:1083-1088.

Ge J H, Xu J Y, Wang Y P, et al. 2010. Research on customer requirements expansion based on TRIZ and grey theory. Applied Mechanics & Materials, 2010, 29-32:1235-1240.

Pine II B J. 2000. 大规模定制——企业竞争新前沿. 操云甫, 等, 译. 北京: 中国人民大学出版社.

Sui X L, Ge J H, Qi J R, et al. 2011. Research on method of ontology configuration oriented to individual demand products. International Conference on Electronic & Mechanical Engineering & Information Technology, 6:3297-3300.

Wang Y P, Ge J H, Han S T, et al. 2009. Research on building and mapping of ontology on heterogeneous data. IEEE International Conference on Mechatronics and Automation, 5:3060-3064.

Wang Y P, Ge J H, Shao J P, et al. 2008. Research on interoperability of product design and manufacture software oriented to cooperative design. The 5th China-Japan Conference on Mechatronics:259-262.

Wang Y P, Ge J H, Shao J P, et al. 2009. Research on web service-based interoperability of heterogeneous PDM systems. International Conference on Measuring Technology and Mechatronics Automation:851-854.

Wang Y P, Han G X, Ge J H, et al. 2011. Research on design method of demand-driven product configuration for mass customization. Journal of Advanced Manufacturing Systems, 10(1):117-125.

Wang Y P, Zhang J, Bi K X, et al. 2013. Research on optimization method of workshop process-level manufacturing process. International Journal of u-and e-Service, Science and Technology, 6(4):229-237.